“十四五”时期国家重点出版物出版专项规划项目

大宗工业固体废弃物制备绿色建材技术研究丛书（第二辑）

固废基辅助性胶凝材料

韩方晖　张增起◎著

U0177884

中国建材工业出版社

北　京

图书在版编目（CIP）数据

固废基辅助性胶凝材料/韩方晖，张增起著．--北京：中国建材工业出版社，2024.5

（大宗工业固体废弃物制备绿色建材技术研究丛书/王栋民主编．第二辑）

ISBN 978-7-5160-3722-5

Ⅰ.①固… Ⅱ.①韩… ②张… Ⅲ.①固体废物－应用－胶凝材料－研究 Ⅳ.①TB321

中国国家版本馆CIP数据核字（2023）第015688号

固废基辅助性胶凝材料

GUFEIJI FUZHUXING JIAONING CAILIAO

韩方晖　张增起　著

出版发行：中国建材工业出版社

地　　址：北京市西城区白纸坊东街2号院6号楼

邮　　编：100032

经　　销：全国各地新华书店

印　　刷：北京印刷集团有限责任公司

开　　本：787mm×1092mm　1/16

印　　张：15.75

字　　数：260千字

版　　次：2024年5月第1版

印　　次：2024年5月第1次

定　　价：88.00元

本社网址：www.jccbs.com，微信公众号：zgjcgycbs

请选用正版图书，采购、销售盗版图书属违法行为

版权专有，盗版必究。本社法律顾问：北京天驰君泰律师事务所，张杰律师

举报信箱：zhangjie@tiantailaw.com　　举报电话：（010）63567684

本书如有印装质量问题，由我社事业发展中心负责调换，联系电话：（010）63567692

《大宗工业固体废弃物制备绿色建材技术研究丛书》（第二辑）

编　委　会

顾　　问： 缪昌文院士　张联盟院士　彭苏萍院士
何满潮院士　欧阳世翕教授　晋占平教授
姜德生院士　刘加平院士　武　强院士
邢　锋院士

主　　任： 王栋民　教授

副 主 任：（按姓氏笔画排序）
王发洲　史才军　刘　泽　李　辉　李会泉
张亚梅　崔源声　蒋正武　潘智生

编　　委：（按姓氏笔画排序）
王　强　王振波　王爱勤　韦江雄　卢忠远
叶家元　刘来宝　刘晓明　刘娟红　闫振甲
李　军　李保亮　杨三强　肖建庄　沈卫国
张大旺　张云升　张文生　张作泰　张增起
陈　伟　卓锦德　段鹏选　侯新凯　钱觉时
郭晓路　黄天勇　崔宏志　彭团儿　董必钦
韩　涛　韩方晖　楼紫阳

院士推荐
RECOMMENDATION

我国有着优良的利废传统，早在中华人民共和国成立初期，聪明的国人就利用钢厂、玻璃厂、陶瓷厂等工业炉窑排放的烟道飞灰，替代一部分水泥生产混凝土。随着我国经济的高速发展，社会生活水平不断提高以及工业化进程逐渐加快，工业固体废弃物呈现了迅速增加的趋势，给环境和人类健康带来危害。我国政府工作报告曾提出，要加强固体废弃物和城市生活垃圾分类处置，促进减量化、无害化、资源化，这是国家对技术研究和工业生产领域提出的时代新要求。

中国建材工业出版社利用其专业优势和作者资源，组织国内固废利用领域学术团队编写《大宗工业固体废弃物制备绿色建材技术研究丛书》（第二辑），阐述如何利用钢渣、循环流化床燃煤灰渣、废弃石材等大宗工业固体废弃物，制备胶凝材料、混凝土掺和料、道路工程材料等建筑材料，推进资源节约，保护环境，符合国家可持续发展战略，是国内材料研究领域少有的引领性学术研究类丛书，希望这套丛书的出版可以得到国家的关注和支持。

中国工程院　姜德生院士

院士推荐

RECOMMENDATION

我国是人口大国，近年来基础设施建设发展快速，对胶凝材料、混凝土等各类建材的需求量巨大，天然砂石、天然石膏等自然资源因不断消耗而面临短缺，能部分替代自然资源的工业固体废弃物日益受到关注，某些区域工业废弃物甚至出现供不应求的现象。

中央全面深化改革委员会曾审议通过《“无废城市”建设试点工作方案》，这是党中央、国务院为打好污染防治攻坚战做出的重大改革部署。我国学术界有必要在固体废弃物资源化利用领域开展深入研究，并促进成果转化。但固体废弃物资源化是一个系统工程，涉及多种学科，受区域、政策等多重因素影响，需要依托社会各界的协同合作才能稳步前进。

中国建材工业出版社组织相关领域权威专家学者编写《大宗工业固体废弃物制备绿色建材技术研究丛书》（第二辑），讲述用固废作为原材料，加工制备绿色建筑材料的技术、工艺与产业化应用，有利于加速解决我国资源短缺与垃圾“围城”之间的矛盾，是值得国家重视的学术创新成果。

中国科学院　何满潮院士

丛书前言

PREFACE TO THE SERIES

《大宗工业固体废弃物制备绿色建材技术研究丛书》（第一辑）自出版以来，在学术界、技术界和工程产业界都获得了很好的反响，在作者和读者群中建立了桥梁和纽带，也加强了学者与企业家之间的联系，促进了产学研的发展与进步。作为专著丛书中一本书的作者和整套丛书的策划者以及丛书编委会的主任委员，我激动而忐忑。丛书（第一辑）全部获得了国家出版基金的资助出版，在图书出版领域也是一个很高的荣誉。缪昌文院士和张联盟院士为丛书作序，对于内容和方向给予极大肯定和引领；众多院士和学者担任丛书顾问和编委，为丛书选题和品质提供保障。

“固废与生态材料”作为一个事情的两个端口经过长达10年的努力已经越来越多地成为更多人的共识，其中“大宗工业固废制备绿色建材”又绝对是其中的一个亮点。在丛书第一辑中，已就煤矸石、粉煤灰、建筑固废、尾矿、冶金渣在建材领域的各个方向的制备应用技术进行了专门的论述，这些论述进一步加深了人们对于物质科学的理解及对于地球资源循环转化规律的认识，为提升人们认识和改造世界提供新的思维方法和技术手段。

面对行业进一步高质量发展的需求以及作者和读者的一致呼唤，中国建材工业出版社联合中国硅酸盐学会固废与生态材料分会组织了《大宗工业固体废弃物制备绿色建材技术研究丛书》（第二辑），在第二辑即将出版之际，受出版社委托再为丛书写几句话，和读者交流一下，把第二辑的情况作个导引阅读。

第二辑共有7册，内容包括钢渣、矿渣、镍铁（锂）渣粉、循环流化床电厂燃煤灰渣等固废类别，产品类别包括地质聚合物、胶凝材料、泡沫混凝土、辅助性胶凝材料、管廊工程混凝土等。第二辑围绕上述大宗工业固体废弃物处置与资源化利用这一核心问题，在对其物相组成、结构特性、功能研究以及将其作为原材料制备节能环保建筑材料的研究开发及应用的基础上，编著成书。

中国科学院何满潮院士和中国工程院姜德生院士为丛书（第二辑）选题进行积极评价和推荐，为丛书增加了光彩；丛书（第二辑）入选“‘十四五’时期国家重点出版物出版专项规划项目”。

固废是物质循环过程的一个阶段，是材料科学体系的重要一环；固废是复杂的，是多元的，是极富挑战的。认识固废、研究固废、加工利用固废，推动固废资源进一步转化和利用，是材料工作者神圣而光荣的使命与责任，让我们携起手来为固废向绿色建材更好转化做出我们更好的创新型贡献！

王栋民

中国硅酸盐学会　常务理事

中国硅酸盐学会固废与生态材料分会　理事长

中国矿业大学（北京）　教授、博导

院士推荐
（第一辑）
RECOMMENDATION

大宗工业固体废弃物产生量远大于生活垃圾，是我国固体废弃物管理的重要对象。随着我国经济高速发展，社会生活水平不断提高以及工业化进程逐渐加快，大宗工业固体废弃物呈现了迅速增加的趋势。工业固体废弃物的污染具有隐蔽性、滞后性和持续性，给环境和人类健康带来巨大危害。对工业固体废弃物的妥善处置和综合利用已成为我国经济社会发展不可回避的重要环境问题之一。当然，随着科技的进步，我国大宗工业固体废弃物的综合利用量不断增加，综合利用和循环再生已成为工业固体废弃物的大势所趋，但近年来其综合利用率提升较慢，大宗工业固体废弃物仍有较大的综合利用潜力。

我国“十三五”规划纲要明确提出，牢固树立和贯彻落实创新、协调、绿色、开放、共享的新发展理念，坚持节约资源和保护环境的基本国策，推进资源节约集约利用，做好工业固体废弃物等大宗废弃物资源化利用。中国建材工业出版社协同中国硅酸盐学会固废与生态材料分会组织相关领域权威专家学者撰写《大宗工业固体废弃物制备绿色建材技术研究丛书》，阐述如何利用煤矸石、粉煤灰、冶金渣、尾矿、建筑废弃物等大宗固体废弃物来制备建筑材料的技术创新成果，适逢其时，很有价值。

本套丛书反映了建筑材料行业引领性研究的技术成果，符合国家绿色发展战略。祝贺丛书第一辑获得国家出版基金的资助，也很荣幸为丛书作推荐。希望这套丛书的出版，为我国大宗工业固废的利用起到积极的推动作用，造福国家与人民。

中国工程院　缪昌文院士

院士推荐
（第一辑）
RECOMMENDATION

习近平总书记多次强调，绿水青山就是金山银山。随着生态文明建设的深入推进和环保要求的不断提升，化废弃物为资源，变负担为财富，逐渐成为我国生态文明建设的迫切需求，绿色发展观念不断深入人心。

建材工业是我国国民经济发展的支柱型基础产业之一，也是发展循环经济、开展资源综合利用的重点行业，对社会、经济和环境协调发展具有极其重要的作用。工业和信息化部发布的《建材工业发展规划（2016—2020年）》提出，要坚持绿色发展，加强节能减排和资源综合利用，大力发展循环经济、低碳经济，全面推进清洁生产，开发推广绿色建材，促进建材工业向绿色功能产业转变。

大宗工业固体废弃物产生量大，污染环境，影响生态发展，但也有良好的资源化再利用前景。中国建材工业出版社利用其专业优势，与中国硅酸盐学会固废与生态材料分会携手合作，在业内组织权威专家学者撰写了《大宗工业固体废弃物制备绿色建材技术研究丛书》。丛书第一辑阐述如何利用粉煤灰、煤矸石、尾矿、冶金渣及建筑废弃物等大宗工业固体废弃物制备路基材料、胶凝材料、砂石、墙体及保温材料等建材，变废为宝，节能低碳；第二辑介绍如何利用钢渣、矿渣、镍铁（锂）渣粉、循环流化床电厂燃煤灰渣等制备建筑材料的相关技术。丛书第一辑得到了国家出版基金资助，在此表示祝贺。

这套丛书的出版，对于推动我国建材工业的绿色发展、促进循环经济运行、快速构建可持续的生产方式具有重大意义，将在构建美丽中国的进程中发挥重要作用。

中国工程院　张联盟院士

丛书前言
（第一辑）
PREFACE TO THE SERIES

中国建材工业出版社联合中国硅酸盐学会固废与生态材料分会组织国内该领域专家撰写《大宗工业固体废弃物制备绿色建材技术研究丛书》，旨在系统总结我国学者在本领域长期积累和深入研究的成果，希望行业中人通过阅读这套丛书而对大宗工业固废建立全面的认识，从而促进采用大宗固废制备绿色建材整体化解决方案的形成。

固废与建材是两个独立的领域，但是却有着天然的、潜在的联系。首先，在数量级上有对等的关系：我国每年的固废排出量都在百亿吨级，而我国建材的生产消耗量也在百亿吨级；其次，在成分和功能上有对等的性能，其中无机组分可以谋求作替代原料，有机组分可以考虑作替代燃料；第三，制备绿色建筑材料已经被认为是固废特别是大宗工业固废利用最主要的方向和出路。

吴中伟院士是混凝土材料科学的开拓者和学术泰斗，被称为“混凝土材料科学一代宗师”。他在二十几年前提出的“水泥混凝土可持续发展”的理论，为我国水泥混凝土行业的发展指明了方向，也得到了国际上的广泛认可。现在的固废资源化利用，也是这一思想的延伸与发展，符合可持续发展理论，是环保、资源、材料的协同解决方案。水泥混凝土可持续发展的主要特点是少用天然材料、多用二次材料（固废材料）；固废资源化利用不能仅仅局限在水泥、混凝土材料行业，还需要着眼于矿井回填、生态修复等领域，它们都是一脉相承、不可分割的。可持续发展是人类社会至关重要的主题，固废资源化利用是功在当代、造福后人的千年大计。

2015年后，固废处理越来越受到重视，尤其是在党的十九大报告中，在论述生态文明建设时，特别强调了“加强固体废弃物和垃圾处置”。我国也先后提出“城市矿产”“无废城市”等概念，着力打造

"无废城市"。"无废城市"并不是没有固体废弃物产生，也不意味着固体废弃物能完全资源化利用，而是一种先进的城市管理理念，旨在最终实现整个城市固体废弃物产生量最小、资源化利用充分、处置安全的目标，需要长期探索与实践。

这套丛书特色鲜明，聚焦大宗固废制备绿色建材主题。第一辑涉猎煤矸石、粉煤灰、建筑固废、冶金渣、尾矿等固废及其在水泥和混凝土材料、路基材料、地质聚合物、矿井充填材料等方面的研究与应用。作者们在书中针对煤电固废、冶金渣、建筑固废和矿业固废在制备绿色建材中的原理、配方、技术、生产工艺、应用技术、典型工程案例等方面都进行了详细阐述，对行业中人的教学、科研、生产和应用具有重要和积极的参考价值。

这套丛书的编撰工作得到缪昌文院士、张联盟院士、彭苏萍院士、何满潮院士、欧阳世翕教授和晋占平教授等专家的大力支持，缪昌文院士和张联盟院士还专门为丛书做推荐，在此向以上专家表示衷心的感谢。丛书的编撰更是得到了国内一线科研工作者的大力支持，也向他们表示感谢。

《大宗工业固体废弃物制备绿色建材技术研究丛书》（第一辑）在出版之初即获得了国家出版基金的资助，这是一种荣誉，也是一个鞭策，促进我们的工作再接再厉，严格把关，出好每一本书，为行业服务。

我们的理想和奋斗目标是：让世间无废，让中国更美！

王栋民

中国硅酸盐学会　常务理事

中国硅酸盐学会固废与生态材料分会　理事长

中国矿业大学（北京）　教授、博导

关于作者

ABOUT THE AUTHOR

韩方晖，北京科技大学副教授，中国矿业大学（北京）与清华大学联合培养博士，比利时根特大学访问学者，入选北京市科协青年托举工程人才。兼任“土木工程材料与生态智能材料学科新晋博士论坛”秘书长、中国硅酸盐学会固废分会委员、中国电子显微镜学会非金属建材微观测试与分析专业委员会委员、全国大体积混凝土专业委员会委员、北京硅酸盐学会会员。主要从事工业固体废弃物在建筑材料中的高效利用以及现代混凝土理论与技术等领域的研究。主持国家自然科学基金重大项目子课题、国家自然科学基金青年基金、北京市自然科学基金青年基金、中国博士后特别资助项目、中国博士后面上项目以及企业合作项目等10余项，参与国家自然科学基金重点项目、国家重点研发计划等多个项目。在公开刊物上发表文章50余篇，其中以第一作者发表SCI/EI学术论文30余篇。申请/授权国家发明专利9项，获得省部级科研奖励二等奖（排名第4）、北京科技大学教育教学成果奖一等奖（排名第9）。

张增起，北京科技大学副教授，入选中国科协青年人才托举工程人才，任中国硅酸盐学会固废与生态材料分会青委会和“土木工程材料与生态智能材料学科”新晋博士论坛秘书长等学术兼职。主持“十四五”重点研发计划子课题、国家自然科学基金青年基金等项目10余项，获省部级科技进步奖一等奖1项、二等奖2项。共计发表高水平论文50余篇，其中以第一/通讯作者发表SCI论文30余篇，出版学术专著2部、“十四五”教材1部。

前言

FOREWORD

水泥是用量最大的建筑材料之一，我国每年的水泥生产总量达20亿吨以上，占全球水泥生产总量的一半以上。水泥是由熟料、混合材和少量石膏组成。生产水泥熟料需要消耗大量的资源和能源，并排放大量的二氧化碳。水泥行业排放的二氧化碳是导致全球温室效应的重要因素之一。为实现我国“碳达峰、碳中和”的目标，制备混凝土时要减少水泥的用量，使水泥工业朝着节能减排、低碳环保、经济降耗的方向发展。

随着经济的快速发展，我国在充分利用能源和资源的同时也产生了大量的工业固体废弃物。这些工业固体废弃物不仅占用大量土地，而且严重污染环境。水泥混凝土行业是消纳工业固体废弃物的大户，例如，粒化高炉矿渣、粉煤灰、硅灰等，这些工业固体废弃物中含有一定量的非晶态物质，使其具有一定的潜在活性。作为固废基辅助性胶凝材料掺入混凝土中，具有显著的形态效应、活性效应和微集料效应。水泥混凝土行业充分利用工业固体废弃物，不但能够降低混凝土的生产成本，而且固废基辅助性胶凝材料的合理利用能够显著改善混凝土的工作性、提高混凝土的力学性能、降低胶凝材料的水化热以及增强混凝土的耐久性等。此外，充分利用工业固体废弃物能够减少环境的负荷，具有巨大的环境效益、社会效益和经济效益。

为了了解、掌握我国工业固体废弃物资源以及对水泥混凝土性能的影响，本书对目前我国混凝土行业常用的固废基辅助性胶凝材料的自身性能和对水泥混凝土性能的影响做了全面、系统的介绍和论述，主要包括绪论、粒化高炉矿渣、粉煤灰、钢渣粉、磷渣粉、镍铁渣粉、铁尾矿粉和超细矿物掺和料共8章内容。本书编写分工如下：韩方晖编写第1章、第2章、第3章、第4章、第7章和第8章；张增起编写

第5章和第6章。全书由韩方晖统稿，全书内容取舍及章节编排由韩方晖负责。

由于编者水平有限，不完善之处在所难免，真诚希望读者批评指正！

编　者

2023年9月于北京

目录

CONTENTS

1 绪论

1.1 研究背景

水泥广泛地应用于现代混凝土中，是用量最大的建筑材料之一。根据国家统计局公布的数据显示，我国2021年水泥生产总量达23.63亿t，占全球水泥总量的53%。水泥成本相对较低，原材料可就地取材，能够浇筑成各种结构形状并具有一定的强度和耐久性，因此广泛地应用于道路、房屋、桥梁、水利等基础设施。近些年来，技术的发展使其应用范围扩展到军事、航天、海洋和核能领域。我国正处于大规模基础建设阶段，水泥需求量巨大。未来一段时期内，水泥产量仍会持续增长。

水泥生产过程中会消耗大量的电力、石油和煤炭资源，同时排放大量的二氧化碳气体。生产1t水泥熟料需要消耗1.4t石灰石、0.2t黏土、1.2t标准煤和75kW·h电力，并向空气中排放近1t的二氧化碳。2021年我国二氧化碳排放量为105.23亿t，其中，水泥行业碳排放量约14.66亿t，约占全国碳排放总量的13.93%。在2009年12月哥本哈根世界气候大会上，我国政府提出到2020年单位国内生产总值二氧化排放量比2005年下降40%~45%。2014年11月巴黎气候大会上，我国政府提出2030年左右中国碳排放量有望达到峰值。因此，水泥的生产过程中要降低二氧化碳的排放量，水泥工业要朝着节能减排、低碳环保、经济降耗的方向发展。此外，中国建筑材料联合会发布了《建材工业“十四五”发展实施意见》，要求水泥行业在2023年前率先实现碳达峰。具体指标为“十四五”期间，实现水泥熟料总产能由20亿t降至18亿t或以下，熟料清洁生产改造完成量8.5亿t。行业也在不断呼吁尽快将水泥纳入碳汇市场，实行更为严格的碳排放配额发放基准。

解决以上问题的一个重要途径就是减少水泥熟料的用量，通过粒化高炉矿渣、粉煤灰和钢渣等作为辅助性胶凝材料替代部分水泥，其主要有两种途径。一是在水泥生产过程中和熟料、石膏一起磨细，制成混合水泥；二是作为矿物外加剂，在配制混凝土过程中单独添加。辅助性胶凝材料的合理利用，一方面可以改善混凝土的工作性、提高混凝土的力学性能、降低胶凝材料的水化热及增强混凝土的耐久性等；另一方面掺入矿物掺和料不需要煅烧过程，大大降低了生产胶凝材料的二氧化碳排放量并节省了能源和资源，降低了水泥、混凝土的造价。此外，矿渣和粉煤灰等工业废渣在水泥工业中应用，也降低了其对环境的污染并变废为宝，具有良好的环境效益和经济效益。因此，矿物掺和料已广泛地应用于现代水泥和混凝土中。

水泥熟料主要由硅酸三钙（C_3S）、硅酸二钙（C_2S）、铝酸三钙（C_3A）和铁铝酸四钙（C_4AF）四种矿物成分组成，各个矿物组成的化学成分和水化机理不同，遇水后的水化速率也不相同，且水化反应相互影响，故水泥的水化是一个复杂的、非均质的多相化学反应过程，很多学者通过水化动力学来研究水泥的水化机理。水泥熟料以不同的水化速率水化生成水化硅酸钙（C-S-H）、氢氧化钙（CH）、钙矾石（AFt）等水化产物。现代混凝土使用的胶凝材料由水泥和矿物掺和料组成，水泥和矿物掺和料的化学组成和反应机理不同，矿物掺和料的主要组成是玻璃体，遇水后几乎不发生反应，但是在较强的碱性环境中能够破坏其玻璃体结构，使反应活性增加，因此矿物掺和料是一种具有潜在胶凝性的材料。水泥水化生成大量的氢氧化钙，孔溶液 pH 值达 12.0 以上，可以激发矿物掺和料的活性。但是水泥和矿物掺和料的水化活性不同，这种差异使得复合胶凝材料的水化过程和反应机理更加复杂。相比于矿物掺和料，水泥的活性较高，加水后水泥熟料首先与水发生反应生成水化产物，当体系中孔溶液的碱度达到一定值时，矿物掺和料再与水泥的水化产物 $Ca(OH)_2$发生火山灰反应，两种反应相互制约、相互影响。由于复合胶凝材料水化是一个放热过程，且混凝土的导热性能差，混凝土浇筑后几天内中心温度上升，尤其是大体积混凝土，其中心温度可以达到 70～80℃。在高温条件下，复合胶凝材料的水化过程和水化机理有所改变，其水化机制直接影响体系的放热速率和总放热量，进而影响硬化浆体的微观结构和物理力学性能的发展。值得注意的是，在复合胶凝材料中，水泥和矿物掺和料对温度的敏感性不同，这样就导致复合胶凝材料在高温条件下的水化机理更加复杂。

当前，我国经济已由高速增长阶段转向高质量发展阶段，正处于转变发展方式、优化经济结构、转换增长动力的攻关期，绿色低碳发展是必由之路，清洁生产是必要举措。国家积极推进清洁生产制度体系建设，2021 年 10 月 29 日，国家发展改革委、生态环境部、工业和信息化部等十部门印发了《“十四五”全国清洁生产推行方案》（发改环资〔2021〕1524 号），以清洁生产审核为抓手，系统推进各领域的清洁生产工作。水泥行业作为建材主导产业之一，全面推进清洁生产，实现绿色低碳发展，关乎整个建材行业“双碳”目标的实现。

建材工业是支撑国民经济发展、提升人居环境、促进生态文明建设的基础产业，是国防军工和战略性新兴产业发展的重要保障，是服务经济社会发展和人类文明进步的重要基石。“十四五”是我国进一步深化供给侧结构性改革、建设现代化工业体系、实现制造大国向制造强国转变的重要时期，是建材工业践行“宜业尚品，造福人类”发展目标，建立与新发展格局相适应的新发展模式和产业体系，实现绿色低碳安全高质量发展的关键时期。2021 年 10 月 26 日，国务院发布了《2030 年前碳达峰行动方案》（国发〔2021〕23 号）（以下简称《行动方案》）。在《行动方案》“推动建材行业碳达峰”的章节中，醒目地提出了“加强新型胶凝材料、低碳混凝土、木竹建材等低碳建材产品研发应用”的目标。“低碳混凝土”的概念首次出现在国务院发布的重磅文件中。这意味着“低碳混凝土”在国家“双碳”推动的历史性进程中，将成为建材产业的一个重要引擎和推手，承载和寄托着全社会低碳发展的期待与希望。发展“低碳混凝土”，需要持续开展混凝土材料绿色低碳设计与高资源化利用，加强低碳胶凝材料体系设计和固废粉体多元化改性掺和料研究，最大限度地提高资源利用率，降低混凝土制品中高耗能水泥熟料的用量以及对天然资源的高依赖性，提升对低品位原材料与工业固废的资源化利用水平，提升建材产业固废利用量，推动全固废胶凝材料和全固废混凝土等低碳产品利用，实现混凝土材料的绿色化制备和高质化应用，有效缓解当前行业自然资源日益匮乏的现状和“双碳”目标压力。

1.2 矿物掺和料的分类

矿物掺和料是在混凝土搅拌过程中加入的、具有一定细度和活性的、用于改善新拌和硬化混凝土性能（特别是耐久性能）的某些矿物类产品，又称矿物外加剂。矿物掺和料可以大致分为活性掺和料和惰性掺和料。

活性矿物掺和料是以硅、铝、钙等一种或多种氧化物为主要成分，具有一定细度，掺入混凝土中能发生化学反应、改善混凝土性能的活性粉体材料，常见的活性掺和料有粉煤灰、矿渣、钢渣、磷渣粉等。作为混凝土第六种必不可少的组成部分，活性矿物掺和料已经被普遍认识，据 2021 年不完全统计，我国生产混凝土超过 30 亿 m^3，所需的活性矿物掺和料如以 1m^3混凝土平均 200kg 计算，每年需 6 亿 t。再考虑作为地方材料的经济供应半径，不少地方已供不应求。这就要求我们扩大范围，充分利用各种资源，生产满足当地矿物掺和料需求的混凝土。我国铜陵有色金属公司、原沈阳冶炼厂、原云南冶炼厂等利用铜渣生产的铜矿渣水泥均符合国家标准，产品已被应用于抹灰砂浆、低强度等级混凝土、小型空心砌块等制品的制作中。以镍铁渣为原料，经磁选、粉磨等过程制得比表面积大于 $400m^2/kg$ 的镍铁渣微粉，可作为水泥和混凝土的掺和料替代水泥使用，其力学性能、抗冻性、抗碳化能力与Ⅱ级粉煤灰相近，且凝结时间短。山东炜烨新型建材有限公司建成国内首条镍铁渣微粉生产线，填补了国内辊磨在镍铁废渣处理生产微粉领域的空白。添加了镍铁渣微粉的水泥和混凝土在地基、冷却塔、烟囱、剪力墙、主厂房等建筑工程中应用，工程质量优良。

常见的惰性或低活性掺和料主要包括石英、石灰石粉、尾矿粉。研究发现，惰性矿物掺和料也有能够提高水泥反应程度的作用，此时主要归因于惰性矿物掺和料对水泥的稀释作用以及微细颗粒的密实填充作用。此外，石灰石粉由于其超强的“成核作用”，能够显著促进硅酸盐水泥的早期水化，提升混凝土的早期性能。但惰性掺和料后期作用较弱，通常需要搭配活性掺和料一起使用，保障低碳混凝土的早期水化和长龄期性能增长。

1.3 矿物掺和料的作用机理

矿物掺和料对水泥具有重要的强化效果，这种强化效果主要来源于掺和料化学和物理两方面的作用，即活性矿物掺和料与水泥水化产物氢氧化钙的火山灰效应、水泥水化产物基体的填充密实作用以及矿物掺和料的微集料充填作用。

（1）火山灰效应：矿物掺和料中含有大量的活性 SiO_2 和 Al_2O_3，它们既无独立的水硬性，也无潜在的水硬性能，它们的活性能在常温下被水泥水化时生成的 $Ca(OH)_2$ 激活，产生二次反应（火山灰反应），生成具有胶凝性能的水化硅酸钙和水化铝酸钙。

（2）填充密实效应：矿物微粉颗粒填充于混凝土的颗粒空隙中，增加其密实性。

（3）微集料效应：微细颗粒均匀分布在水泥浆内，填充毛细孔，改善混凝土孔结构和增大密实度的效应。混凝土中掺入适量的矿物掺和料，粉体的颗粒级配更为合理，密实度更高。

1.4 矿物掺和料对水泥水化的作用机理

复合胶凝材料的水化取决于硅酸盐水泥的水化、矿物掺和料的活性和掺量、矿物掺和料与水泥水化产物及石膏之间的相互作用。这里主要介绍矿渣和粉煤灰在水泥水化的作用机理。

大多数矿物掺和料的水化活性低于水泥，复合胶凝材料遇水后，首先是水化活性较高的水泥与水发生反应，释放出 Ca^{2+}、OH^-、SiO_4^{4-} 等，当 Ca^{2+} 和 OH^- 的浓度增加到某一临界值时，水化产物 C-S-H 和 CH 开始结晶并长大。对于水泥-矿渣复合胶凝材料，由于 CH 的形成及石膏的存在，矿渣的潜在活性得到激发[1]。CH 作为碱激发剂，解离矿渣玻璃体表面的硅氧网状结构。玻璃体中的 Ca^{2+}、AlO_4^{5-}、Al^{3+}、SiO_4^{4-} 等进入溶液，造成矿渣的溶解，同时 CH 与矿渣中的活性 SiO_2、Al_2O_3作用生成水化硅酸钙和水化铝酸钙。矿渣取代部分水泥后，复合胶凝材料中的水泥熟料含量降低，且矿渣水化消耗一定量的 CH，使浆体中 CH 的含量降低。矿渣水化吸收 CH 中的 Ca^{2+}，生成的 C-S-H 凝胶的 Ca/Si 比较低[2]。掺入矿渣会降低胶凝材料的水化放热速率和总放热量，延迟第二放热峰出现的时间且峰值降低，有时由于矿渣的水化会出现第三放热峰。

粉煤灰是用煤粉炉发电的电厂排放出的烟道灰，由大部分直径以微米计的实心和中空玻璃微珠以及少量的莫来石、石英等结晶物质所组成。粉煤灰的活性主要来自活性 SiO_2（玻璃体 SiO_2）和活性 Al_2O_3（玻璃体 Al_2O_3），其在一定碱性条件下起水化作用。因此，粉煤灰中活性 SiO_2、活性 Al_2O_3和 f-CaO（游离氧化钙）都是活性的有利成分，硫在粉煤灰中主要以可溶性石膏（$CaSO_4$）的形式存在，它对粉煤灰早期强度的发挥有一定作用。粉煤灰中二氧化硅和氧化铝所占的比例比较大，水泥水化生成的 CH 与粉煤灰中的活性组分 SiO_2、Al_2O_3发生反应。生成的水化产物与硅酸盐水泥的基本相同，但 CH 的含量较低，有研究表明粉煤灰掺量大于60%的复合胶凝材料水化 1 年或更久后，体系内的 CH 几乎被全部消耗完[3]。粉煤灰中存在的主要结晶物质是石英、富铝红柱石、赤铁矿或磁铁矿[4]，这些物质在常温下都是非活性的，故粉煤灰的活性比较低。粉煤灰表面非常致密，故粉煤灰的玻璃体被水泥水化产物 CH 侵蚀和破坏的速度很慢，火山灰反应速率较低。

总体来说，矿物掺和料在水泥基材料中的作用机理可以划分为两类：物理作用和化学作用。

物理作用仅仅考虑固体颗粒的掺入对硅酸盐水泥水化的影响，而化学作用则要考虑掺和料在复合材料体系内的化学反应。

掺和料对硅酸盐水泥水化的物理作用可以分为三个方面：稀释作用、加速溶解作用和成核作用。掺和料的掺入本质是对硅酸盐水泥含量的稀释，即掺和料的稀释作用，宏观表现为增大新拌浆体的实际水灰比（水和水泥的质量比），从而影响了硅酸盐水泥的水化速率；掺和料的掺入减小了相邻粉体颗粒之间的距离，且掺入的掺和料颗粒越细，相邻固体颗粒之间的距离越小，相邻颗粒之间的相对运动就越大，增加了水泥颗粒表面的实际剪切速率，硅酸盐水泥表面的离子会加速向溶液中迁移，增加硅酸盐水泥溶解速率；水化产物主要在固体颗粒表面成核并生长，除了水泥颗粒以外，掺和料也能够为水化产物的成核生长提供位点，即成核作用。

掺和料的化学作用主要表现为火山灰反应，水泥的水化反应和矿物掺和料的火山灰反应相互作用，且相互影响，矿物掺和料与水泥水化生成的 CH 反应，反过来又促进了水泥的水化。

1.5 矿物掺和料对混凝土性能的影响

在混凝土制备时，为了节约水泥、改善混凝土性能、调节混凝土强度等级，会加入天然的或者人工的能改善混凝土性能的矿物掺和料。矿物掺和料对混凝土性能的影响如下：

（1）改善新拌混凝土的工作性

混凝土的工作性对混凝土的泵送、密实浇筑意义重大。粉煤灰等圆球形玻璃体掺和料表面光滑，颗粒尺寸小，在新拌和物中起到了一定的润滑作用，能够有效提升新拌混凝土的流动性；粉煤灰、石灰石粉、钢渣等掺和料的表面需水量较低，掺入新拌混凝土后可以有效增加浆体中自由水量，提升新拌浆体工作性；此外，矿渣等矿物掺和料掺入混凝土后可提升混凝土的黏聚性，防止混凝土的离析和泌水。

（2）降低混凝土的温升

水泥水化是放热反应，硅酸盐水泥的水化放热约为 470J/g。大体积混凝土的早期温度开裂问题一直是实际混凝土工程中的难点。类似于绝热体，混凝土会因水泥水化放热而使混凝土内部温度上升。同时，混凝土外部散热较快时，可能因内外温差而产生温差应力，引起混凝土开裂。掺入矿物掺和料后，由于水泥熟料相应减少，水泥水化总热量就会减少，从而降低混凝土的温升。研究表明，在混凝土中掺加粉煤灰、钢渣等低放热或者低活性的工业固废，可以有效降低混凝土的早期收缩和绝热温升，从而缓解大体积混凝土（如水工大坝、高层和超高层建筑的大体积基础底板）中的早期应力的发展，降低温度应力导致的开裂风险。同时大体积混凝土内部的高温有利于掺和料活性的激发，在降低温度应力的同时，有效提高掺和料混凝土的性能增长。

（3）对混凝土强度的影响

掺入不同的矿物掺和料对混凝土的强度会有不同的影响，在相同的水灰比下，掺量合适时可以提高混凝土的强度，矿渣、粉煤灰等会使混凝土的早期强度降低，而后期强度有较大的持续增长。在混凝土中加入矿渣粉和粉煤灰后，混凝土内部呈碱性环境，矿渣粉和粉煤灰与水泥水化时形成的 $Ca(OH)_2$，会进一步生成 C-S-H 凝胶，使界面区的 $Ca(OH)_2$ 晶粒变小，既改善了微观结构，使水泥浆体的孔隙率明显下降，又强化了集料界面的黏结力，使混凝土的物理力学性能大大提高。在实际构件中，使用纯水泥的普通混凝土由于内部温升，水泥水化加速，有利于早期强度的提高。随着养护温度越高，强度随龄期发展而下降越多。而对掺粉煤灰和矿渣的水泥混凝土，混凝土中的温升使火山灰活性增大，火山灰反应补偿了强度降低，这不仅对强度发展有利，而且还可提高其早期强度。

（4）提高化学侵蚀的能力，增强混凝土耐久性

混凝土的耐久性是指混凝土在所处的自然环境及使用条件下经久耐用的性能。常见的破坏作用主要包括抗渗性、抗冻性、抗侵蚀性、碱集料反应、碳化、氯离子侵蚀等。其中，侵蚀性介质的浸入是影响混凝土耐久性能的关键因素，因此，提升混凝土密实性、阻隔侵蚀性介质的侵入对提升混凝土的耐久性至关重要。矿物掺和料的细微颗粒均匀分散到水泥浆体中时，会成为大量水化物沉积的核心，随着水化龄期的进展，这些细微颗粒及其水化反应产物填充水泥石孔隙，改善了混凝土孔结构，逐渐降低了混凝土的渗透性，阻碍了侵蚀性介质侵入。同时，矿渣粉和粉煤灰等掺和料粒径较水泥粒径更小，复合掺加后使材料颗粒间相互填充孔隙，各组成材料紧密堆积，进一步降低了孔隙率，从而增加了混凝土结构的密实度，改善了混凝土的抗渗性能。因此，掺入矿物掺和料可以提高混凝土的耐久性。

总之，不同种类的矿物掺和料对混凝土的影响不同，但其都有一个共同点：合理的选择使用均能改善混凝土强度和流动性、耐热、抗渗、抗冻融、抗裂等性能。

参考文献

[1] KOLANI B，BUFFO-LACARRIÈRE L，SELLIER A，et al. Hydration of slag-blended cements [J]. Cement and Concrete Composites，2012，34（9）：1009-1018.

[2] 刘仍光，阎培渝．水泥-矿渣复合胶凝材料中矿渣的水化特性 [J]. 硅酸盐学

报，2012，40（8）：1112-1118.
[3] HANEHARA S，TOMOSAWA F，KOBAYAKAWA M，et al. Effects of water/powder ratio，mixing ratio of fly ash，and curing temperature on pozzolanic reaction of fly ash in cement paste [J]. Cement and Concrete Research，2001，31（1）：31-39.
[4] MEHTA P K，P J M，MONTEIRO. 混凝土微观结构、性能和材料 [M]. 覃维祖，王栋民，丁建彤，译. 北京：中国电力出版社，2008.

2 粒化高炉矿渣

2.1 概述

在生产生铁时，当高炉矿渣在空气中缓慢冷却时，其矿物成分通常会以结晶的黄长石形式存在，这些物质在常温下不与水发生反应，将其磨细后呈现出很弱的火山灰活性和胶凝性，但是高炉矿渣在水中极速冷却后，二氧化硅、氧化铝等以非晶态或玻璃态存在。用水淬后的高炉矿渣粒径较大，当把矿渣磨细到比表面积400~500m^2/kg时，具有较高的火山灰活性和胶凝性。鉴于磨细高炉矿渣的高活性，磨细高炉矿渣可作为混合材料替代部分水泥制备复合硅酸盐水泥或作为矿物掺和料制备混凝土。磨细高炉矿渣现已成为最常用的矿物掺和料之一。

2.2 高炉矿渣基本性能

2.2.1 高炉矿渣组成

本书中所用的矿渣为S95粒化高炉矿渣。高炉矿渣和水泥的化学组成见表2.1。从表2.1可以看出，相比于硅酸盐水泥的化学组成，高炉矿渣中CaO的含量低于水泥中CaO的含量，但是矿渣中SiO_2和Al_2O_3的量高于水泥中SiO_2和Al_2O_3的含量。此外，矿渣中还含有较多的MgO。

表2.1 高炉矿渣和水泥的化学组成 质量分数,%

化学组成	SiO_2	Al_2O_3	Fe_2O_3	CaO	MgO	SO_3	Na_2O_{eq}	f-CaO	烧失量（LOI）
水泥	20.55	4.59	3.27	62.50	2.61	2.93	0.53	0.83	2.08
矿渣	34.55	14.36	0.45	33.94	11.16	1.95	0.63	—	0.70

注：$Na_2O_{eq}=Na_2O+0.658K_2O$。

LOI：1000℃的烧失量。

高炉矿渣的XRD图谱如图2.1所示。从图2.1可以看出，高炉矿渣的主要矿物组成是黄长石。

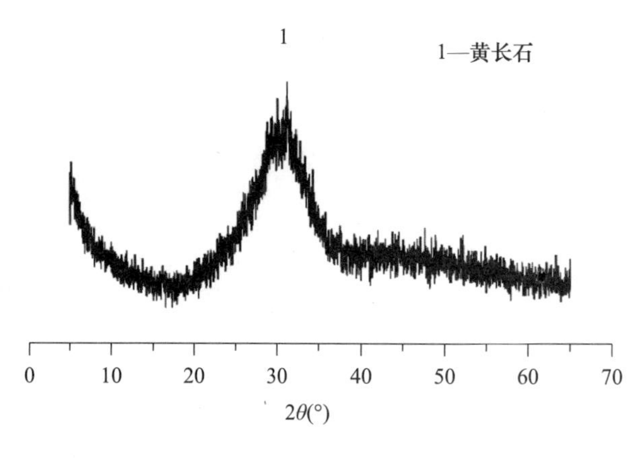

图 2.1　高炉矿渣的 XRD 图谱

2.2.2　高炉矿渣粒径分布

水泥和矿渣的比表面积为 $350m^2/kg$ 和 $442m^2/kg$。用激光粒度分析仪（MASTER SIZER 2000）测定的矿渣和水泥的粒径分布如图 2.2 所示。

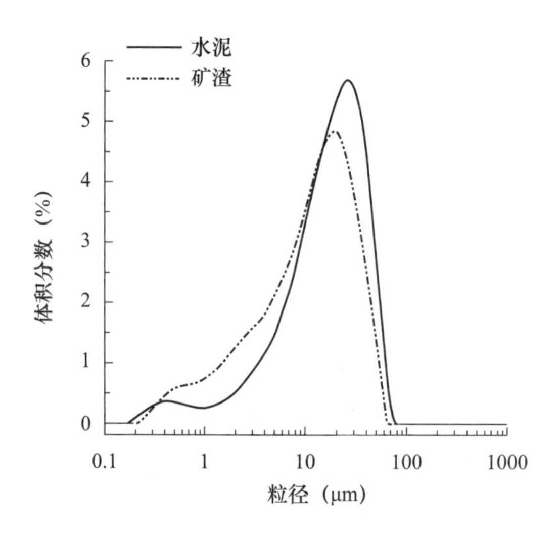

图 2.2　矿渣和水泥的粒径分布

从图 2.2 可知，矿渣的颗粒比水泥细。矿渣的最可几粒径为 10μm，但水泥的最可几粒径大约为 30μm。水泥和矿渣的中位粒径分别为 17.171μm 和 10.378μm。选用粒径分布为 Q(a) 的纯石英粉，且其与矿渣的粒径分布相同。矿渣和石英粉的粒径分布如图 2.3 所示。从图 2.3 可以看出，石英粉的最可几粒径稍大于矿渣的颗粒，但矿渣和石英粉的粒径分布几乎相同。

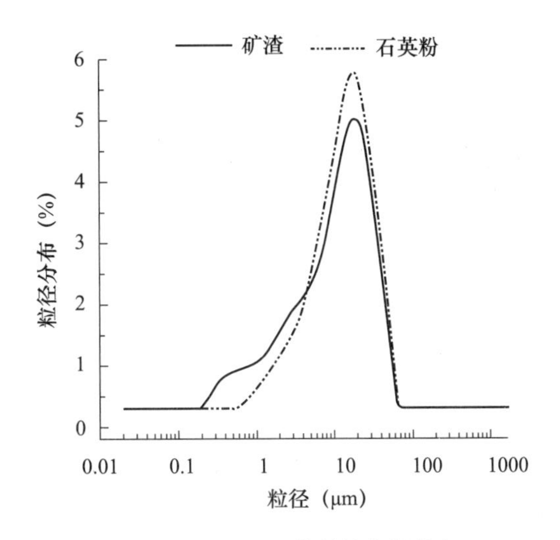

图 2.3 矿渣和石英粉的粒径分布

2.3 水泥-矿渣复合胶凝材料水化动力学

2.3.1 水化放热特性

本书中试样 Cem、SL30、SL50、SL70 和 SL90 分别为水泥-矿渣复合胶凝材料中矿渣掺量为 0%、30%、50%、70% 和 90%。图 2.4、图 2.5 和图 2.6 分别为 25℃、45℃和 60℃时，不同矿渣掺量的复合胶凝材料的水化放热速率和放热量曲线。从图 2.4（a）可知，水化温度为 25℃时，随矿渣掺量的增加，复合胶凝材料的最大放热速率明显降低，诱导期结束时间和达到最大放热速率的时间都推迟了。由于矿渣的二次水化反应，在放热速率曲线上出现一个明显的后期放热效应，使其出现第三放热峰。这个峰是矿渣组分水化加速期的终点，出现的时间随矿渣掺量的增加而提前，其峰形随矿渣掺量的增加而越发明显。当矿渣掺量为 70% 时，第三放热峰峰值超过第二放热峰；当矿渣掺量为 90% 时，由于矿渣掺量过高，水泥水化释放的热量有限，在放热速率曲线上只观察到一个峰。由图 2.4（b）可知，随矿物掺和料掺量的增加，复合胶凝材料水化的总放热量降低，但是降低的比例不与矿物掺和料的掺量成正比。复合胶凝材料中水泥的质量分数减小，故早期水化放出的热量较少。水化后期矿渣的活性逐渐被激发，矿渣反应速率加快，矿渣反应消耗水泥水化生成的 $Ca(OH)_2$，进而又促进水泥的水化反应，使体系的水化放热量增加。水化后期，矿渣掺量不大于 70% 的复合胶凝材料的总放热量与纯水泥的总放热量差值缩小。矿渣掺量为 90% 的试样由于只有 10% 的水泥，早期放热量较低，后期水泥水化生成的 $Ca(OH)_2$ 较少，不足以激发矿渣的活性，导致后期放热量也较低。

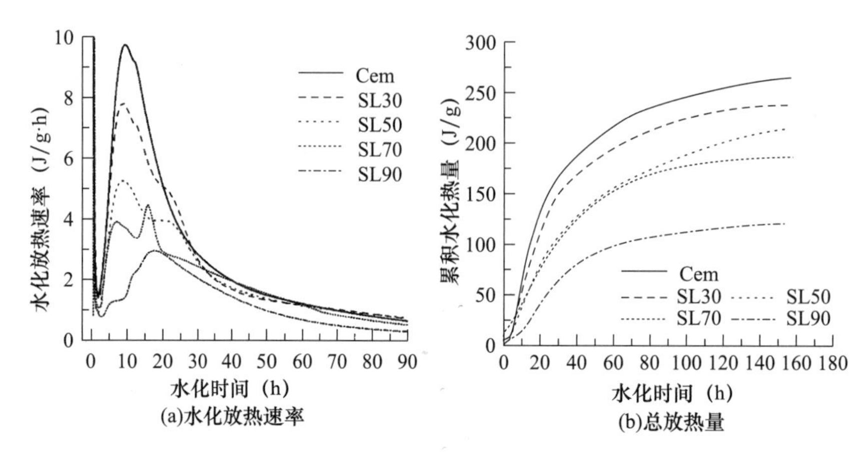

图 2.4　水泥-矿渣复合胶凝材料在 25℃时的水化放热特性

当水化温度升高到 45℃时，由图 2.5（a）可知，复合胶凝材料反应加速，放热峰出现的时间缩短，水化放热量增加，快速的水化反应使体系内的水分很快被消耗，大量生成的水化产物增加了未水化粒子的扩散迁移势垒，使水化反应很快受到阻碍，水化放热速率迅速下降，形成峰值很大、峰形很窄的第二放热峰[1]。温度升高，促进水泥的水化，生成更多的 $Ca(OH)_2$，孔溶液的碱性增加，强碱性溶液会侵蚀矿渣的活性相，激发矿渣的潜在水化活性，使矿渣的火山灰反应时间提前，反应程度增加，第二放热峰和第三放热峰重叠成一个放热峰。水化约 20h 时，反应进入由扩散控制的阶段，反应缓慢持续地进行，仍有明显的放热效应。从图 2.5（b）可以看出，矿渣掺量不大于 50% 的复合胶凝材料水化放热量大大增加，接近纯水泥。当温度从 25℃升高到 45℃，水化

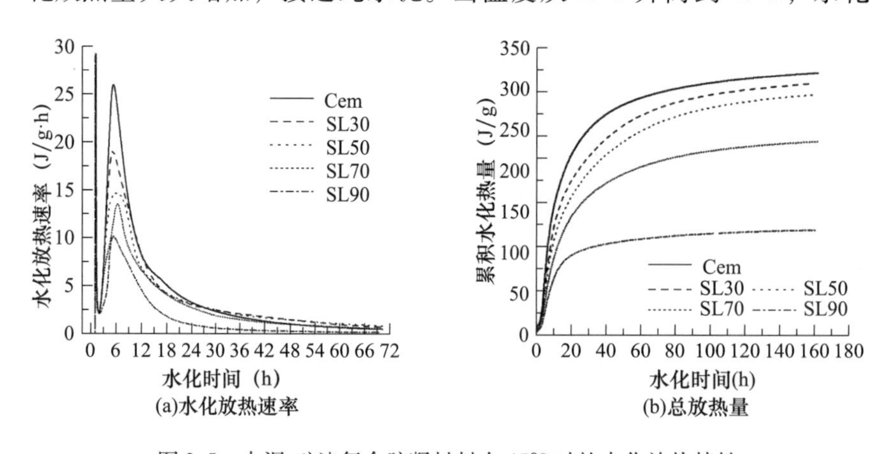

图 2.5　水泥-矿渣复合胶凝材料在 45℃时的水化放热特性

168h 时，试样 Cem、SL30 和 SL50 的总放热量增加率分别为 17.75%、25.60% 和 33.48%。由此可以得出，温度对水泥-矿渣复合胶凝材料的促进作用更强，复合胶凝材料对水化温度更敏感。

由图 2.6（a）可知，温度升高至 60℃，反应速率很快，掺矿渣的复合胶凝材料在水化开始约 1.2h 后结束诱导期，矿渣掺量不大于 50% 的复合胶凝材料在水化约 4h 后达到第二放热峰，矿渣掺量为 70% 和 90% 的复合胶凝材料水化至第二放热峰的时间大大提前，原因是掺入矿渣后体系中水泥的质量分数降低，温度升高，水泥组分快速水化生成 $Ca(OH)_2$，矿渣受到高温激发，OH^- 能快速破坏硅氧键，反应生成硅酸盐离子，同时矿渣中的 Ca^{2+} 也与溶液中的水反应生成 $Ca(OH)_2$，增加了 OH^- 的浓度，即增加破坏硅氧键的能力，且在高的水化温度下更有助于水加速破坏矿渣的硅氧键[2]。温度升高至 60℃，大大促进了胶凝材料的水化，早期大幅度提高水化速率，后期增加体系总放热量。从图 2.6（b）也可以看出，矿渣掺量不大于 50% 的复合胶凝材料在水化后期的放热量与纯水泥相当，且总放热量曲线随时间仍有增加的趋势，矿渣玻璃的结晶潜热为 200J/g[3]，如果在高温激发下这部分热量释放出来，那么矿渣掺量不大的复合胶凝材料的总放热量就将会超过纯水泥。矿渣掺量为 70% 和 90% 的复合胶凝材料中水泥的量有限，早期快速水化放出热量，总放热量曲线分别在水化 30h 和 10h 后趋于平缓。值得注意的是，矿渣掺量为 90% 的复合胶凝材料 10h 内的放热量随温度的升高而增加，但是在测定时间内的总放热量随温度的升高而降低［图 2.4（b）、图 2.5（b）和图 2.6（b）］。这是因为试样 SL90 中只有 10% 的水泥，由于矿渣的稀释效应和高温的促进反应作用，使水泥快速反应，在短时间内放出大量热量。水化产物的快速生成覆盖在水泥颗粒的表面会阻止水泥的进一步水化。

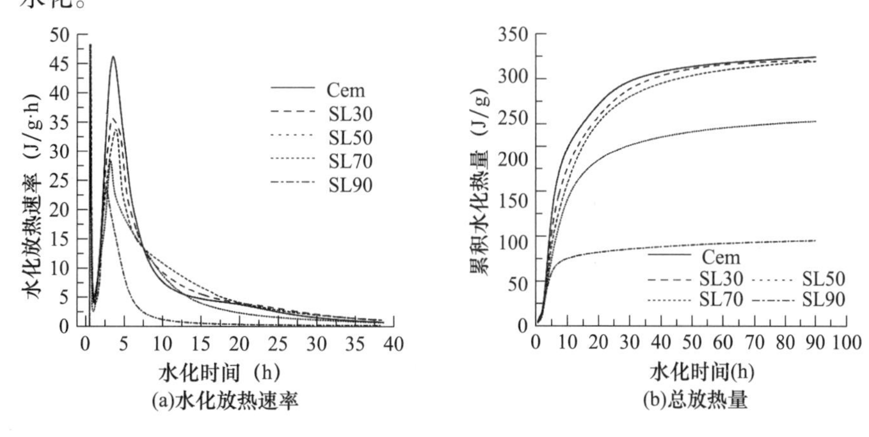

图 2.6　水泥-矿渣复合胶凝材料在 60℃时的水化放热特性

2.3.2 水化动力学过程

图 2.7 ~ 图 2.9 分别为不同矿渣掺量的复合胶凝材料在 25℃、45℃和 60℃时的水化反应速率曲线以及根据动力学模型计算得到的模拟曲线。考虑到复合胶凝材料在初始水解期（即第一放热峰）和诱导期放出的热量较少，大约占 5%，且在实际工程中，混凝土拌和后不会立即浇筑，所以诱导期前放出的热量不会积聚于混凝土内部。因此本节忽略了主要由浸润热导致的第一放热峰，仅模拟诱导期以后的反应过程。

从图 2.7 可知，曲线 F_1（α）、F_2（α）和 F_3（α）能较好地分段模拟复合胶凝材料结晶成核与晶体生长（NG）、相边界反应（I）和扩散（D）阶段的水化速率变化。不同矿渣掺量的复合胶凝材料的水化动力学过程均经历 NG、I、D 三个阶段。这也说明，复合胶凝材料的水化不是由单一的反应机制控制，而是由多相反应机制控制。25℃时，该水化动力学模型能准确模拟纯水泥的水化过程。掺矿渣的复合胶凝材料的水化过程是由快速的水泥水化与较缓慢的矿渣水化两部分组成，在模拟时将它们作为一个整体考虑，随矿渣掺量的增加，其水化反应对于复合胶凝材料总的水化过程影响程度增加，使模拟误差加大，但是当矿渣掺量不超过 70% 时该模型仍能较好地反映复合胶凝材料的实际水化过程。胶凝材料与水反应后，孔溶液的 pH 值很快上升，水化最初的几小时，C-S-H 和 $Ca(OH)_2$达到过饱和度，稳定的晶核形成。当溶液保持稳定的过饱和度时，水化产物就会长大。对水泥-矿渣复合胶凝材料来说，其主要在溶液中发生异相成核。另外，矿渣的活性低于水泥，在水化早期具有增大水泥有效水胶比和为水泥水化产物提供额外成核质点的作用，会加速水泥组分的水化。复合胶凝材料水化的 NG 过程模拟效果较好。由于矿渣组分水化生成的第三放热峰处于 I 过程中，使该过程模拟结果稍差。相边界反应过程控制时间随矿渣掺量的增加而延长，这是因为矿渣取代水泥后水泥的量减少，溶液中 Ca^{2+} 的量减少，且 Ca^{2+} 多半通过静电斥力被吸附在矿渣颗粒表面[4]，这样会使 Ca^{2+} 浓度达到临界值的时间推迟，故矿渣的掺入延缓了复合胶凝材料的水化，使浆体结构平稳变化，水化反应的控制机制的转变也比较平稳。这与矿渣的掺入延缓了水泥的水化相一致。在水化后期，水化产物大量生成，填充毛细孔，使浆体结构比较密实，水和离子以扩散的方式到达未反应颗粒的表面进行反应，该阶段的模拟效果较好。

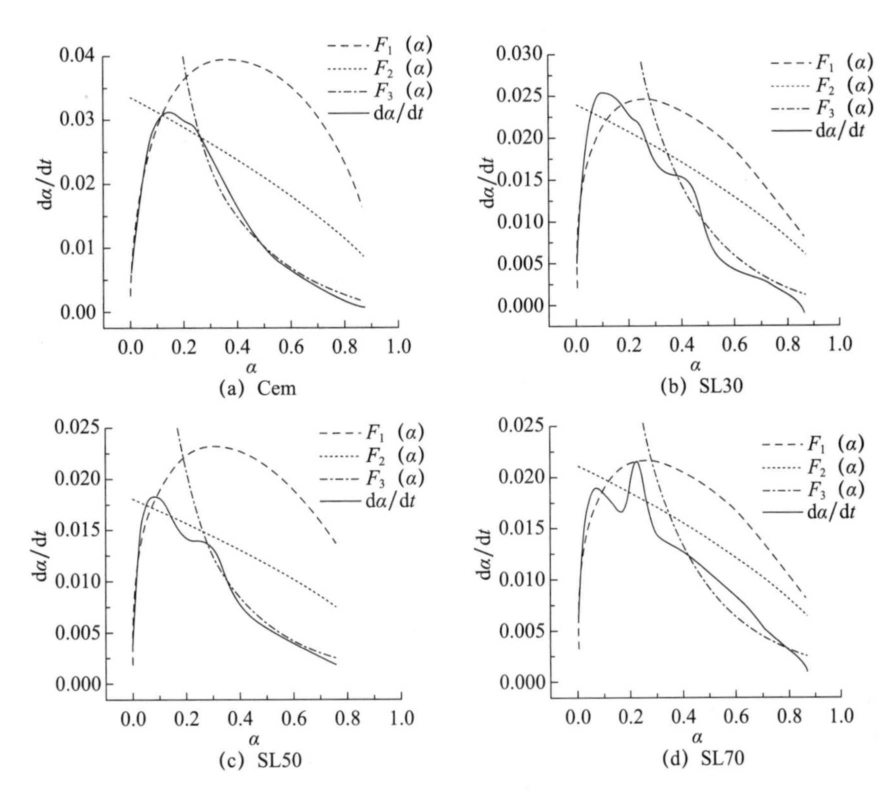

(a) Cem (b) SL30 (c) SL50 (d) SL70

图 2.7 水泥-矿渣复合胶凝材料在 25℃时的水化反应速率曲线

注：α 指水化程度，下同。

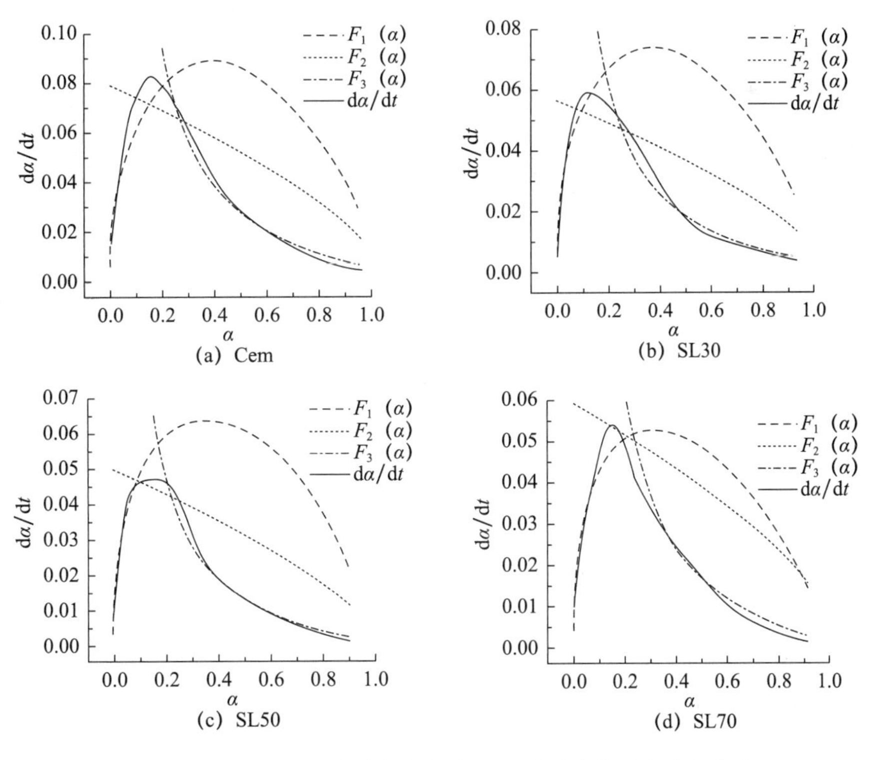

(a) Cem (b) SL30 (c) SL50 (d) SL70

图 2.8 水泥-矿渣复合胶凝材料在 45℃时的水化反应速率曲线

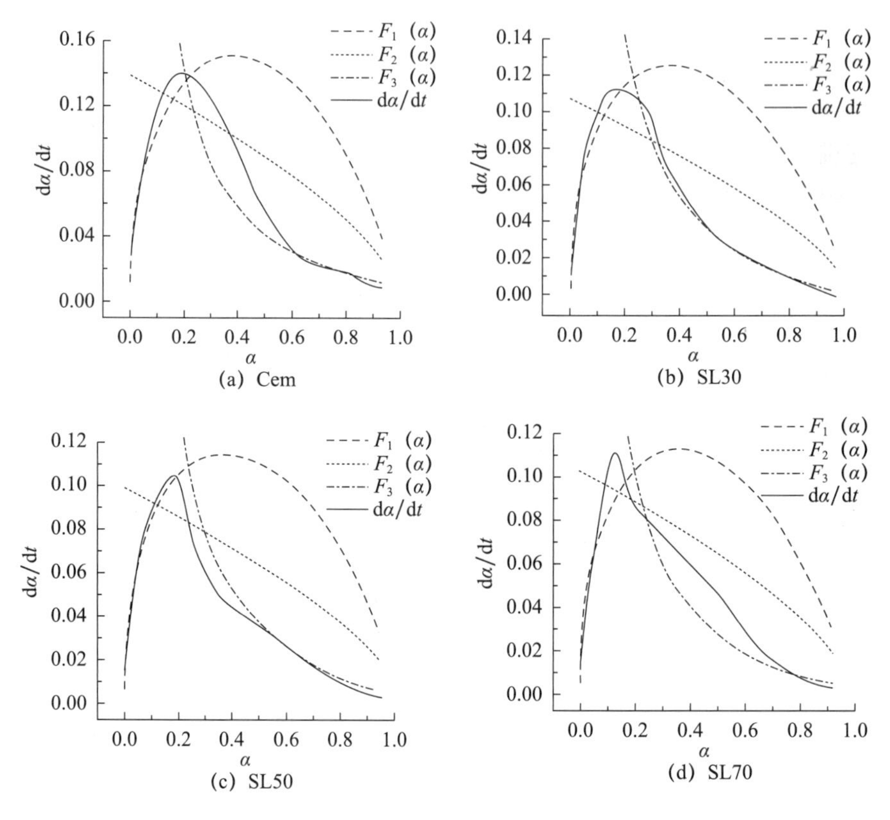

图 2.9　水泥-矿渣复合胶凝材料在 60℃时的水化反应速率曲线

从图 2. 8 可知，当水化温度为 45℃时，在水化初期，水化反应由 NG 过程控制。由图 2. 7 和图 2. 8 对比可以看出，升高温度明显提高了复合胶凝材料的水化速率，这样使复合胶凝材料水化在短时间内形成大量水化产物，离子迁移的势垒急剧增高。矿渣掺量不大于 50% 时反应仍经历 I 过程，但当矿渣掺量为 70% 时，表征 NG、I 和 D 过程的三条曲线相交于一点，说明该体系的水化反应没有经历 I 过程。对于矿渣掺量为 70% 的试样，体系中水泥组分较少，水泥迅速水化生成 $Ca(OH)_2$，矿渣受高温激发活性增加，快速与 $Ca(OH)_2$ 反应，生成的水化产物沉积在未水化颗粒表面，且体系中由于水泥的质量分数较低，$Ca(OH)_2$ 的量有限，阻碍水化程度的提高，反应直接由 NG 过程进入 D 过程。

从图 2. 9 可以看出，当水化温度为 60℃时，复合胶凝材料的水化不经历 I 过程，水化反应由 NG 过程控制直接进入由 D 过程控制。水化产物的数量取决于晶核的数目，而晶核的数目取决于胶凝材料的溶解速率、溶液的体积以及溶液的初始浓度。在特定的水胶比下，高温促进胶凝材料的溶解，尤其是水泥的溶解，使溶液浓度快速上升，且高温提供水化产物成核动力，使大量晶核在短时间内形成并长大。生成的水化产物相互交织，水化产物相的表面大大减少，且大量水化产物覆盖在未水化颗粒的表面，使水化很快进入 D 过程。值得注意的是，随着温度的升高，相边界反应控制时间明显缩短，I 过程明显弱化，而扩散控制反应控制时间明显增加（图 2.7，图 2.8 和图 2.9），这说明对于复合胶凝材料的早期水化，在水化温度较低时主要由化学控制，即 NG 过程和 I 过程，在水化温度较高时主要由扩散控制，即 D 过程。

由于复合胶凝材料的水化是一个连续的过程，NG→I→D 或 NG→D 是一个渐变的过程，而本节所用的水化动力学模型人为地将整个水化过程分为 3 个机理不同的阶段，各阶段之间的转变是根本性的，这也导致在阶段转变点附近结果出现一定的误差。

图 2.10 为矿渣掺量为 90% 的复合胶凝材料的水化反应速率曲线。由图 2.9 可知，本节所用动力学模型不再适用试样 SL90。原因是矿渣掺量不大时，复合体系中水泥的水化反应起主导作用，但当矿渣的掺量非常高时，矿渣的水化反应将起主导作用。从图 2.10 也可以得出矿渣的反应机理与水泥的水化机理不同。

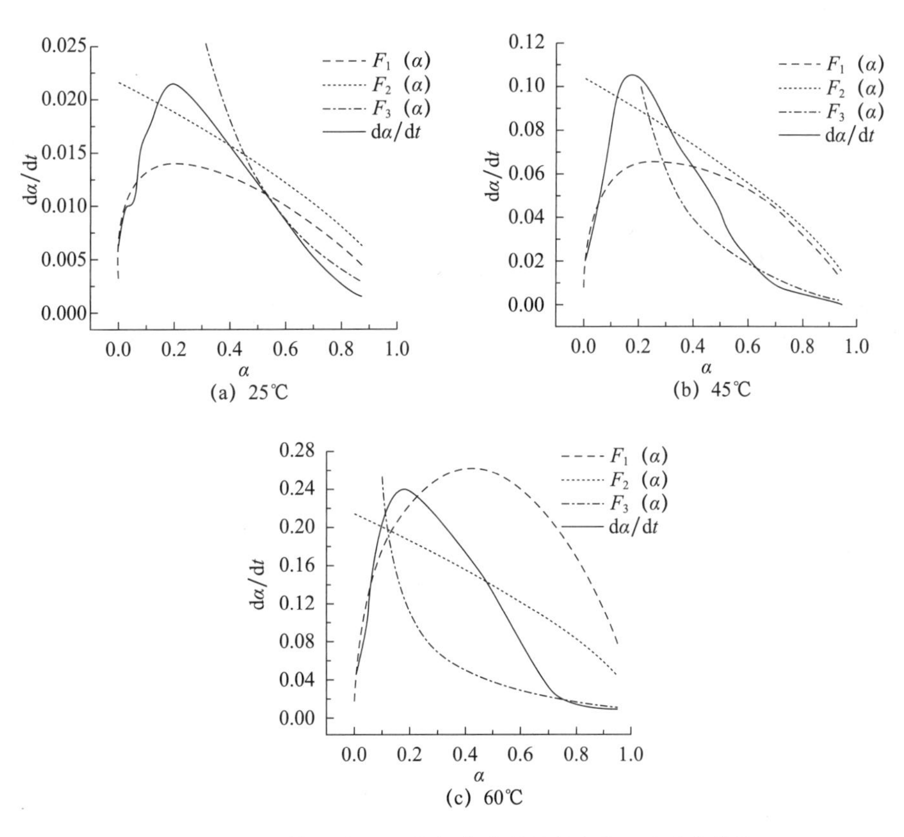

图 2.10 矿渣掺量为 90% 的复合胶凝材料水化反应速率曲线

2.3.3 水化动力学参数

表2.2为水泥-矿渣复合胶凝材料水化过程的动力学参数。n 描述为复合胶凝材料水化产物结晶成核与晶体生长情况。在相同温度下，随矿渣掺量的增加 n 值变小，在相同掺量下，随温度的增加 n 值增大，这表明矿渣的加入以及温度的升高大大影响了水化产物的生长过程。

表2.2 水泥-矿渣复合胶凝材料水化过程的动力学参数

温度	试样	n	K'_1	K'_2	K_3'	水化机理	α_1	α_2
25℃	Cem	1.84218	0.04823	0.01120	0.00218	NG-I-D	0.12	0.26
	SL30	1.54537	0.03803	0.00949	0.00217	NG-I-D	0.09	0.30
	SL50	1.59692	0.03039	0.00595	0.00114	NG-I-D	0.07	0.26
	SL70	1.42326	0.02868	0.00690	0.00178	NG-I-D	0.11	0.34
45℃	Cem	1.91691	0.10136	0.02426	0.00474	NG-I-D	0.21	0.21
	SL30	1.84254	0.09093	0.01859	0.00336	NG-I-D	0.10	0.24
	SL50	1.74276	0.07984	0.01650	0.00263	NG-I-D	0.09	0.22
	SL70	1.59396	0.06927	—	0.00347	NG-D	0.23	0.23
60℃	Cem	2.01047	0.177481	—	0.00800	NG-D	0.18	0.18
	SL30	1.84302	0.15137	—	0.00751	NG-D	0.22	0.22
	SL50	1.78359	0.13952	—	0.00692	NG-D	0.23	0.23
	SL70	1.83147	0.13962	—	0.00578	NG-D	0.20	0.20

25℃和60℃时，NG过程的反应速率 K_1' 约是I过程 K_2' 的4～5倍，约是D过程 K_3' 的20倍，说明NG过程的化学反应速率远大于I和D过程的反应速率。这是因为NG过程中复合胶凝材料中的水泥组分的水化反应是自催化反应，水化产物迅速生长。在水化产物相互交织前，晶核的长大增加了水化产物相的比表面积，反过来又促进了水化反应。但相边界反应速率受溶液中离子浓度、晶体比表面积、水化产物生长空间等影响，且随着水化反应的进行，孔溶液的pH值增加，强碱性溶液侵蚀矿渣的玻璃体，使矿渣发生火山灰反应，该反应主要发生在I过程，所以I过程受矿渣掺量的影响较大。随着水化时间的延长，反应进入D过程，水泥水化反应和矿渣火山灰反应的进行使浆体的孔隙率变小和渗透性变差，且渗透性很小的C-S-H层覆盖着 $Ca(OH)_2$ 晶体和未水化颗粒，使体系中的水趋近未反应的胶凝材料颗粒，以及 Ca^{2+} 趋近未反应的矿渣颗粒的扩散阻力都大大增加，故D过程的反应速率很低。由于高温对于反应的激励作用，NG、I、D过程的水化反应速率都随着温度的升高而增加。

在研究的温度范围内，当矿渣掺量为50%以内时，K_1'值都随矿渣掺量的增加而减小，这说明矿渣的掺入影响了结晶成核和晶体生长过程。原因是在水化初期，水化反应由NG控制，矿渣的反应忽略不计，矿渣在此阶段所起的动力学作用主要是填充效应，即增大水泥的有效水胶比、提供水化产物的成核质点以及生长空间，所以水泥的水化加速。但矿渣掺量的增加，使水泥所占比例减少，体系中活性点的数量减少，在同等水胶比下，溶液的碱度降低，无定形硅酸盐的溶解性降低，晶核的生长速率降低，使复合胶凝材料的水化速率降低。当矿渣掺量为50%以内时，I过程K_2'值随矿渣掺量的增加而减小，原因是水泥的减少导致孔溶液离子浓度以及晶体和孔溶液之间的相边界面积降低，且随着矿渣掺量的增加，矿渣的反应提前且逐渐占据主导地位［图2.4（a）、图2.5（a）和图2.6（a）］。但由于矿渣的活性低于水泥，使其反应速率低于水泥，所以矿渣的掺入使得I阶段的速率降低。当矿渣掺量为50%以内时，D过程K_3'值随矿渣掺量的增加而降低，是因为矿渣反应的完成要求Ca^{2+}能自由趋近未反应的矿渣颗粒，Ca^{2+}主要由水泥熟料水化得到，矿渣的掺量增加，水泥的量势必减少，则后期Ca^{2+}通过扩散到达矿渣颗粒表面的数量大大减少，且在D过程时形成的浆体较致密，故水化速率大大降低。当矿渣掺量为70%时，矿渣反应逐渐占据主导作用，得到的各阶段水化速率相比于矿渣掺量50%时有所提高。

α_1表示NG到I的转变点，α_2表示I到D的转变点。25℃时，与纯水泥相比，掺矿渣的复合胶凝材料的α_1较小，说明复合胶凝材料在水化程度相对较低的情况下就由NG过程转变为I过程，矿渣掺量为30%的复合胶凝材料的α_2较大，说明其在水化程度较高时由I过程转变为D过程，因此矿渣掺量不大时复合胶凝材料最终的水化程度较高，可能超过纯水泥，矿渣掺量为50%的复合胶凝材料α_2与纯水泥相同。α_1随温度的升高而增加，α_2随温度的升高而降低，说明温度升高，使复合胶凝材料在高的水化程度下由NG过程转变为I过程，但是在水化程度相对较低时由I过程转变为D过程，故升高温度使复合胶凝材料早期水化速率加快，但其后期的水化程度通常是减小的。

表2.3为水泥-矿渣复合胶凝材料在不同水化阶段的活化能。活化能在一定程度上反映了反应的难易程度，活化能越大则反应越困难，凡是活化能高的反应，随温度的升高反应速率增加越快。由表2.3可知，在三个水化阶段，活化能都随着掺量的增加而增大，说明矿渣的掺入增加了体系水化的难度，也说明随着水化温度的升高，水泥-矿渣复合胶凝材料的反应速率增加得越快，对温度越敏感，这与水泥-矿渣复合胶凝

材料的水化放热特性一致。NG 过程的活化能高于 D 过程，这也说明化学反应需要更高的能量，主要是由于化学反应需要提供足够的能量使反应物旧键破裂，生成物新键形成。由于扩散过程只涉及物质的传输，所以 D 过程的活化能较小，但该阶段的活化能大于一般由扩散控制的化学反应（大约为 10kJ/mol），这可能是由于在水化后期矿渣持续发生火山灰反应。

表 2.3　水泥-矿渣复合胶凝材料在不同水化阶段的活化能

试样	水胶比	E_a（kJ/mol）- 温度范围（25 ~ 45℃）		
		NG 过程	I 过程	D 过程
Cem	0.4	30.55	29.47	30.64
SL30	0.4	32.94	25.41	27.90
SL50	0.4	36.50	26.86	31.59
SL70	0.4	33.32	—	29.51

表 2.4 为水泥-矿渣复合胶凝材料水化的表观活化能。从表 2.4 可知，随矿渣掺量的增加，体系的活化能增加，反应进行的难度增加，反应速率降低。但矿渣掺量为 30% 的复合胶凝材料的活化能比纯水泥低，这是因为适量掺加矿渣使体系早期增大有效水胶比，促进水泥水化，后期矿渣的火山灰反应消耗 $Ca(OH)_2$ 进一步促进水泥的水化。矿渣掺量为 50% 和 70% 的复合胶凝材料的活化能高于纯水泥，原因是这些胶凝材料中水泥含量低，生成的水化产物量少，难以激发矿渣的水化反应。掺矿渣的复合胶凝材料活化能较大，当温度升高时，其水化速率增长显著，故水泥-矿渣复合胶凝材料对温度更敏感。

表 2.4　水泥-矿渣复合胶凝材料水化的表观活化能

试样	水胶比	温度范围（℃）	E_a（kJ/mol）
Cem	0.4	25 ~ 60	40.01
SL30			37.93
SL50			46.63
SL70			50.94

对于 Cem I 42.5 水泥，Broda 等[5]在水化温度范围为 10 ~ 40℃ 范围内测定的活化能为 37.5kJ/mol，Poppe 和 Shutter[6]在温度范围为 10 ~ 35℃ 范围内测定的活化能为 43.1kJ/mol。Ravikumar 等[7]在温度范围为 25 ~ 45℃ 测定的 Type I/OPC 水泥的活化能为 38kJ/mol。本节测定的硅酸盐水泥的活化能为 40.01kJ/mol，与文献中的数据相近。Regourd[8]测定的矿渣掺量为 80% 的复合胶凝材料的活化能为 50kJ/mol，和本节测定

的试样 SL70 的水化能为 50.94kJ/mol 相近。Barnett 等[9]测定的矿渣掺量为 70% 的砂浆的活化能为 60kJ/mol，这个数据与本节的有些差距，原因是在矿渣掺量均为 70% 的情况下，净浆和砂浆之间的活化能存在差异。

2.3.4 与水泥-石英粉复合体系对比研究水化放热特性

矿物掺和料在复合胶凝材料水化过程中的作用主要有两方面：物理作用和化学作用。矿物掺和料的水化活性一般低于水泥熟料，且矿物掺和料的反应依赖于水化环境。因此，在早期水化矿物掺和料主要起物理作用。随着水化时间的延长，其化学作用占据主导地位。石英粉的活性很低，可认为是一种惰性掺和料。本书中把石英粉磨细，使其细度与矿渣的细度相近。我们选用了两组矿渣掺量，即小掺量和大掺量。通过对比研究复合胶凝材料的水化放热特性，确定矿渣掺和料的作用机理。

图 2.11 ~ 图 2.13 分别为 25℃、45℃和 60℃时掺石英粉或矿渣复合胶凝材料的水化放热速率和放热量曲线。从图 2.11 可知，石英粉和矿渣的掺入对复合胶凝材料水化放热速率和总放热量的影响不同，且矿物掺和料掺量越大，差别越明显。由图 2.11（a）可知，石英粉的掺入降低了复合胶凝材料的水化放热速率，掺量越大，降低越多，这主要是因为复合体系中水泥质量分数的降低。试样 Cem、Q(a)30 和 Q(a)70 的诱导期结束时间分别为 1.89h、1.98h 和 2.31h，诱导期结束时间随石英粉掺量的增加而稍有延长。水泥的减少降低了溶液中 Ca^{2+} 的浓度，溶液达到过饱和的时间延长。水泥-石英粉复合胶凝材料加速期的水化放热速率曲线的斜率与纯水泥相当，达到第二放热峰的时间与纯水泥差别不大，甚至石英粉掺量为 70% 的复合胶凝材料第二放热峰出现的时间稍有提前。第二放热峰峰值降低的百分比低于石英粉替代水泥的百分比，说明石英粉的掺入促进了复合胶凝材料中水泥组分的水化。石英粉不参与反应，增加水泥的有效水胶比，从而增大水化放热量。由于复合胶凝材料中水泥的量有限，第二放热峰后，水泥-石英粉复合胶凝材料的水化放热速率曲线很快降低，石英粉掺量为 70% 的复合胶凝材料大约在 20h 就进入由扩散控制的水化阶段。矿渣的掺入也延长了诱导期，试样 SL30 和 SL70 水化诱导期结束时间分别为 2.22h 和 2.18h。矿渣的表面会吸附一些 Ca^{2+}，导致试样 SL30 的诱导期结束时间稍大于试样 Q(a)30。由于水泥的快速溶解以及矿渣的高水化活性，试样 SL70 的诱导期短于试样 Q(a)70。在水化的加速期，掺矿渣的复合胶凝材料的水化放热速率大于掺石英粉复合胶凝材料的水化放热速率，且掺量越大，两者的水化放

热速率差距越明显。复合胶凝材料遇水后，水泥迅速与水反应，受到溶液中碱性离子的激发，少量矿渣参与反应，促进了水泥的水化。当矿渣掺量为70%时，复合胶凝材料中水泥组分水化速率非常快，溶液pH值升高，使矿渣参与了反应，产生第三放热峰，且峰值高于由水泥组分水化产生的第二放热峰峰值，矿渣的反应消耗$Ca(OH)_2$，明显促进水泥的水化，使其放热速率高于试样Q(70)。试样Q(30)的第二放热峰峰值高于试样SL30，原因是石英粉主要呈惰性，不参与反应，不会消耗体系中的水，故所有的水用来完成水泥的水化，水泥的活性高于矿渣，其水化放出的热量也较高。当掺量为70%时，矿物掺和料的稀释效应明显，水泥的水化较充分，故试样Q(70)的第二放热峰峰值和试样SL70几乎一样。掺石英粉的复合胶凝材料在减速期速率的减小非常快，但由于矿渣的活性在水化后期被激发，水泥-矿渣复合胶凝材料在减速期仍有明显的热效应，试样SL30和SL70的水化放热速率分别大约在20h和15h超过试样Q(a)30和Q(a)70。

由图2.11（b）可知，石英粉的掺入降低了复合胶凝材料的总放热量。纯水泥水化168h的总放热量的70%和30%分别为196.7J/g和84.3J/g，而试样Q(30)和Q(70)水化168h的总放热量为208.56J/g和94.24J/g，说明石英粉的掺入促进了水泥的水化，这归因于它的物理作用。在水化约20h前，试样Q(a)30和SL30的总放热量几乎相同。20h后，试样SL30的总放热量明显超过试样Q(a)30。在整个水化过程中，试样SL70的总放热量一直高于试样Q(a)70。在矿物掺和料掺量相同的情况下，两条放热速率曲线的差值是由于矿渣的火山灰反应造成的。值得注意的是，掺量为70%的复合胶凝材料的总放热量差值大于掺量为30%的放热量差值。矿渣掺量较大时，矿渣的反应提前且热效应明显。

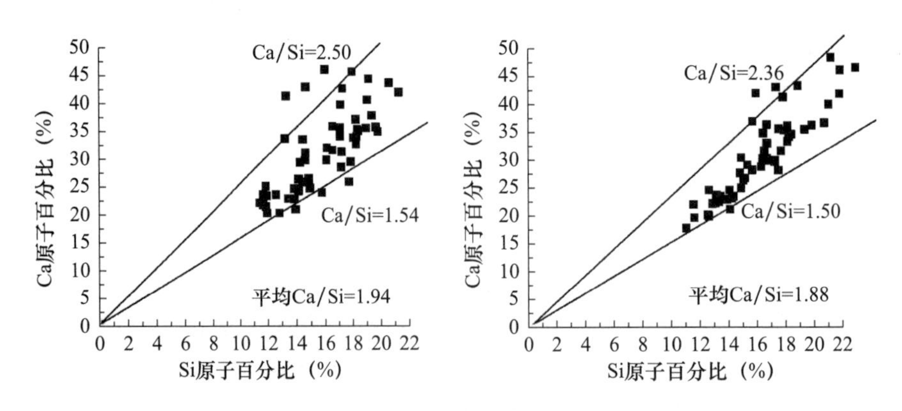

图2.11　掺石英粉或矿渣复合胶凝材料25℃时水化放热特性

当水化温度为45℃时，由图2.12（a）可知，水泥-石英粉复合胶凝材料的放热速率增加，诱导期结束时间和达到第二放热峰的时间也缩短了。相比于25℃，第二放热峰峰值增加了两倍多。由本书2.3.1节可知，水泥-矿渣复合胶凝材料的水化对温度敏感，升高温度能明显提高其水化放热速率，故在加速期，试样SL30在45℃时的水化放热速率高于试样Q(a)30，这比25℃时明显。高温促进水化，使矿渣的反应提前，试样SL70中水泥组分水化产生的第二放热峰和矿渣水化产生的第三放热峰重叠为一个放热峰，使其在整个水化过程中的水化放热速率高于试样Q(a)70。试样Q(a)30和试样Q(a)70分别大约在15h和9h进入水化稳定期。由图2.12（b）可知，水化温度升高到45℃，复合胶凝材料的总放热量增加。纯水泥水化168h的总放热量的70%和30%分别为231.73J/g和99.31J/g，试样Q(a)30和Q(a)70水化168h的总放热量分别为261.97J/g和125.46J/g。相比于25℃，总放热量增加百分比提高，说明高温对水泥水化有促进作用。水化约10h前，试样Q(a)30和试样SL30的总放热量几乎相同，10h后，试样SL30的总放热量超过试样Q(a)30。温度从25℃升高到45℃，试样SL30中矿渣发生火山灰反应的时间由20h提前到10h。

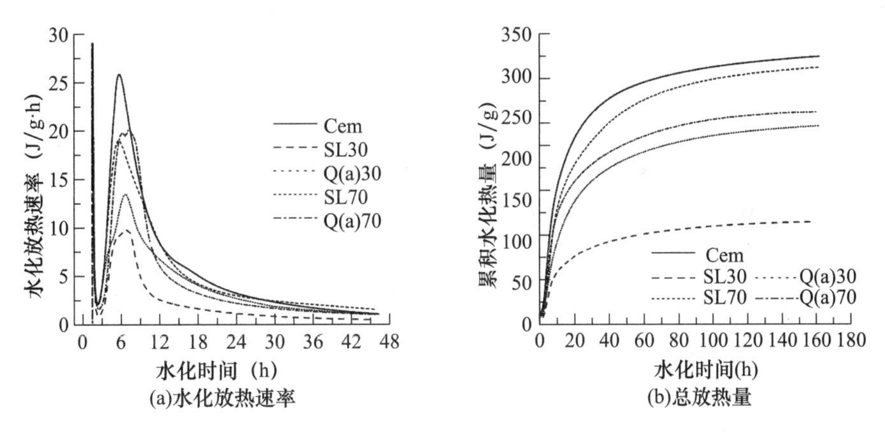

图2.12 掺石英粉或矿渣复合胶凝材料在45℃的水化放热特性

从图2.13（a）可知，60℃时，水泥-石英粉复合胶凝材料的水化放热速率明显提高，诱导期结束时间和第二放热峰出现的时间明显缩短，第二放热峰峰值比25℃时增加了四倍多。高温使水泥-石英粉复合胶凝材料在加速期水化放热速率的增加较快，但是在减速期水化放热速率的减小也较快。因此，试样Q(a)30和Q(a)70分别在大约10h和8h时进入稳定期。水泥-石英粉复合胶凝材料的水化放热速率曲线和水泥-矿渣复合胶凝材料的水化放热速率曲线差别更加明显，且掺量越多，差别越大。试样SL30在加速期的水化放热速率明显高于试样Q(a)30，水化约

6h 后，其水化放热速率又超过试样 Q(a)30。而试样 SL70 在整个水化过程的放热速率远远高于试样 Q(a)70。同时，结合图 2.13（b）也可以看出，在水化最初的几小时，水泥-矿渣复合胶凝材料的水化总放热量就已经超过了水泥-石英粉复合胶凝材料的放热量，且随着水化时间的延长，放热量差值增加，这说明 60℃时，矿渣在水化初期就参与了反应。在水化后期，试样 SL30 的水化总放热量和纯水泥的相当，试样 SL70 的总放热量与试样 Q(a)30 接近，说明温度大大促进了水泥-矿渣复合胶凝材料的水化。

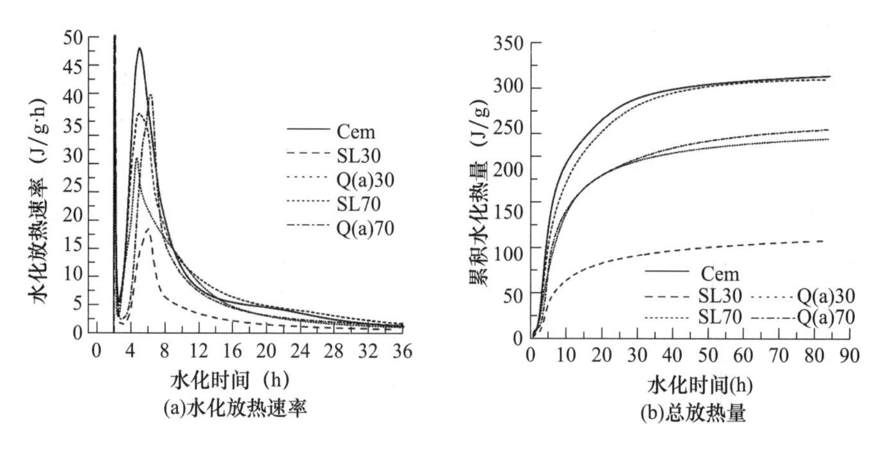

图 2.13　掺石英粉或矿渣复合胶凝材料在 60℃的水化放热特性

从以上分析可以看出，矿渣的掺入和石英粉相比，在常温下，矿渣在复合胶凝材料早期水化过程中主要起物理作用。高温激发了矿渣的活性，使矿渣的反应提前，其化学作用在水化早期就表现出来，且反应程度随着温度的升高而增加。矿物掺和料的掺量对复合胶凝材料的水化过程也有重要的影响，掺量越大，其影响效果越明显。在同等掺量下，矿渣对复合胶凝材料中水泥的水化促进作用比石英粉更强。

2.4　水泥-矿渣复合胶凝材料化学结合水量

2.4.1　矿渣掺量对化学结合水量的影响

水泥-矿渣复合胶凝材料在 20℃、45℃和 60℃养护下不同龄期的化学结合水量如图 2.14 所示。从图 2.14（a）可以看出，20℃，水化早期，随着矿渣掺量的增加，复合胶凝材料的水化结合水量减少。由于早期矿渣的活性较低，水化速率非常慢，故早期化学结合水量主要来自水泥的水化产物。矿渣的掺入导致复合胶凝材料中水泥的质量分数降低，使生成的水化产物减少。虽然矿渣早期的稀释效应和成核作用会加速复合胶凝材料中水泥组分的水化，但是复合胶凝材料总的水化放热速率和反应速率均低于纯水泥试样［图2.4（a）和表2.2］，故掺矿渣的复合胶凝材料早期的化学结合水量较低。水化1d时，复合胶凝材料的化学结合水量低，但是化学结合水量的增长率较大，水化7d内几乎呈线性增长。矿渣掺量越多，化学结合水量增加幅度越大，这与水泥-矿渣复合胶凝材料水化放热速率和总放热量的结果一致。水化7～90d时，化学结合水量的增长率降低，但仍呈线性增长。化学结合水量在水化后期逐渐趋于稳定，增长率也较小。水化90d时，试样SL30的化学结合水量超过了纯水泥试样。随着龄期的延长，水泥水化生成了大量的$Ca(OH)_2$，使矿渣的活性得到充分激发，矿渣发生火山灰反应生成C-S-H凝胶，增加复合胶凝材料的化学结合水量，另外，矿渣反应消耗$Ca(OH)_2$会促进水泥的水化，生成更多的水化产物。水化365d时，这种现象仍然存在。试样SL70的化学结合水量低于纯水泥。试样SL70中只含有30%的水泥熟料，水泥水化生成的水化产物较少，且不能充分激发矿渣的活性，矿渣反应程度低，对总化学结合水量的贡献较小。

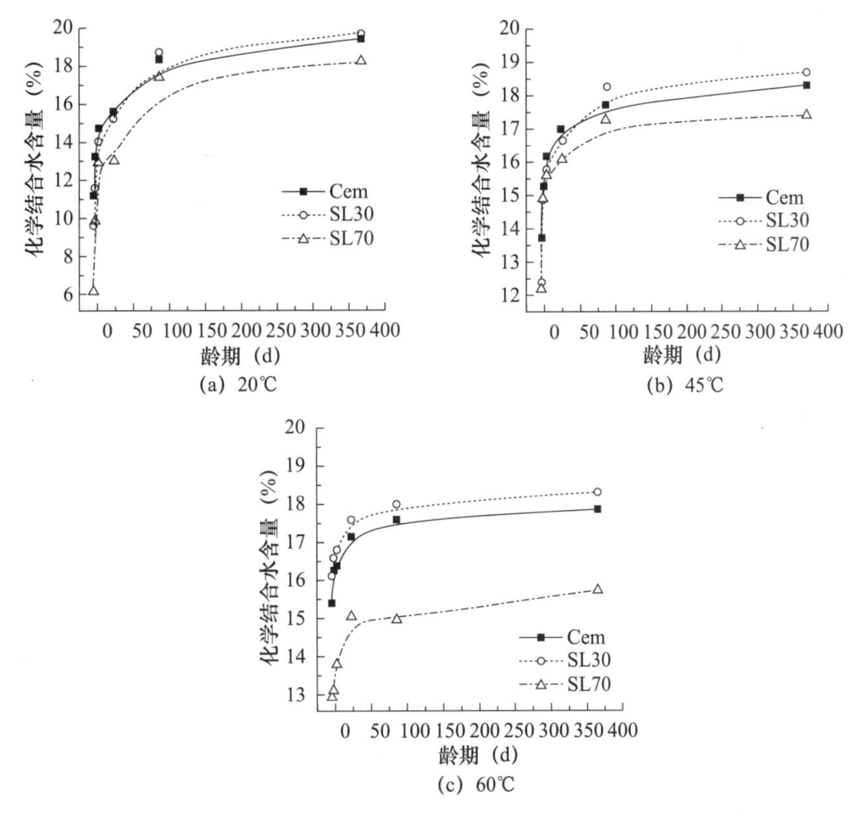

图2.14 水泥-矿渣复合胶凝材料的化学结合水量

当水化温度为45℃时，如图2.14（b）所示，水泥-矿渣复合胶凝材料化学结合水量的变化趋势与25℃时类似。但当水化温度为60℃时，由图2.14（c）可知，试样SL30的化学结合水量在1d龄期时就超过了试样Cem的化学结合水量，且试样SL70的化学结合水量与试样Cem的化学结合水量的差距增加。高温激发了胶凝材料的水化活性（图2.5和图2.6），使其早期水化程度大大增加。相比于20℃，45℃时试样Cem、SL30和SL70水化3d的化学结合水增长率分别为16.22%、29.42%和53.51%，60℃时3d增长率分别为23.23%、43.86%和33.92%。由第2.3节可知，水泥-矿渣复合胶凝材料的活化能较高，对温度更敏感，高温更能促进其反应。因此，高温养护下水泥-矿渣复合胶凝材料早期化学结合水量增长率较高。但随着龄期的延长，化学结合水量曲线很快趋于平稳。

2.4.2 温度对化学结合水量的影响

温度对水泥-矿渣复合胶凝材料化学结合水量的影响如图2.15所示。随着水化温度的升高，复合胶凝材料早期化学结合水量明显增加，但后

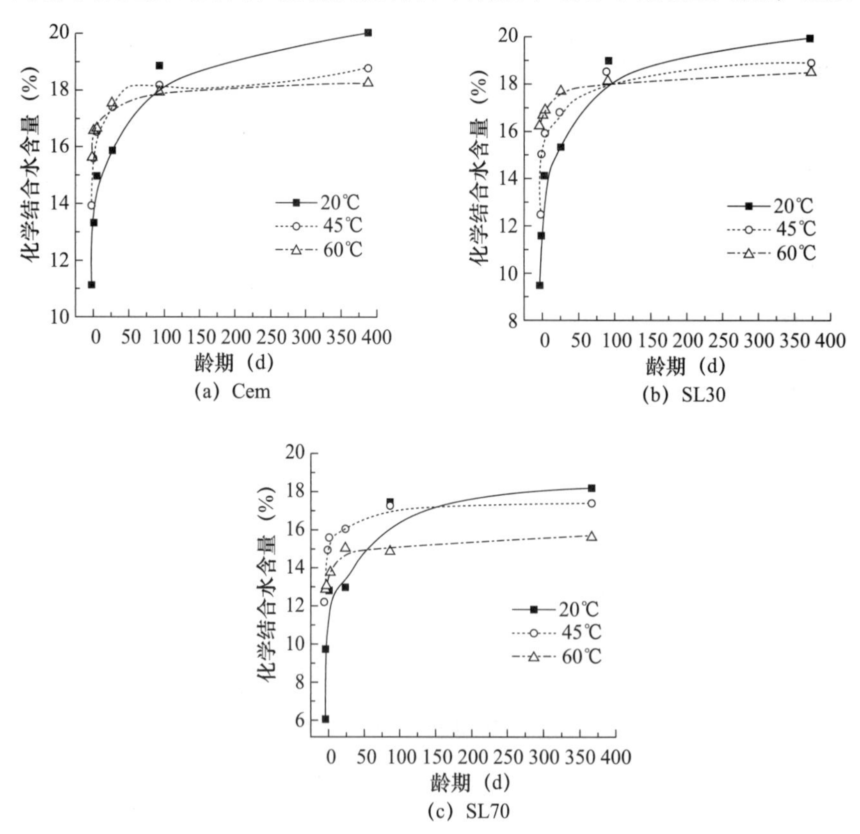

图2.15 温度对水泥-矿渣复合胶凝材料化学结合水量的影响

期化学结合水量降低。由2.3节可知，25℃和45℃时，水泥-矿渣复合胶凝材料的水化动力学过程为NG→I→D，但是45℃时水化反应由I过程控制的时间明显缩短；60℃时，水化反应过程为NG→D。高温促进复合胶凝材料的水化，早期水化程度较高，生成的水化产物较多，化学结合水量较大，但是水化反应进入D过程时的水化程度相对较低，高温条件下短时间内生成大量水化产物，这些水化产物来不及扩散，覆盖在未水化颗粒的表面，阻碍了胶凝材料的后期水化，使后期化学结合水量降低。但20℃时，胶凝材料早期水化缓慢，水化反应长时间处于由I过程控制的阶段，所以胶凝材料的水化持续进行，水化程度缓慢地提高，生成的水化产物较多，胶凝材料后期化学结合水量也较高。值得注意的是，试样SL70在60℃水化时，水化1d龄期时，化学结合水量较高，之后其化学结合水量明显降低，与纯水泥的化学结合水量差距也增大。矿渣掺量为70%时，早期高温养护对其影响最大，能明显提高其水化放热速率和总放热量，45℃水化反应就直接由NG过程进入D过程，60℃时反应更是激烈，很快进入由D扩散控制的阶段。因此，水化28d龄期时，试样SL70的化学结合水量几乎不再增加。

为了直观地反映早期高温养护对化学结合水量的影响，用化学结合水量的温度影响系数ϕw_n来表示，其计算如式（2.1）所示。

$$\phi w_n = \frac{w_{n2} - w_{n1}}{w_{n1}} \times 100\% \tag{2.1}$$

式中，w_{n1}为硬化浆体20℃养护时的化学结合水量；w_{n2}为硬化浆体45℃或60℃养护时的化学结合水量。

图2.16为水泥-矿渣复合胶凝材料化学结合水量的温度影响系数。从图2.16可以看出，对同一试样，温度越高，对早期化学结合水量的影响系数越大；矿渣掺量越多，早期化学结合水量的温度影响系数越

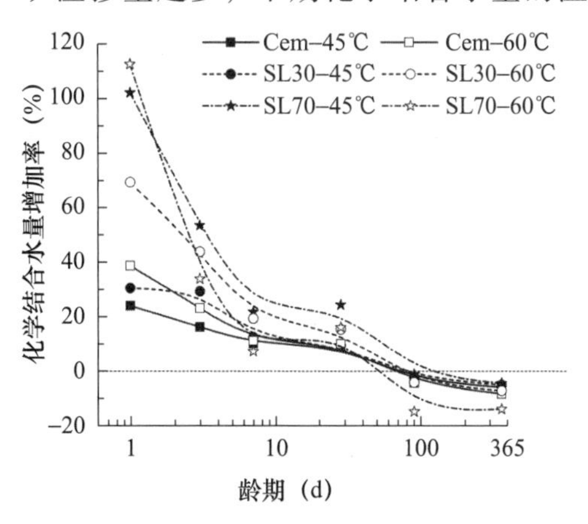

图2.16 水泥-矿渣复合胶凝材料化学结合水量的温度影响系数

大。说明高温激发了矿渣的活性，也说明了试样 SL70 受温度影响最大。水化 1d 龄期时，所有试样的化学结合水量的温度影响系数最大。随着龄期的延长，温度影响系数呈下降趋势，7d 时降为 20% 左右。水化 365d 时，各试样的温度影响系数皆为负值，且试样 SL70 的温度影响系数降低最多。高温可明显促进复合胶凝材料的早期水化，但对后期水化是不利的。

2.4.3 与水泥-石英粉复合体系比较研究化学结合水量

图 2.17 为掺石英粉或矿渣复合胶凝材料在 20℃、45℃和 60℃养护下不同龄期化学结合水量。从图 2.17（a）可以看出，石英粉的掺入降低了复合胶凝材料的化学结合水量，且随着掺量的增加，降低的幅度增大。原因是复合胶凝材料中水泥所占的比例减少，生成的水化产物较少。7d 龄期前，水泥-石英粉复合胶凝材料化学结合水增长率较高，但 7d 龄期以后化学结合水增长率降低，从 28d 开始试样 Q(a)30 和 Q(a)70 的化学结合水量基本保持不变。石英粉的掺入几乎不会影响胶凝材料水化诱导期结束时间和第二放热峰出现时间［图 2.11（a)］，在水化早期还会加速水泥组分的水化，故早期大量水化产物生成。但水化后期，由于复合胶凝材料中水泥的量有限，化学结合水量逐渐趋于平稳。水化早期，试样 Q(a)30 的化学结合水量稍低于试样 SL30 的化学结合水量。早期有少量的矿渣参与了反应，生成的水化产物对总化学结合水量有一定的贡献。矿渣的火山灰活性在后期被激发，反应程度增加，故试样 Q(a)30 和试样 SL30 后期化学结合水量差距变大。当矿物掺和料掺量较大时，试样 Q(a)70 和试样 SL70 化学结合水量相差较大，试样 Q(a)70 的化学结合水量在 7d 龄期以前就明显低于试样 SL70，且随着龄期的延长，差距增加。试样 SL70 中水泥组分加速水化，且矿渣的反应提前，水化放热速率曲线上能明显观察到矿渣反应的放热峰［图 2.11（a)］，故试样 SL70 早期化学结合水量较大。后期矿渣发生火山灰反应，化学结合水量持续升高。

当水化温度为 45℃时，从图 2.17（b）可以看出，早期高温养护使水泥-石英粉复合胶凝材料化学结合水量在 7d 龄期之前快速增长，但 7d 以后化学结合水量几乎不再增长。相比于 20℃养护，45℃养护下水泥-石英粉复合胶凝材料 7d 龄期前的化学结合水量较高，但由于 7d 后化学结合水量基本保持不变，使后期化学结合水量均低于 20℃养护时化学结合水量。早期高温养护下，水泥-石英粉复合胶凝材料与水泥-矿渣复合胶凝材料的化学结合水量差距变大。在早期试样 Q(a)30 的化学结合水量就明显低于试样 SL30，而试样 Q(a)70 与试样 SL70 化学结合水量的差距更加明显。这说明高温激发了矿渣的活性，矿渣发生火山灰反应生成的水化产物增加了试样的化学结合水量。由图 2.17（c）可知，60℃时对试样的化学结合水量曲线有较大影响。试样 Q(a)30 和试样 Q(a)70 水化 1d 的化学结合水量比 20℃分别增加了 40.91% 和 50.60%。快速的水化反应使试样 Q(a)30 水化 7d 后化学结合水量基本保持不变，而试样 Q(a)70 水化 3d 后化学结合水量不再继续增长。由 2.3.4 节可知，试样 Q(a)30 和 Q(a)70 的水化放热速率曲线分别在 10h 和 8h 趋于平稳［图 2.13（a）］，高温下早期的迅速水化反应使大量水化产物生成，早期化学结合水量大大增加。但后期的化学结合水量低于常温养护，说明高温抑制了水泥-石英粉复合胶凝材料的水化，由于石英粉不参与反应，更确切地说，高温抑制了水泥的水化。当矿物掺和料掺量相同时，水泥-石英粉复合胶凝材料的化学结合水量明显低于水泥-矿渣复合胶凝材料的化学结合水量，说明 60℃时矿渣的反应活性大大增加，矿渣的反应提前。这与水泥-矿渣复合胶凝材料水化放热速率和总放热量的结果一致。

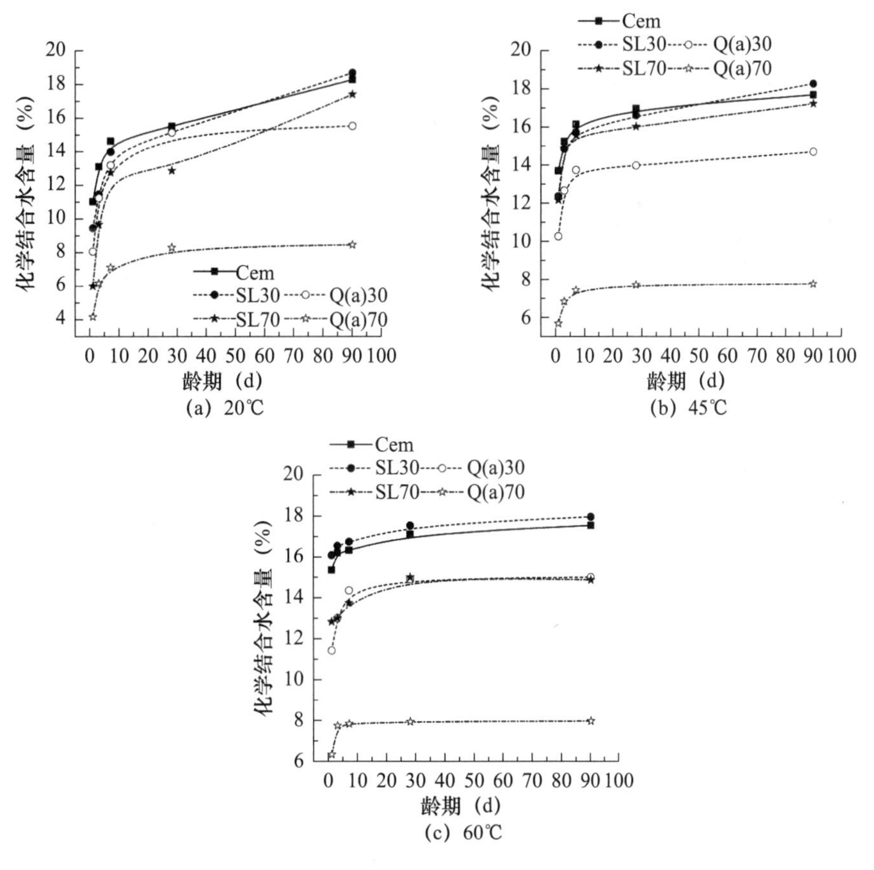

图 2.17　掺石英粉或矿渣复合胶凝材料的化学结合水量

图 2. 18 为掺石英粉或矿渣复合胶凝材料的化学结合水量的温度影响系数。从图 2. 18 可以看出，掺石英粉复合胶凝材料早期化学结合水量的温度影响系数较大，但随着龄期的延长，温度影响系数下降非常快，28d 龄期时，变为负值。水泥-矿渣复合胶凝材料的化学结合水量的温度影响系数大于水泥-石英粉复合胶凝材料，说明高温更能促进水泥-矿渣复合胶凝材料的水化，高温下矿渣参与了反应，生成了大量的水化产物。

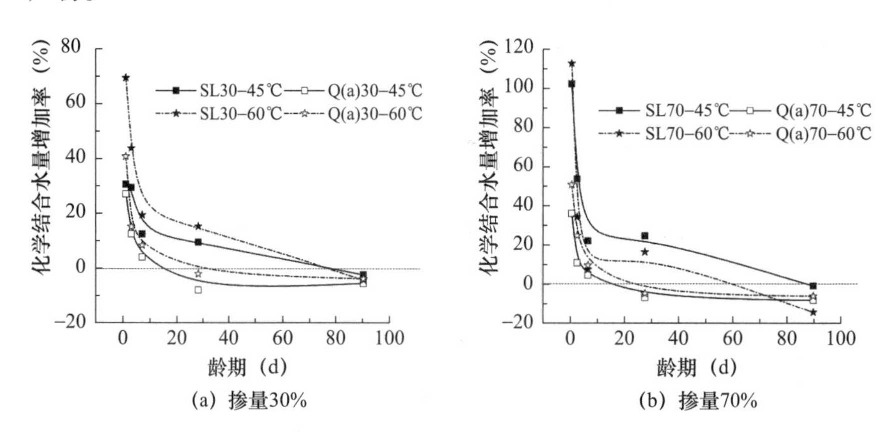

图 2. 18　掺石英粉或矿渣复合胶凝材料化学结合水量的温度影响系数

2.5　水泥-矿渣复合胶凝材料砂浆抗压强度及净浆孔结构

2. 5. 1　砂浆抗压强度

图 2. 19 为水泥-矿渣复合胶凝材料砂浆在 20℃、45℃和 60℃养护下不同龄期的抗压强度。砂浆抗压强度的发展依赖于养护温度和矿渣的掺量。从图 2. 19（a）可以看出，水化早期，随着矿渣掺量的增加，砂浆抗压强度降低。由于矿渣早期活性较低，故早期砂浆抗压强度主要来自复合胶凝材料中水泥组分的水化。矿渣的掺入降低了复合胶凝材料中水泥所占的比例，水泥水化生成的水化产物少，不足以填充孔隙，硬化浆体结构疏松，抗压强度较低。水化 3d 龄期时，试样 SL30 和 SL70 与纯水泥砂浆抗压强度的差值分别为 6MPa 和 14. 1MPa；28d 龄期时试样 SL30 的砂浆抗压强度超过纯水泥，试样 SL70 的砂浆抗压强度与纯水泥的差值缩小。水化后期，水泥水化生成的 $Ca(OH)_2$ 激发了矿渣的活性，矿渣的反应程度增加，生成的 C-S-H 凝胶有效填充毛细孔，且矿渣的水化会促进水泥组分的进一步水化，故水泥-矿渣复合胶凝材料砂浆抗压强度后期增长率较大。由于试样 SL70 中水泥的比例较少，生成

的 $Ca(OH)_2$不能充分激发矿渣的潜在活性，其后期砂浆抗压强度仍然低于纯水泥。结合图 2.14（a）可知，水泥-矿渣复合胶凝材料砂浆抗压强度的发展规律与化学结合水量的变化趋势类似。

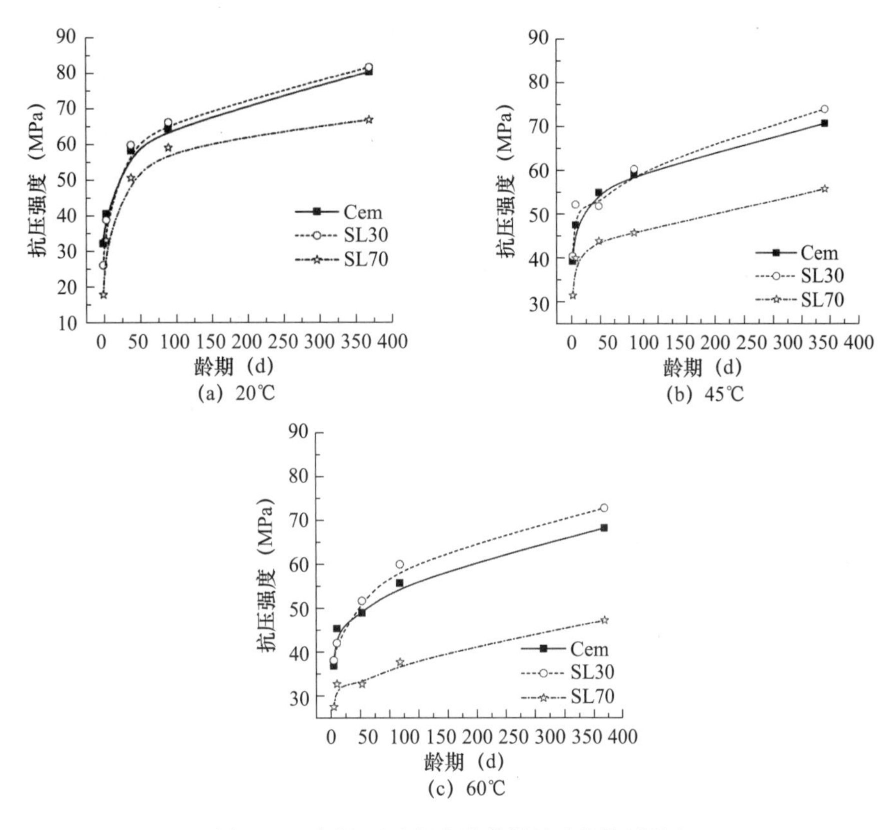

图 2.19 水泥-矿渣复合胶凝材料砂浆抗压强度

从图 2.19（b）和图 2.19（c）可以看出，当水化温度为 45℃ 和 60℃时，所有试样早期砂浆抗压强度提高。温度从 20℃ 升高到 45℃，试样 Cem、SL30 和 SL70 水化 3d 的砂浆抗压强度分别增加了 24.68%、58.59% 和 80%；温度从 20℃ 升高到 60℃，3d 砂浆抗压强度增长率分别为 15.82%、47.66% 和 57.71%。由此可以看出，高温对水泥-矿渣复合胶凝材料砂浆抗压强度的影响较大，且矿渣掺量越大，砂浆抗压强度受温度影响越大，这与试样水化放热量和化学结合水量结果相一致。试样 SL30 早期砂浆抗压强度稍高于纯水泥。高温激发了胶凝材料的活性，提高了水化反应速率，高温养护下矿渣的玻璃体结构更易解聚，在水化早期矿渣就参与了水化反应（图 2.12 和图 2.13），高温下试样 SL30 的早期化学结合水量也较高［图 2.14（b）和图 2.14（c）］，故早期砂浆抗压强度较高。试样 SL30 后期砂浆抗压强度增长率较高，水化 365d 时，其砂浆抗压强度明显高于纯水泥，且温度越高，试样 SL30 和试样 Cem

的砂浆抗压强度差值越大。这说明温度越高，矿渣的反应活性越强，反应程度越高，对砂浆抗压强度的贡献就越大。高温下试样 SL70 的砂浆抗压强度仍然低于纯水泥，且随着水化温度的升高，与纯水泥的砂浆抗压强度差距变大。这与试样 SL70 的化学结合水量曲线发展趋势类似。45℃和60℃时，试样 SL70 的水化机制是 NG→D［图 2.8（d）和图 2.9（d）］，早期快速水化反应使其很快进入扩散控制阶段，抗压强度相对较低。

温度对水泥-矿渣复合胶凝材料砂浆抗压强度的影响如图 2.20 所示。由图 2.20 可知，升高养护温度，所有试样的早期抗压强度较高，但后期抗压强度增长率下降。后期砂浆抗压强度随温度升高而降低，这说明高温对早期砂浆抗压强度发展有利，但会抑制后期砂浆抗压强度发展。由 2.3 节可知，25℃时试样 Cem 的最大放热速率为 10J/(g·h)，45℃时升高为 30J/(g·h)，60℃时大约为 50J/(g·h)。试样 Cem 快速水化持续时间从 25℃时的 20h 缩短为 60℃时的 10h。25℃时，水化放热速率缓慢降低，直到 96h 仍然存在一定的水化反应。在这种情况下，缓慢而持续的生产水化产物，水化产物有足够的时间扩散和沉淀，浆体逐渐致密，抗压强度持续升高。但 60℃时，水化放热速率下降非常快，60h 时水化放热速率几乎为零。短时间内剧烈的水化反应生成了大量的水化

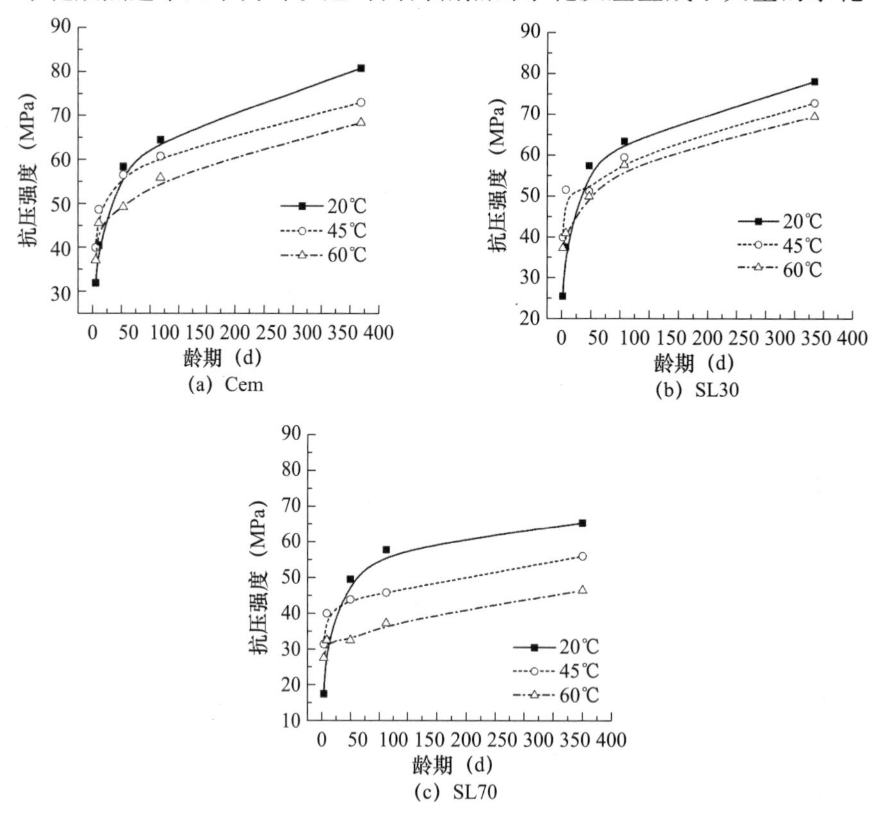

图 2.20　温度对水泥-矿渣复合胶凝材料砂浆抗压强度的影响

产物，这些水化产物没有足够的时间扩散和沉淀，且后期水化生成的产物数量有限，导致浆体结构较疏松，故早期砂浆抗压强度高，后期砂浆抗压强度低。试样 SL30 和 SL70 砂浆抗压强度变化规律与纯水泥砂浆类似，但温度对试样 SL70 的影响较大，后期抗压强度降低较多。60℃时，试样 SL70 的化学结合水量在 28d 龄期时就基本保持不变［图 2. 15（c）］，导致抗压强度较低。

2. 5. 2 净浆孔结构

孔结构是复合胶凝材料硬化浆体的重要结构特征，不同水化龄期时水泥-矿渣复合胶凝材料硬化浆体孔径分布的发展规律，可以反映复合胶凝材料的反应程度。

水泥-矿渣复合胶凝材料硬化浆体 3d 孔径分布曲线如图 2. 21 所示。图中曲线上的峰值所对应的孔径为最可几孔径，即出现几率最大的孔径。由图 2. 21（a）可知，20℃时，矿渣的掺入使最可几孔径增大，且掺量越大，最可几孔径越大。水泥的活性高，遇水后快速水化，早期生成的水化产物较多，填充硬化浆体孔隙，结构相对密实。复合胶凝材料中水泥的质量分数低，水化反应速率较低，生成的水化产物较少，且常温时矿渣在早期的水化活性较低，矿渣水化生成的水化产物非常有限，不能有效填充孔隙。试样 SL70 在孔径为 26. 3nm 处有一峰值，为复合胶凝材料中水泥水化生成的水化产物的凝胶孔[10]。试样 SL70 中水泥快速水化，但由于水泥所占比例小，水化产物不密实，存在凝胶孔，且大掺量矿渣硬化浆体中存在一定比例的大孔，故试样 SL70 早期的砂浆抗压强度较低。

从图 2. 21（b）可以看出，当水化温度为 45℃时，所有试样的最可几孔径变小，尤其是试样 SL70 的最可几孔径小于纯水泥，说明高温激发了矿渣的活性，矿渣的反应程度增加，生成的水化产物填充孔隙，使孔隙细化。60℃时，最可几孔径进一步减小，试样 Cem、SL30 和 SL70 的最可几孔径分别为 50. 03nm、40. 3nm 和 5. 2nm，说明胶凝材料的水化程度增加。温度升高对掺矿渣的复合胶凝材料的孔径分布影响较大，尤其是大掺量矿渣复合胶凝材料。早期高温养护下试样 SL70 中矿渣组分的放热峰出现的时间明显提前［图 2. 5（a）和图 2. 6（a）］，且化学结合水量增长率较大，生成大量的水化产物使孔径细化。由图 2. 21 可知，高温下矿渣在早期就参与了水化反应，温度越高，矿渣的水化程度越高，且矿渣反应生成的水化产物更能细化孔隙。水泥水化生成的 C-S-H 凝胶是纤维状的，呈单向分布，填充孔隙的效果稍差，尤其是浆体中较粗大的连通孔；矿渣水化生成的 C-S-H 凝胶是箔片状的，呈三维分布，能更有效地填充孔隙[10]。高温下复合胶凝材料孔径的细化使其早期砂浆抗压强度大大提高。

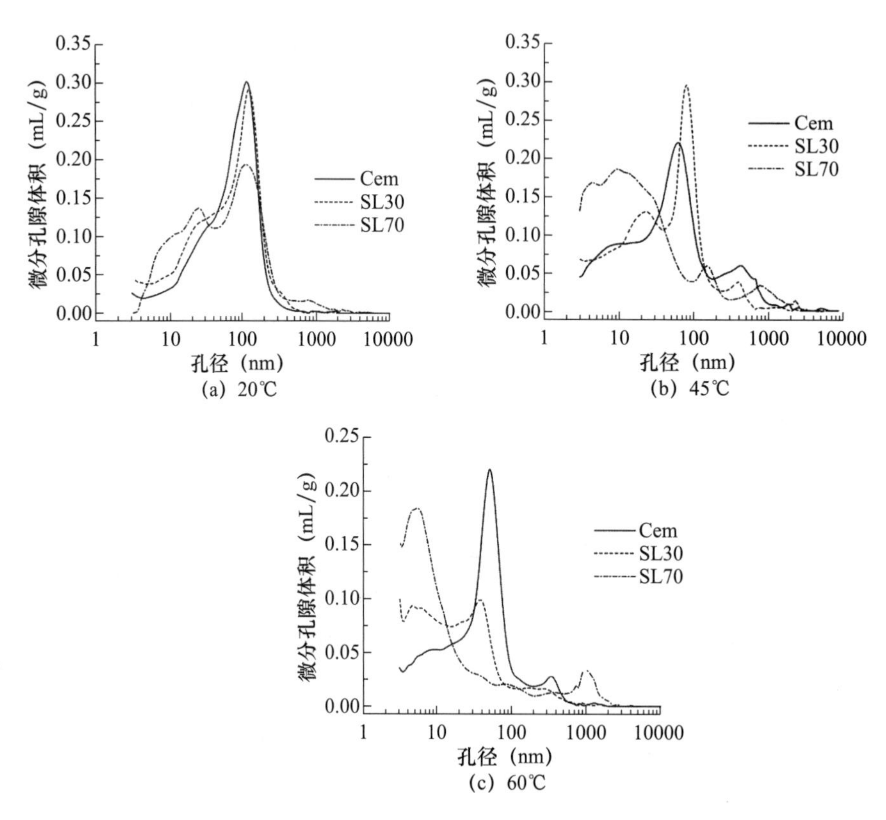

图 2. 21　水泥-矿渣复合胶凝材料硬化浆体 3d 孔径分布

图 2. 22 为水泥-矿渣复合胶凝材料硬化浆体 90d 孔径分布。由图 2. 22（a）可知，20℃长龄期养护后，掺矿渣的硬化浆体孔径明显细化。随矿渣掺量的增加，硬化浆体最可几孔径减小。水化后期，试样 SL30 中矿渣的活性被充分激发，生成的水化产物有效填充孔隙，浆体结构密实。因此，试样 SL30 后期砂浆抗压强度高于纯水泥［图 2. 19（a）］。随水化时间的延长，试样 SL70 的孔径明显细化，说明后期大掺量复合胶凝材料中矿渣的活性也被激发，反应程度提高，但试样 SL70 后期砂浆抗压强度却低于试样 Cem 和 SL30，这与复合体系中水泥的量少有关，也说明适量掺加矿渣可使浆体密实，对抗压强度发展有利。从图 2. 22（b）和图 2. 22（c）可以看出，升高温度到 45℃和 60℃，试样 SL30 和 SL70 的最可几孔径明显变小。这说明早期高温养护加速了矿渣玻璃体解体，矿渣反应持续进行。随着温度的升高，试样 Cem 的最可几孔径变化较小，峰值减小，说明温度对水泥-矿渣复合胶凝材料的水化影响较大。值得注意的是，早期高温养护下，所有试样硬化浆体中大孔的比例增加，尤其是试样 SL70 在孔径约 1000nm 处出现峰值，故试样后期砂浆抗

压强度降低，且 SL70 后期抗压强度降低的幅度最大。

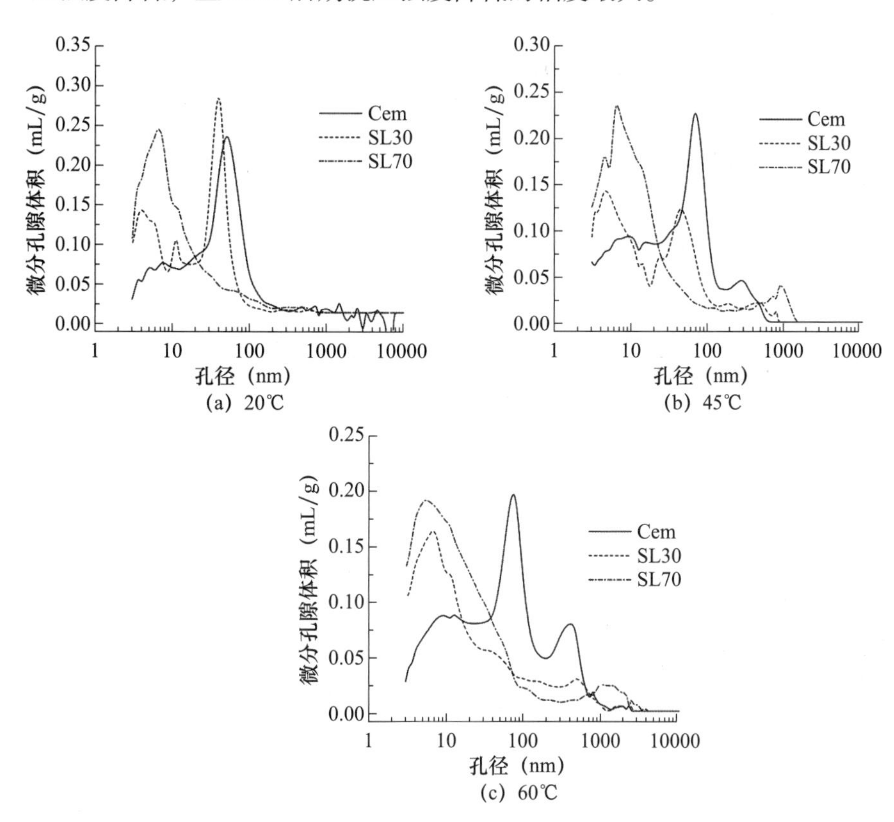

图 2. 22　水泥-矿渣复合胶凝材料硬化浆体 90d 孔径分布

2. 5. 3　与水泥-石灰石粉复合体系比较研究抗压强度

图 2. 23 为掺石英粉或矿渣复合胶凝材料砂浆在 20℃、45℃和 60℃养护下不同龄期的抗压强度。从图 2. 23（a）可以看出，水泥-石英粉复合胶凝材料砂浆抗压强度随石英粉掺量的增加而降低。水化 7d 龄期前，掺石英粉的复合胶凝材料砂浆抗压强度增长率高，7d 后抗压强度增长率降低，28d 后强度几乎保持不变。砂浆抗压强度发展趋势与化学结合水量的变化趋势类似。由于石英粉的稀释效应和成核效应，复合胶凝材料中水泥组分快速水化，早期抗压强度发展较快。水化后期，水泥水化生成的产物有限，石英粉仅有微集料填充作用，故后期抗压强度增长幅度较小。尤其是试样 Q(a)70 水化 90d 的砂浆抗压强度只有 16. 8MPa。石英粉掺量较大时，复合体系中水泥的量较少，不能提供足够的胶凝物质来包裹、黏结石英颗粒[11]，故试样 Q(a)70 的砂浆抗压强度增长缓慢且幅度很小。水化 3d 时，试样 Q(a)30 和 SL30 的砂浆抗压强度相差不大。水化 7d 时，试样 SL30 的砂浆抗压强度超过试样 Q(a)30，且随着龄期

的延长，两者的差距变大，说明矿渣的活性被激发，持续发生火山灰反应，生成的水化产物填充孔隙，使浆体结构密实，后期抗压强度持续增加。当矿物掺和料掺量较大时，试样 Q(a)70 和 SL70 的砂浆抗压强度差距较大，试样 Q(a)70 早期砂浆抗压强度就低于试样 SL70，后期抗压强度差距进一步加大。

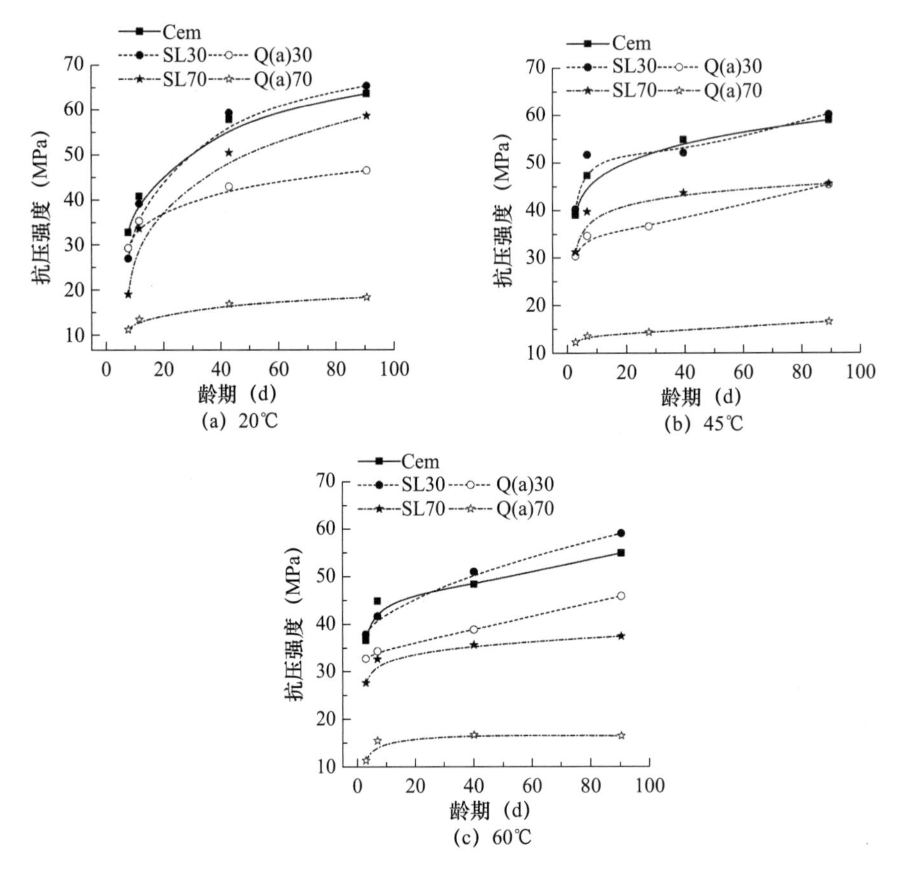

图 2.23　掺石英粉或矿渣复合胶凝材料砂浆抗压强度

当温度从 20℃升高到 45℃和 60℃时，试样 Q(a)30 水化 3d 的砂浆抗压强度分别增加了 9.36% 和 16.87%，试样 Q(a)70 水化 7d 后砂浆抗压强度基本保持不变。高温下掺石英粉的复合胶凝材料的水化放热速率和早期化学结合水量增加，故早期抗压强度增加。但快速的水化反应使体系的水化放热速率和化学结合水量很快趋于稳定，后期抗压强度增长幅度很小。由图 2.23（b）和图 2.23（c）可知，高温下水泥-矿渣复合胶凝材料砂浆抗压强度增长率远高于水泥-石英粉复合胶凝材料，尤其是矿物掺和料掺量较大时。高温下矿渣的火山灰反应提前，反应程度增加，对抗压强度的贡献增加，这与水泥-矿渣复合胶凝材料水化放热速率和化学结合水量的结果相吻合。

2.6　用 SEM-BSE imaging 研究水泥和矿渣的反应程度

2.6.1　水泥-矿渣复合胶凝材料硬化浆体显微形貌

图2.24为试样SL30水化3d和365d龄期时硬化浆体的背散射图像。由图2.24（a）可知，20℃养护下，水化3d龄期时，试样SL30硬化浆体中可明显观察到未水化的水泥颗粒和矿渣颗粒。部分水泥发生了水化反应，在矿渣颗粒周围附着有胶凝性的水化产物，粒径较小的矿渣颗粒周围的胶凝性水化产物更多，这说明水化早期有少量的矿渣参与了水化反应。当水化温度为60℃时，从图2.24（b）可以看出，硬化浆体中未水化水泥颗粒和矿渣颗粒的量明显减少，说明高温促进了复合胶凝材料

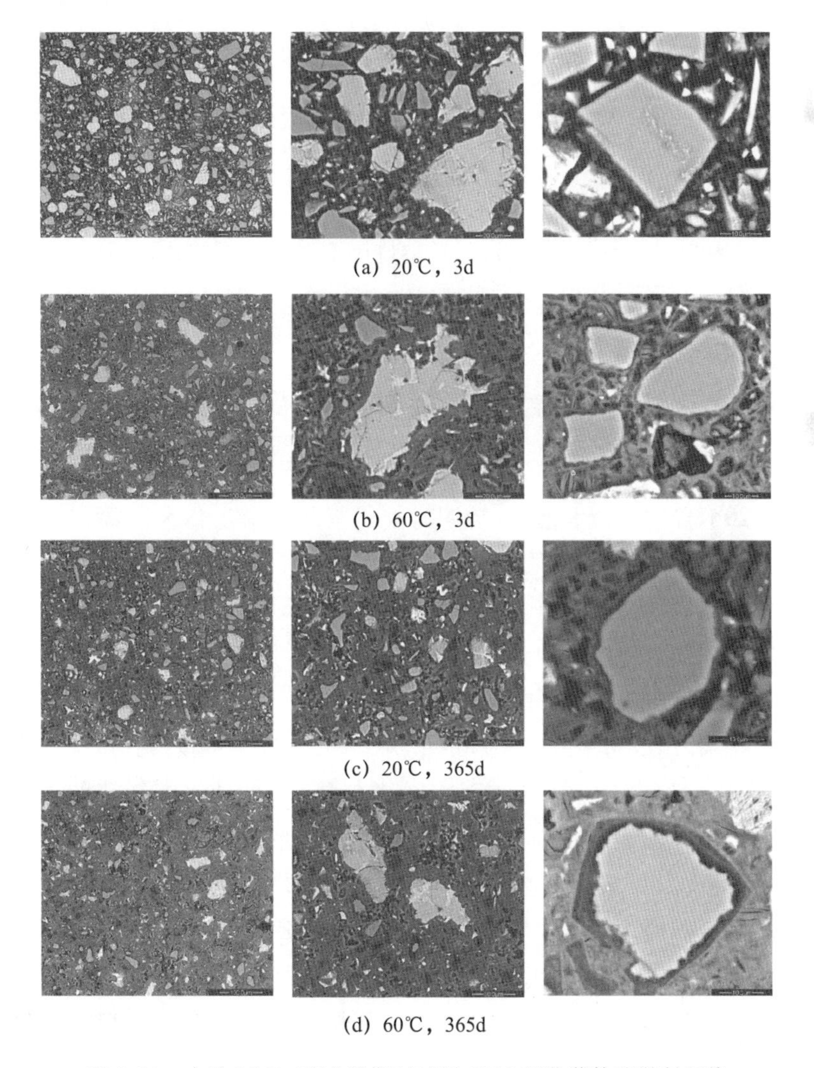

(a) 20℃，3d

(b) 60℃，3d

(c) 20℃，365d

(d) 60℃，365d

图2.24　水化3d和365d龄期时试样SL30硬化浆体背散射图像

的水化。水泥颗粒周围的水化产物层变厚，矿渣颗粒周围明显水化，其未水化颗粒变小。高温下矿渣的活性被激发，早期反应程度增加，硬化浆体结构明显变得密实。随着龄期的延长，复合胶凝材料的水化程度增加，365d 时，未水化水泥颗粒和未水化矿渣颗粒的量明显减少［图 2. 24（c）和图 24（d）］，尤其是高温养护下矿渣的反应程度大大增加，大多数矿渣已完全发生反应，粒径较大的矿渣颗粒周围也有明显的水化迹象。矿渣水化后会留下痕迹，这个痕迹的形状是矿渣未反应前的形状。通过能谱分析（图 2. 25）可知，这个痕迹中 Mg 的含量较高。矿渣中 MgO 的含量较高，矿渣反应后，Mg 在硬化浆体中不迁移，因此有学者通过 Mg 来跟踪矿渣的水化反应过程[12]。

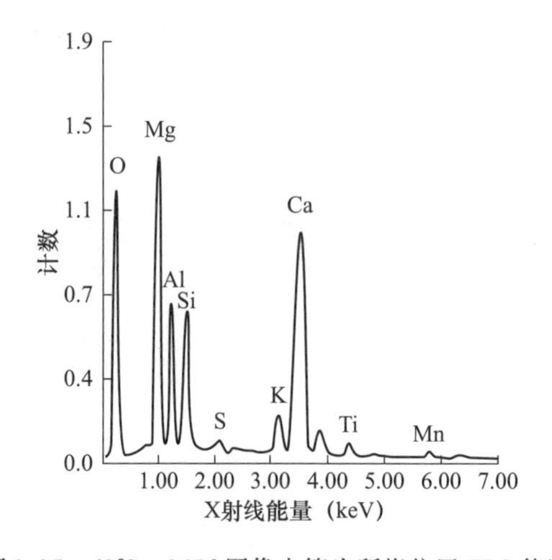

图 2. 25　60℃，365d 图像中箭头所指位置 EDS 能谱

试样 SL70 水化 3d 和 365d 龄期时硬化浆体的背散射图像如图 2. 26 所示。20℃养护下，水化 3d 龄期时硬化浆体中未水化水泥颗粒的量较少，试样 SL70 中水泥的质量分数只有 30%，且矿渣的稀释作用促进了水泥的水化。硬化浆体中含有大量的矿渣颗粒，复合胶凝材料中水泥的量少，生成的水化产物量少，在早期不足以激发矿渣的活性，矿渣的反应程度低，但矿渣颗粒周围仍附着有凝胶状的水化产物。早期高温养护下，硬化浆体中未水化矿渣颗粒的量明显减少，矿渣的反应程度增加。水化 365d 时，常温养护条件下未水化颗粒的量减少，尤其是矿渣的量明显减少，后期矿渣的活性被激发，持续发生火山灰反应。对比图 2. 26（c）和图 2. 26（d）可知，早期高温养护下使后期硬化浆体中矿渣的量明显低于常温养护时，说明早期高温养护对后期矿渣反应程度的提高是有利的。

对比图 2. 24 和图 2. 26 可以看出，在相同养护温度下，试样 SL70 中矿渣的反应程度低于试样 SL30 中矿渣的反应程度。由图 2. 24（d）可知，高温下试样 SL30 中矿渣水化生成的水化产物填充孔隙，浆体相对致密，抗压强度超过纯水泥。

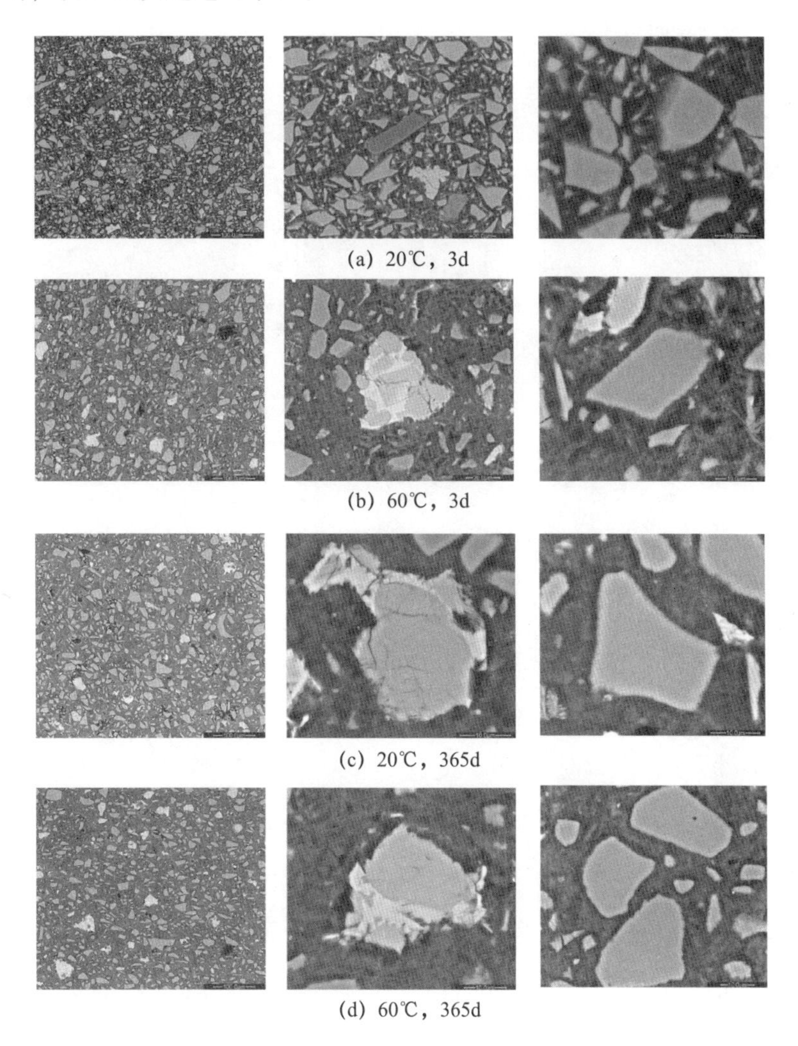

(a) 20℃，3d

(b) 60℃，3d

(c) 20℃，365d

(d) 60℃，365d

图 2.26　水化 3d 和 365d 龄期时试样 SL70 硬化浆体背散射图像

2.6.2　水泥-矿渣复合胶凝材料中水泥的反应程度

水泥-矿渣复合胶凝材料硬化浆体中水泥的反应程度如图 2.27 所示。从图 2.27 可以看出，随着龄期的延长，所有试样中水泥的反应程度增加。在本节研究的温度范围内，矿渣掺量越大，复合胶凝材料硬化浆体中水泥的反应程度越高。水化早期，矿渣的活性较低，矿渣的稀释效应和成核效应加速了水泥的水化，使其早期反应程度较高。大掺量复合胶凝材料中矿渣促进早期水泥水化的作用更明显。当孔溶液的碱度达到一定值时，矿渣发生火山灰反应消耗水泥水化生成的 $Ca(OH)_2$，溶液中 $Ca(OH)_2$ 的减少促进了水泥的进一步水化，故水化后期复合胶凝材料硬化浆体中水泥的反应程度仍较高，从硬化浆体的显微形貌也可看出（图2.24和图2.26）。

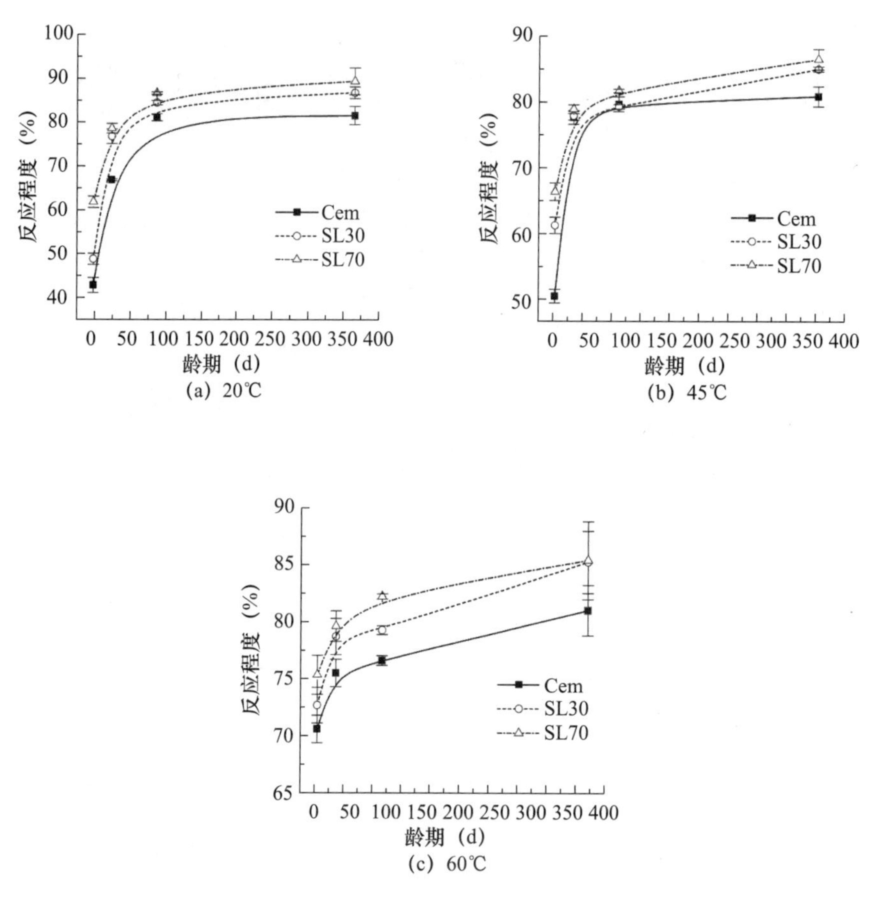

图2.27　水泥-矿渣复合胶凝材料硬化浆体中水泥的反应程度

早期高温养护对复合胶凝材料硬化浆体中水泥反应程度的影响如图2.28所示。早期高温养护下，硬化浆体中水泥的早期反应程度明显提高。60℃时，试样Cem、SL30和SL70水化3d时水泥的反应程度分别为70.45%、72.48%和75.08%。高温下水泥的水化放热速率大大增加，矿渣水化的放热峰明显提前（图2.5和图2.6），复合胶凝材料中水泥和矿渣颗粒周围有水化产物附着［图2.24（b）］。高温下矿渣的反应提前，在水化早期就促进了水泥的水化。在本节研究的温度范围内，纯水泥水化365d的反应程度基本相同，大约为81%。这与Schindler[13]、Narmluk[14]和Gallucci[15]的研究结果一致，硅酸盐水泥最终的反应程度不受温度的影响。但掺矿渣的硬化浆体中水泥的反应程度随温度的升高而降低，这说明早期高温养护抑制了复合胶凝材料硬化浆体中水泥的后期水化。高温养护下，水化早期掺矿渣的硬化浆体中水泥的水化程度高于常温养护时，水泥颗粒周围包裹着厚的水化产物层［图2.24（b）

和图 2.26（b）]，阻碍了水泥的后期继续水化。因此，早期高温养护下水泥-矿渣复合胶凝材料后期化学结合水量也较低［图 2.15（b）和图 2.15（c）]。

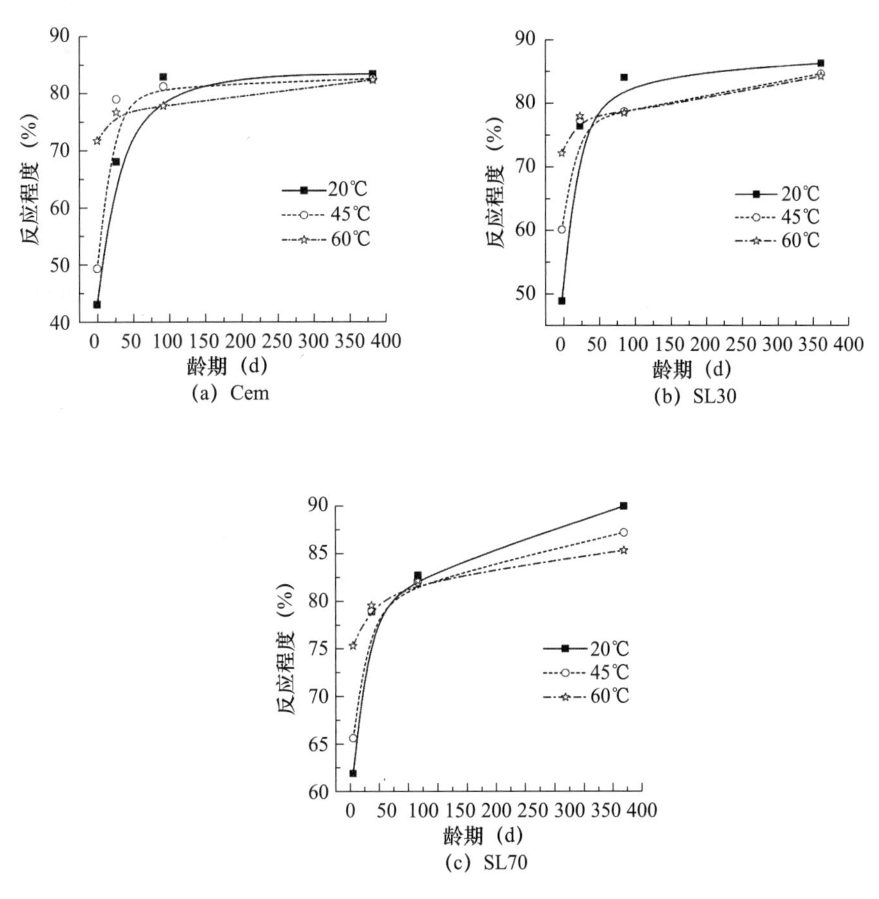

图 2.28　温度对水泥-矿渣复合胶凝材料硬化浆体中水泥反应程度的影响

2.6.3　水泥-矿渣复合胶凝材料中矿渣的反应程度

图 2.29 为复合胶凝材料硬化浆体中矿渣的反应程度。由图 2.29 可知，随着龄期的延长，矿物掺和料的反应程度增加，这与矿物掺和料的活性逐渐被激发有关。对于同种矿物掺和料，随着掺量的增加，硬化浆体中矿物掺和料的反应程度降低。试样 SL30 中水泥的质量分数较高，水泥水化生成的 $Ca(OH)_2$ 的量较多，可以充分激发矿渣的活性，故反应程度相对较高。由于试样 SL70 中水泥的量有限，生成的 $Ca(OH)_2$ 的量较少，不能充分激发矿渣的活性，导致反应程度较低。值得注意的是，试样 SL70 中矿渣反应程度的增长率仍较高［图 2.29（a）]。矿渣中 CaO 的含量是 33.94%（表 2.1），当溶液中的 OH^- 侵蚀矿渣的玻璃体，玻璃体解体后有大量的 Ca^{2+} 和硅酸根离子进入溶液，后期矿渣的反应可

能是其自身释放的 Ca^{2+} 与硅酸根离子相结合生成 C-S-H 凝胶的过程。因此，试样 SL70 中矿渣后期的反应程度持续增加。由书中研究可知，水泥-矿渣复合胶凝材料水化的表观活化能较大（表 2.4），高温更能激发矿渣的活性。

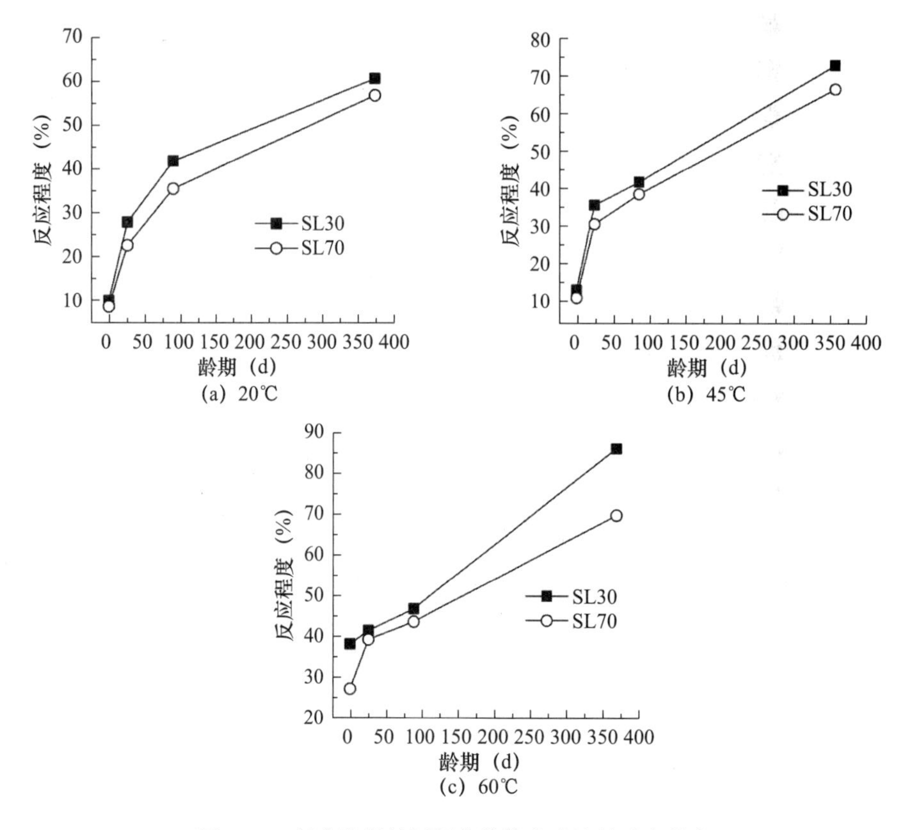

图 2.29　复合胶凝材料硬化浆体中矿渣的反应程度

2.6.4　复合胶凝材料的反应程度

图 2.30 为水泥-矿渣复合胶凝材料的反应程度。根据式（2.2）计算复合胶凝材料的反应程度 α。

$$\alpha = (1-f)\ \alpha_{cement} + f\alpha_{mineral\ admixture} \tag{2.2}$$

式中，f 为复合胶凝材料中矿物掺和料的质量分数；α_{cement} 和 $\alpha_{mineral\ admixture}$ 分别为复合胶凝材料硬化浆体中水泥和矿物掺和料的水化程度。

由图 2.30（a）可知，20℃养护时，随着矿渣掺量的增加，水泥-矿渣复合胶凝材料的反应程度降低。矿渣的活性低于水泥，硬化浆体中矿渣的反应程度远低于水泥的反应程度［图 2.27（a）和图 2.29（a）］，尤其是大掺量矿渣的试样，矿渣的反应程度更低，对复合胶凝材料的反应程度贡献较小。因此，掺矿渣的复合胶凝材料的反应程度低于纯水泥。水化365d时，试样SL30中矿渣的活性被充分激发，反应程度提高，对复合胶凝材料的反应程度贡献增加，试样SL30的反应程度与纯水泥的反应程度差距变小。由于试样SL70中水泥的量少且矿渣的反应程度低，其后期反应程度仍与纯水泥有较大差距。

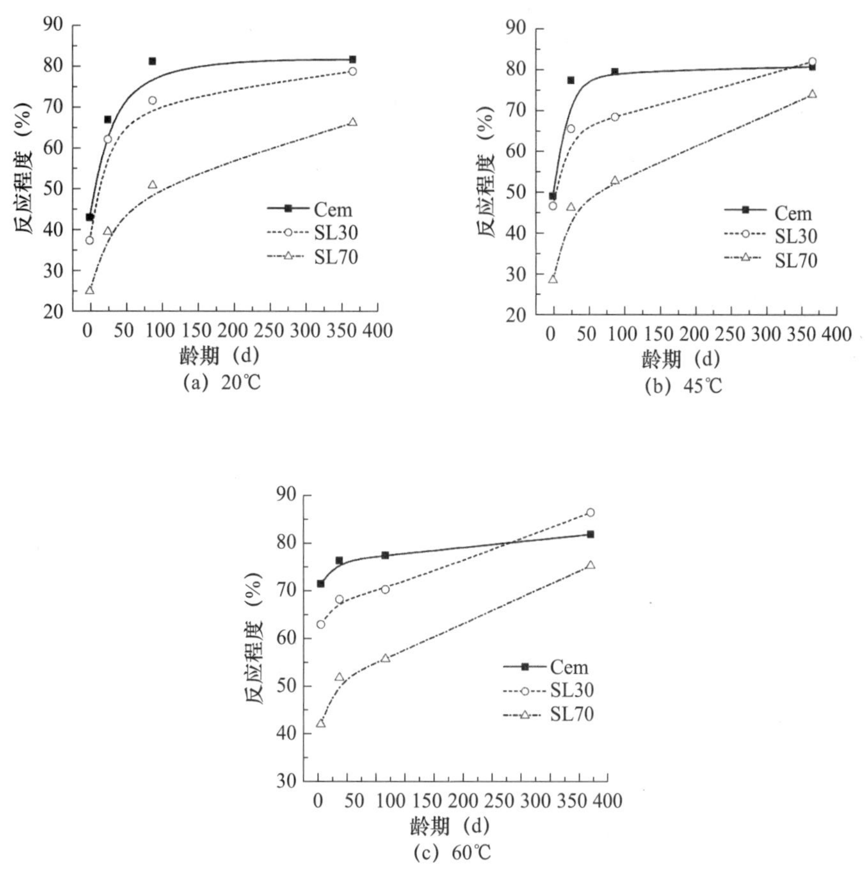

图2.30 水泥-矿渣复合胶凝材料的反应程度

高温养护下，复合胶凝材料早期的反应程度仍低于纯水泥，但水化365d时，试样SL30在45℃时的反应程度稍高于纯水泥［图2.30（b）］，在60℃时的反应程度明显高于纯水泥［图2.30（c）］。由于试样SL70中水泥的质量分数低，高温下复合胶凝材料的反应程度仍低于纯水泥，但是反应程度增长率较高，说明高温促进了复合胶凝材料的水化。尽管高温抑制了试样SL30和SL70中水泥的后期水化，阻碍了水泥反应程度的进一步提高［图2.28（b）和图2.28（c）］，但矿渣的反应程度随温度的升高而明显增加［图2.24（c）和图2.24（d）］。水化后期，60℃时试样SL30中矿渣的反应程度高达85%，故矿渣掺量较小的复合胶凝材料在高温养护时的反应程度较高。

试样SL30的反应程度低于纯水泥（除了60℃水化365d外），但

20℃时试样 SL30 的化学结合水量与纯水泥的基本相同，60℃时试样 SL30 的化学结合水量超过了纯水泥（图 2.17），这与水泥和矿渣的化学组成和反应机理不同有关，可能矿渣的火山灰反应生成的是含水量较高的 C-S-H 凝胶。这也表明通过测定复合胶凝材料的化学结合水量不能准确地表征复合胶凝材料的反应程度。

参考文献

[1] 阎培渝，郑峰．温度对补偿收缩复合胶凝材料水化放热特性的影响［J］．硅酸盐学报，2006，34（8）：1006-1010.

[2] 吕晓姝，史可信，翟玉春．温度对矿渣水泥活性的影响［J］．新世纪水泥导报，2005（5）：29-30.

[3] 吴学权．矿渣水泥早期水化的研究［J］．南京工业大学学报（自然科学版），1982，2：60-69.

[4] J BENSTED，P BARNES. 水泥的结构和性能［M］．廖欣，译．北京：化学工业出版社，2009.

[5] M BRODA，E WIRQUIN，B DUTHOIT. Conception of an isothermal calorimeter for concrete-determination of the apparent activation energy [J]. Materials and Structures，2002，35：389-394.

[6] POPPE A M，SHUTTER G D. Cement hydration in the presence of higher filler contents [J]. Cement and Concrete Research，2005，35：2290-2299.

[7] RAVIKUMAR D，NEITHALATH N. Reaction kinetics in sodium silicate powder and liquid activated slag binders evaluated using isothermal calorimetry [J]. Thermochimica Acta，2012，546（10）：32-43.

[8] REGOURD M. Structure and behavior of slag Portland cement hydrates [C]. Proceeding of the 7th ICCC，vol. 1 Ⅲ-2. Editions Septima，Paris，France，1980：10-26.

[9] BARNETT S J，SOUTSOS M N，MILLARD S G，et al. Strength development of mortars containing ground granulated blast-furnace slag：Effect of curing temperature and determination of apparent activation energies [J]. Cement and Concrete Research，2006，36：434-440.

[10] 刘仍光．水泥-矿渣复合胶凝材料的水化机理与长期性能［D］．北京：清华大学，2013.

[11] 阎培渝，张庆欢．含有活性或惰性掺合料的复合胶凝材料硬化浆体的微观结构特征［J］．硅酸盐学报，2006，34（12）：1491-1496.

[12] KOCABA V，GALLUCCI E，SCRIVENER K L. Methods for determination of degree of reaction of slag in blended cement pastes [J]. Cement and Concrete Research，2012，42：511-525.

[13] SCHINDLER A. Effect of temperature on hydration of cementitious materials [J].

ACI Materials Journal, 2004, 101 (1): 72-81.

[14] NARMLUK M, NAWA T. Effect of fly ash on the kinetics of Portland cement hydration at different curing temperatures [J]. Cement and Concrete Research, 2011, 41 (6): 579-589.

[15] GALLUCCI E, ZHANG X, Scrivener K L. Effect of temperature on the microstructure of calcium silicate hydrate (C-S-H) [J]. Cement and Concrete Research, 2013, 53 (11): 185-189.

3 粉煤灰

3.1 概述

粉煤灰是从煤燃烧后的烟气中收集下来的细灰，是燃煤电厂排出的主要固体废物。粉煤灰分为低钙粉煤灰和高钙粉煤灰。低钙粉煤灰中二氧化硅和氧化铝所占的比例比较大，水泥水化生成的 CH 与粉煤灰中的活性组分 SiO_2、Al_2O_3发生反应，生成的水化产物与硅酸盐水泥的基本相同，但 CH 的含量较低，有研究表明粉煤灰掺量大于 60% 的复合胶凝材料水化 1 年或更久后，体系内的 CH 几乎被全部消耗完[1]。生成的 C-S-H 凝胶的 Ca/Si 比也比较低。高钙粉煤灰中 CaO 的含量大于 10%，用作掺和料时易安定性不良，故在水泥混凝土中很少用。粉煤灰中存在的主要结晶物质是石英、富铝红柱石、赤铁矿或磁铁矿[2]，这些物质在常温下都是非活性的，故粉煤灰的活性比较低。粉煤灰表面非常致密，故粉煤灰的玻璃体被水泥水化产物 CH 侵蚀和破坏的速度很慢，火山灰反应速率较低。

3.2 粉煤灰基本性能

3.2.1 粉煤灰组成

本章中介绍的粉煤灰为一级粉煤灰。粉煤灰和水泥的化学组成见表 3.1。从表 3.1 可以看出，相比于硅酸盐水泥的化学组成，粉煤灰中 CaO 的含量远低于水泥中 CaO 的含量，但是粉煤灰中 SiO_2 和 Al_2O_3 的量远高于水泥中 SiO_2 和 Al_2O_3 的含量。

表 3.1 粉煤灰和水泥的化学组成 质量分数，%

化学组成	SiO_2	Al_2O_3	Fe_2O_3	CaO	MgO	SO_3	Na_2O_{eq}	f-CaO	LOI
水泥	20.55	4.59	3.27	62.50	2.61	2.93	0.53	0.83	2.08
粉煤灰	57.60	21.90	7.70	3.87	1.68	0.41	4.05	—	0.43

注：$Na_2O_{eq} = Na_2O + 0.658K_2O$。
LOI：1000℃的烧失量。

粉煤灰的 XRD 图谱如图 3.1 所示。从图 3.1 可以看出，粉煤灰的主要矿物组成是莫来石和石英。

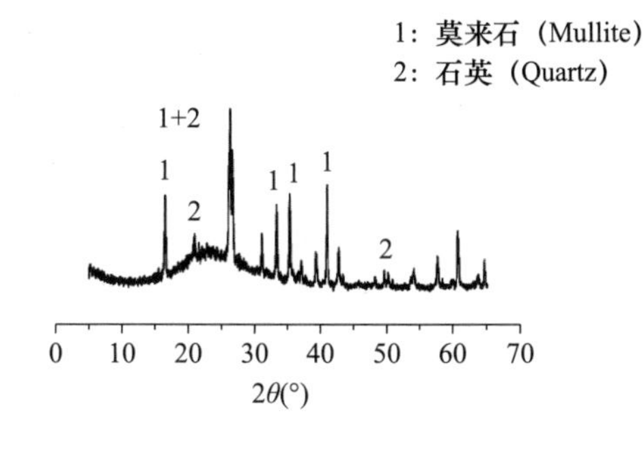

图 3. 1　粉煤灰的 XRD 图谱

3. 2. 2　粉煤灰粒径分布

粉煤灰的需水量为 95%。用激光粒度分析仪（MASTER SIZER 2000）测定的粉煤灰和水泥的粒径分布如图 3. 2 所示。

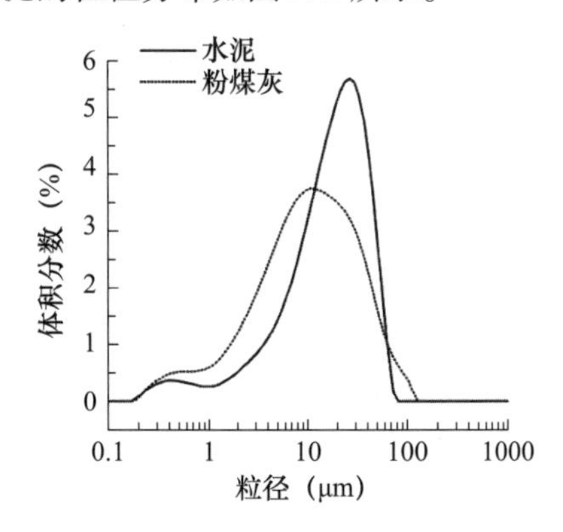

图 3. 2　粉煤灰和水泥的粒径分布

从图 3. 2 可知，粉煤灰的颗粒比水泥细。粉煤灰和水泥的最可几粒径分别为 10μm 和 30μm。水泥和粉煤灰的中位粒径（D50）分别为 17. 171μm 和 9. 765μm。选用与粉煤灰粒径分布几乎相同的纯石英粉 Q(b)，粉煤灰和石英粉的粒径分布如图 3. 3 所示。从图 3. 3 可以看出，

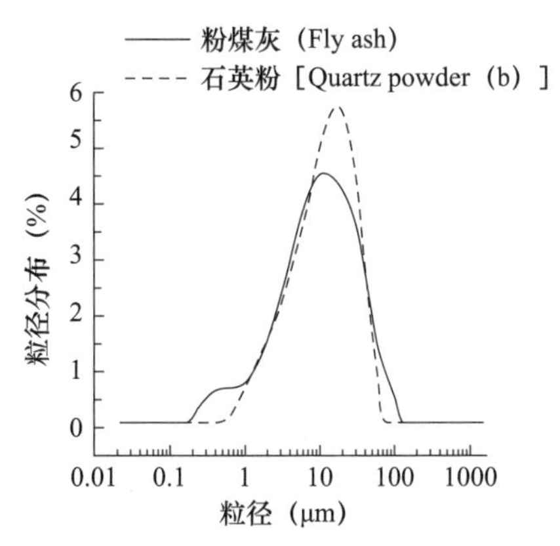

图 3. 3　粉煤灰和石英粉的粒径分布

石英粉的最可几粒径稍大于粉煤灰的颗粒，但粉煤灰和石英粉的粒径分布几乎相同。

3.3 水泥-粉煤灰复合胶凝材料水化动力学

3.3.1 水化放热特性

本章中试样 Cem、FA20、FA35、FA50 和 FA65 分别为水泥-复合胶凝材料中粉煤灰的质量百分比为 0%、20%、35%、50% 和 65%。图 3.4、图 3.5 和图 3.6 分别为 25℃、45℃和 60℃时，不同粉煤灰掺量的复合胶凝材料的水化放热速率和放热量曲线。从图 3.4（a）可以看出，粉煤灰的掺入降低了胶凝材料的水化放热速率，水化诱导期结束时间延长，且随粉煤灰掺量的增加，延长效果越明显。相比于水泥-矿渣复合胶凝材料［图 2.4（a）］，粉煤灰的掺入更加延缓水泥的水化，矿渣和粉煤灰掺量都为 50% 的复合胶凝材料诱导期结束时间分别为 1.93h 和 3.54h，这是因为粉煤灰表面会吸附大量的 Ca^{2+}，降低了溶液中 Ca^{2+} 的浓度，使 $Ca(OH)_2$ 延迟成核，且 Ca^{2+} 数量的降低使胶凝材料水化生成低 Ca/Si 比的 C-S-H 凝胶，该凝胶不稳定，会以缓慢的速率转变成稳定的 C-S-H 凝胶，使诱导期结束时间延长。矿渣表面也会吸附一定数量的 Ca^{2+}，延缓水泥的水化，但矿渣的活性比粉煤灰高，矿渣被水泥水化释放的碱和硫酸盐离子激发会发生反应。另外，在同等掺量下，粉煤灰的吸水量小于矿渣，溶液离子浓度达到过饱和的时间较长，故诱导期结束时间较长。随着粉煤灰掺量的增加，达到第二放热峰的时间延长，其延长效果比矿渣明显，这主要归因于体系中水泥质量分数的减少以及粉煤灰的低水化活性。在早期粉煤灰完全呈惰性，当孔溶液中 C-S-H 和 $Ca(OH)_2$ 浓度达到过饱和时，大量水化产物才会生成，才会出现加速期。25℃水化时间约 15h，且粉煤灰掺量不大于 50% 时，水化放热速率曲线上出现微小的放热效应，这是由于来自 C_3S 和 C_2S 两者的 C-S-H 和 $Ca(OH)_2$ 的形成速率减慢，R^+ 和 OH^- 提高，SO_4^{2-} 却降低到很低的水平，铝酸盐重新水化，产生 AFm 相，AFt 也会再溶解和/或重结晶。由于粉煤灰的活性低于矿渣，在水泥-粉煤灰复合胶凝材料的水化放热速率曲线上观察不到明显的第三放热峰，当粉煤灰掺量大于 50%，水化约 30h 时，水化放热速率曲线上出现一个微弱的粉煤灰的火山灰反应产生的放热效应，且这个放热效应在大掺量粉煤灰复合胶凝材料（试样 FA50 和 FA65）中更明显。从图 3.4（b）可知，粉煤灰的掺入明显降低了胶凝材料的水化热，且掺量越大，降低的百分数越大，但水化总放热量降低的百分比低于粉煤灰替代水泥的百分比。这是因为粉煤灰具有潜在的水化活性，在水泥水化产生的碱性环境中，粉煤灰的二次水化反应会释放出一定的热量。相比于矿渣，粉煤灰的活性低，同等掺量下放出的热量较少。在水泥-矿渣复合胶凝材料的水化放热速率曲线上能看到明显的矿

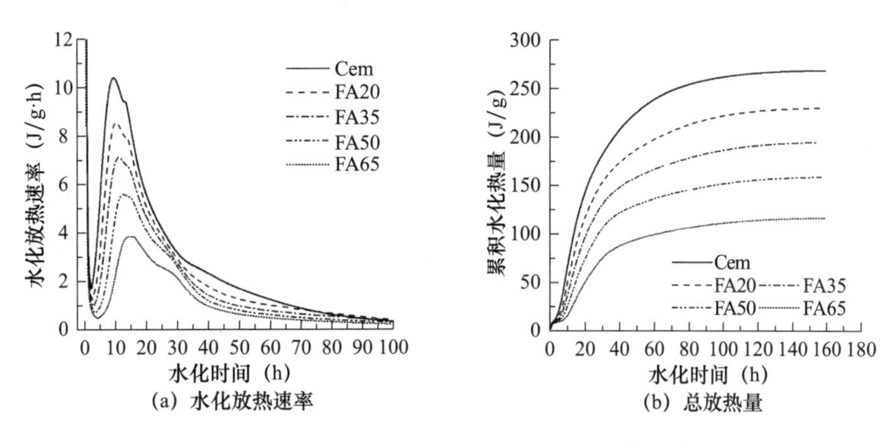

图 3.4　水泥-粉煤灰复合胶凝材料在 25℃时的水化放热特性

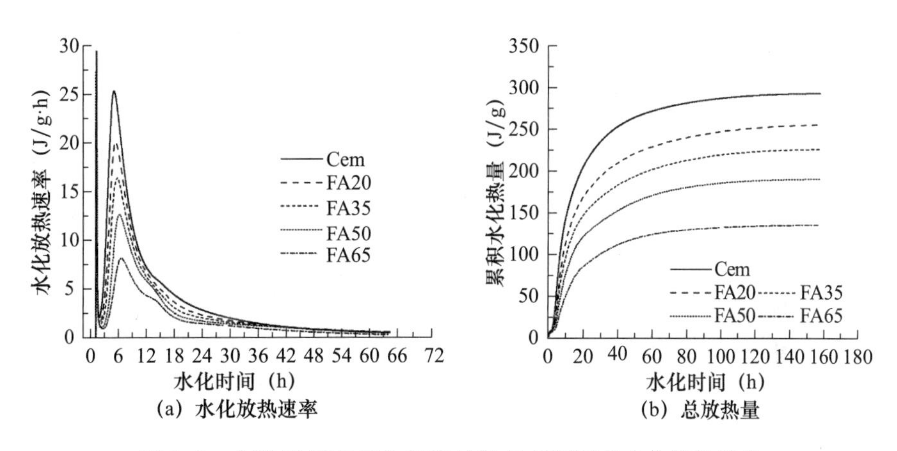

图 3.5　水泥-粉煤灰复合胶凝材料在 45℃时的水化放热特性

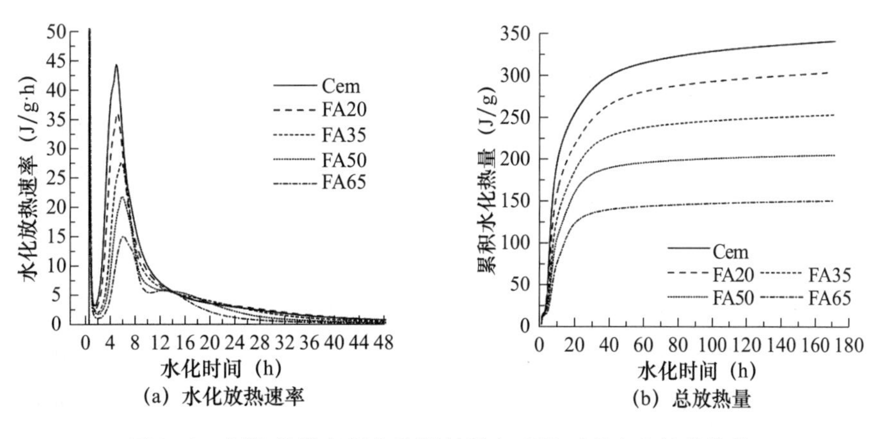

图 3.6　水泥-粉煤灰复合胶凝材料在 60℃时的水化放热特性

渣二次水化产生的热效应，且出现二次水化的时间较早。而在水泥-粉煤灰复合胶凝材料的水化放热速率曲线上在水化后期才出现微弱的热效应，因此水泥-粉煤灰复合胶凝材料的总放热量和水泥的放热量存在较大的差距。

由图3.4～图3.6可知，升高水化温度使复合胶凝材料早期水化反应速率加快，诱导期结束时间及第二峰出现时间明显缩短，峰值大大增加。当水化温度从25℃升高到45℃，第二放热峰峰值增加了两倍多，当升高到60℃，峰值增加了四倍多。值得注意的是，水泥-矿渣复合胶凝材料在高水化温度下，诱导期结束时间和第二放热峰出现的时间与纯水泥的相近或更短，而水泥-粉煤灰复合胶凝材料诱导期结束时间和第二放热峰出现时间仍比纯水泥的晚，这说明水泥-粉煤灰复合胶凝材料对水化温度的敏感性低于水泥-矿渣复合胶凝材料，升高温度对其水化促进作用较小。水化温度较高时，体系内的水分很快被消耗，形成大量的水化产物使体系很快进入稳定期。高温下粉煤灰的玻璃网络结构更容易破坏，SiO_4^{4-}更容易解聚，使粉煤灰活性增强，也使火山灰反应加快。45℃、水化约15h时，在水化放热速率曲线的减速期出现粉煤灰火山灰反应产生的热效应；60℃时，粉煤灰掺量为65%的复合胶凝材料在水化放热速率曲线上出现一个明显的放热效应台阶。温度升高，粉煤灰玻璃体的解聚能力增加，加速胶凝材料的水化。水化约10h时，掺矿物掺和料的复合胶凝材料的水化进入由扩散控制的阶段，反应缓慢持续地进行，仍有较大的放热效应。

水化温度升高后，复合胶凝材料的早期放热量大幅度增加，当水化温度由25℃升高到45℃，水化12h时，纯水泥的放热量从78.2J/g增加到174J/g，增加了122.51%，粉煤灰掺量为50%的复合胶凝材料水化的放热量从33.5J/g增加至89.4J/g，增加了166.87%，这说明提高温度促进了胶凝材料早期的水化，且对掺粉煤灰的复合胶凝材料的水化的促进作用大于纯水泥，温度升高弥补了粉煤灰早期水化慢的不足。水化168h时，纯水泥的放热量从281.1J/g增加到331.0J/g，增加了17.75%，粉煤灰掺量为50%的复合胶凝材料的放热量从167.2J/g增加到197.2J/g，增加了17.94%，这说明水泥-粉煤灰复合胶凝材料在温度为45℃水化后期放热量增幅不大，总放热量曲线趋于平缓，与纯水泥的放热量仍有一定差距。当水化温度从25℃升高到60℃，水化168h时，纯水泥的放热量增加了19.92%，试样SL50的放热量增加了20.93%。水化后期水泥-粉煤灰复合胶凝材料的放热量与纯水泥的放热量的差距缩小，但由于粉煤灰的活性低，掺粉煤灰的复合胶凝材料的总放热量仍超不过纯水泥。

3.3.2 水化动力学过程

图 3.7、图 3.8 和图 3.9 分别为水泥-粉煤灰复合胶凝材料在 25℃、45℃和 60℃时的水化反应速率曲线以及根据水化动力学模型计算得到的模拟曲线。从图 3.7 可知，该模型可以分段模拟不同粉煤灰掺量的复合胶凝材料的水化动力学过程，均经历结晶成核与晶体生长（NG）、相边界反应（I）、扩散（D）三个阶段。25℃时，该水化动力学模型能准确模拟水泥-粉煤灰复合胶凝材料的实际水化过程。随着粉煤灰掺量的增加，模拟误差增加。与水泥-矿渣复合胶凝材料的水化类似，水泥-粉煤灰复合胶凝材料的水化由快速的水泥水化和缓慢的粉煤灰水化组成，大量粉煤灰的掺入对整个体系的水化过程影响较大。粉煤灰在室温环境下水化反应非常缓慢，有研究表明[3]，水化很长时间（≥7d）后，粉煤灰才与水泥水化生成的 $Ca(OH)_2$发生反应。由于矿渣的高活性，在水化早期就有少量的矿渣参与了反应。因此，水化早期，粉煤灰对复合胶凝材料水化的影响小于矿渣。从图 2.7 和图 3.7 也可以看出，相比于矿渣，粉煤灰对复合胶凝材料总的水化过程的影响较小。在水化初期，水分供应比较充足，水化产物较少，水泥组分中 C-S-H 成核，CH 呈过饱和状态，$Ca(OH)_2$成核。粉煤灰在复合胶凝材料的水化早期主要起物理作用，增大水泥的有效水胶比，促进水泥水化。另外，粉煤灰颗粒表面散布着许多微小的水化产物晶核，它们通过溶解-结晶机制沉淀在其表面，粉煤灰提供了大量水化产物的初始成核点，使体系内成核点增多，促进复合胶凝材料中水泥组分的水化[4]，随着水化的进行，这些晶核将会长大成 C-S-H 和 $Ca(OH)_2$晶体，故此水化阶段由结晶成核与晶体生长控制。随着水化时间的延长，体系水化反应由相边界反应控制，且其控制的时间随粉煤灰掺量的增加而延长。因为粉煤灰对水泥水化具有延缓作用，粉煤灰掺量越多，延缓时间越长（图 3.4），故反应比较和缓、持续时间较长，水化产物逐渐生成，浆体结构平稳变化。在水化后期水化产物继续生长的空间变小，已形成的水化产物变得密实，反应由扩散控制，此时水化反应继续进行需要 Ca 和 Si 的大量迁移，钙以 Ca^{2+}进行扩散，硅最有可能以较大的部分质子化的原硅酸酯单聚物进行扩散，由于扩散速率小且扩散距离迅速增加，故此阶段的反应速率很缓慢。

由图 3.8 可知，45℃时，该水化动力学模型模拟水泥-粉煤灰复合胶凝材料实际水化过程的效果比 25℃时稍差，但仍能较好地反映其实际水

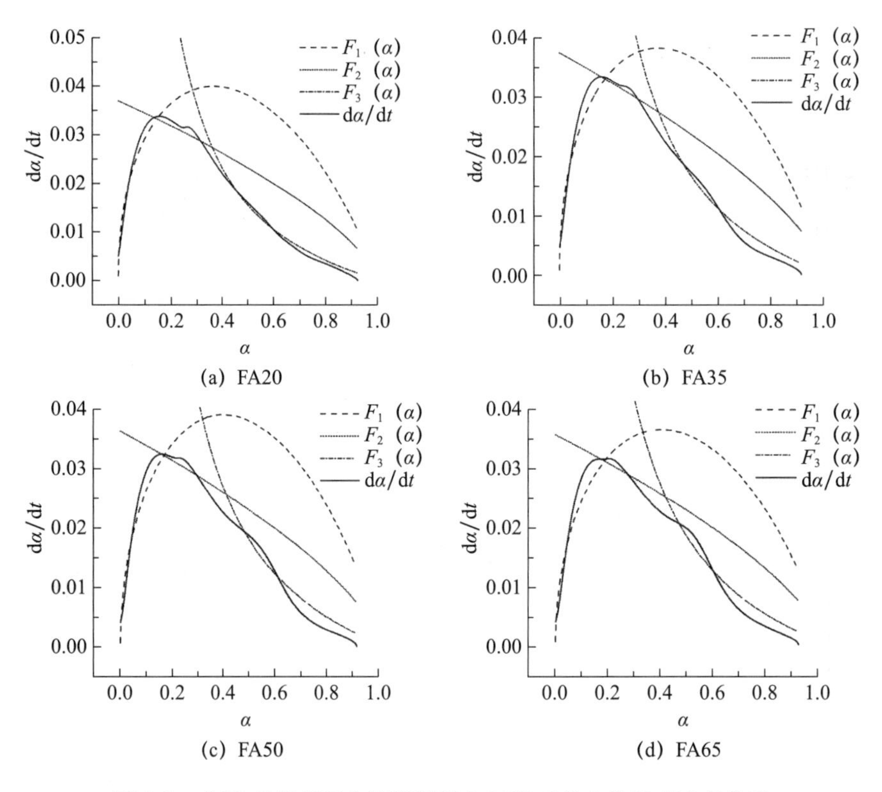

(a) FA20 (b) FA35

(c) FA50 (d) FA65

图 3.7 水泥-粉煤灰复合胶凝材料在25℃时的水化反应速率曲线

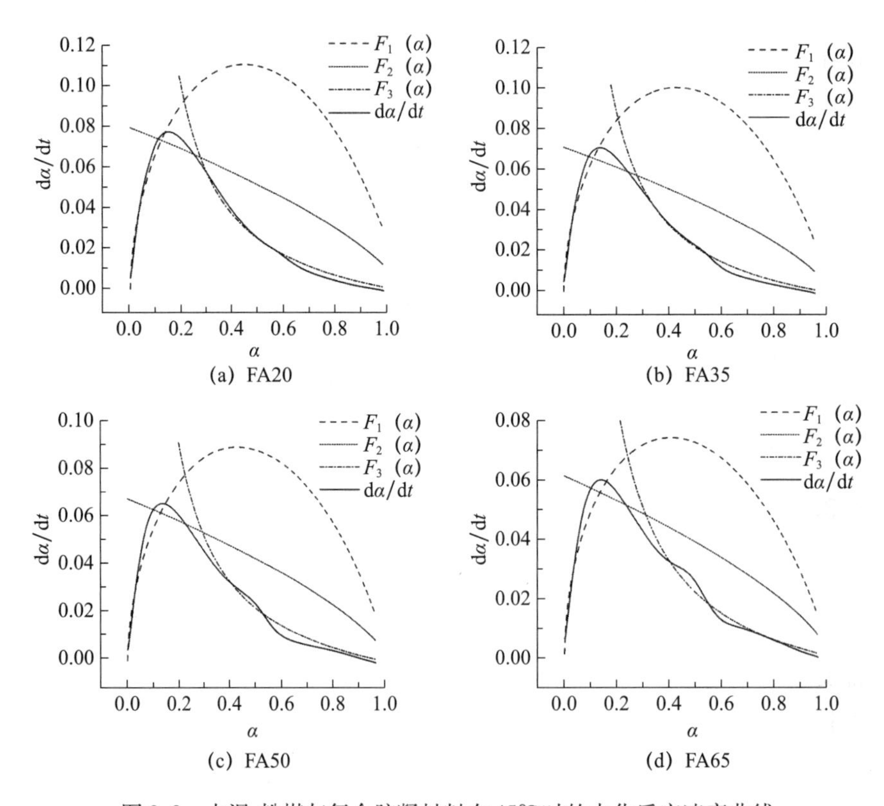

(a) FA20 (b) FA35

(c) FA50 (d) FA65

图 3.8 水泥-粉煤灰复合胶凝材料在45℃时的水化反应速率曲线

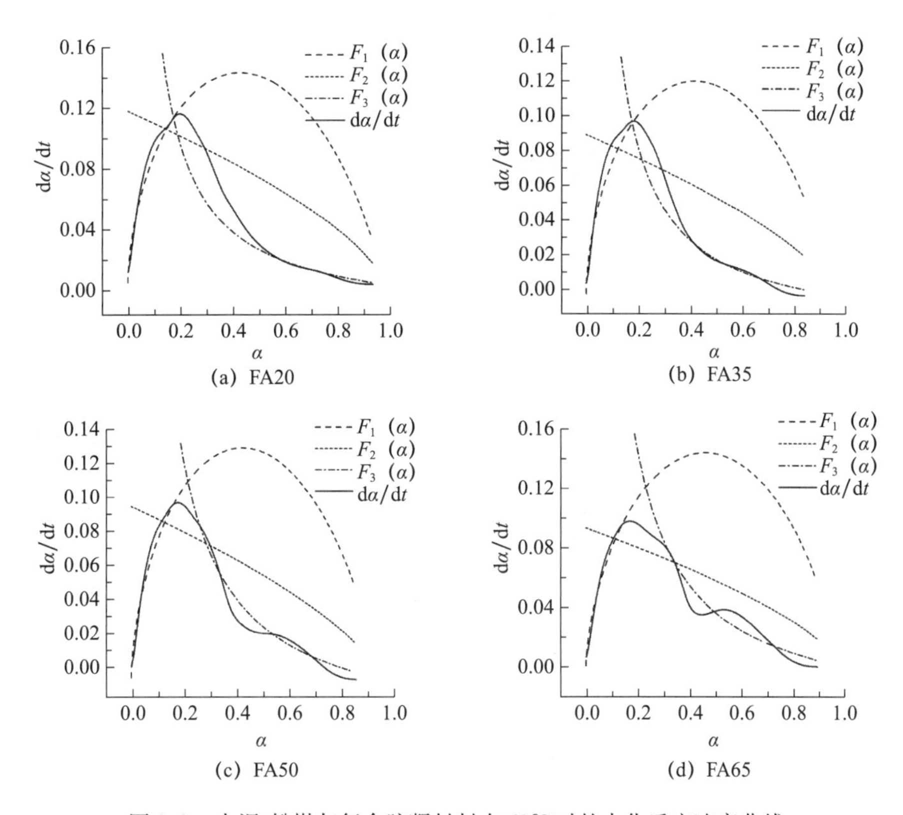

图 3.9 水泥-粉煤灰复合胶凝材料在 60℃时的水化反应速率曲线

化速率变化。相比于 25℃，I 过程控制时间明显缩短，升高温度对 I 过程影响最大。高的水化温度使水化产物在短时间内大量形成，体系很快由相边界反应控制。由图 3.9 可知，当水化温度升高到 60℃时，水泥-粉煤灰复合胶凝材料快速水化约 10h 后进入由扩散反应控制的阶段，早期迅速水化生成的大量水化产物沉积在未水化颗粒表面，使胶凝材料水化反应的阻力增加，复合胶凝材料的水化反应不经历相边界反应控制，而是直接由结晶成核与晶体生长控制过程转变为扩散控制过程。由于粉煤灰反应产生的热效应处于 D 过程，使得 D 过程的模拟的水化反应速率与实际反应速率值稍有偏差。

3.3.3 水化动力学参数

表 3.2 为水泥-粉煤灰复合胶凝材料水化过程的动力学参数。由表 3.2 可知，随粉煤灰掺量的增加，n 值增大；相同掺量下，温度升高，n 值都变大，这说明常温下大掺量粉煤灰以及温度的升高都大大影响了晶体生长的几何过程。

表 3.2 水泥-粉煤灰复合胶凝材料水化过程的动力学参数

温度	试样	n	K_1'	K_2'	K_3'	水化机理	α_1	α_2
25℃	Cem	1.84218	0.04823	0.01120	0.00218	NG-I-D	0.12	0.26
	FA20	1.83798	0.04914	0.01234	0.00344	NG-I-D	0.14	0.36
	FA35	1.87806	0.04597	0.01237	0.00357	NG-I-D	0.17	0.37
	FA50	2.00658	0.04505	0.01199	0.00384	NG-I-D	0.16	0.39
	FA65	2.00013	0.04121	0.01150	0.00371	NG-I-D	0.18	0.40
45℃	Cem	1.91691	0.10136	0.02426	0.00474	NG-I-D	0.14	0.26
	FA20	2.22589	0.11414	0.02531	0.00481	NG-I-D	0.11	0.26
	FA35	2.22826	0.10684	0.02338	0.00475	NG-I-D	0.11	0.27
	FA50	2.2176	0.09558	0.02232	0.00477	NG-I-D	0.12	0.28
	FA65	2.05048	0.08413	0.02022	0.00464	NG-I-D	0.13	0.30
60℃	Cem	2.01047	0.177481	—	0.00800	NG-D	0.18	0.18
	FA20	2.35678	0.15177	—	0.00554	NG-D	0.18	0.18
	FA35	2.34352	0.13055	—	0.00514	NG-D	0.19	0.19
	FA50	2.46704	0.13652	—	0.00771	NG-D	0.23	0.23
	FA65	2.71422	0.13591	—	0.00842	NG-D	0.24	0.24

注：n 为几何晶体生长指数；K_1'为 NG 阶段的表观反应速率常数；K_2'为 I 阶段的表观反应速率常数；K_3'为 D 阶段的表观反应速率常数；α_1 为 NG 阶段向 I 阶段转变时的水化程度；α_2 为 I 阶段向 D 阶段转变时的水化程度。

25℃、45℃和 60℃，NG 过程的反应速率 K_1'是 I 过程 K_2'的 4～5 倍，约是 D 过程 K_3'的 20 倍，说明 NG 过程的化学反应速率远大于 I 和 D 过程的反应速率。这是因为 NG 过程是受成核控制的自催化反应，而 D 过程反映水化后期水分和离子在体系中缓慢迁移至水泥熟料和粉煤灰表面进行的化学反应。当水化温度升高时，水泥水化加速且粉煤灰的活性被激发，NG、I、D 过程的水化反应速率都增加。正如上面所讨论的，高温提供成核驱动力，离子溶解速率增大，达到过饱和度的时间缩短，因此 NG 过程的速率增加。在高温下溶液达到某一恒定过饱和度的时间缩短，I 过程的速率增加。高温促进水和离子在浆体内的迁移，故 D 过程的速率随温度升高增加。

水泥-粉煤灰复合胶凝材料水化反应速率变化规律与水泥-矿渣复合胶凝材料不同。K_1'随粉煤灰掺量的增加先增大后减小，这是由于粉煤灰在早期是惰性的，其掺量不大时，一方面增大了浆体的有效水灰比，另一方面促进了粉煤灰的成核作用，显著促进了水泥熟料的水化速率，使其在 NG 阶段的水化速率超过纯水泥，然而掺量较大时，粉煤灰表面吸附大量 Ca^{2+}，使孔溶液中 Ca^{2+} 的浓度降低，延迟 CH 和 C-S-H 成核与结晶，从而延缓反应。K_2'随粉煤灰掺量的增加呈先增大后减小的趋势，原因是掺量较小时，水泥质量分数的减少对复合胶凝材料整体水化过程的影响较小，粉煤灰的物理作用促进了水泥的水化，使溶液的过饱和度增加，加速了相边界反应。但当粉煤灰的掺量较大时，水泥质量分数的减少对复合胶凝材料整体水化过程的影响较大，溶液的过饱和度降低，故使相边界反应速率减小。25℃时，K_3'随粉煤灰掺量的增加而增大，在早期粉煤灰几乎呈惰性，复合胶凝材料中水泥的质量分数低，体系内形成的水化产物量较少，黏结作用较弱，内部孔隙率较高，且水泥颗粒表面水化生成的C-S-H的扩散系数较低，有利于水通过水化产物C-S-H层扩散到未水化颗粒的表面，所以离子扩散阻力减少。45℃时，K_3'随粉煤灰掺量的增加变化不大，高温在一定程度上激发了粉煤灰的活性，使其参与水化反应，生成的水化产物有效地填充毛细孔，使水泥-粉煤灰复合胶凝材料的在D过程的水化速率和纯水泥相当。当水化温度升高到60℃，粉煤灰掺量不大于35%的复合胶凝材料的D过程的反应速率低于纯水泥。高温大大促进了水泥的水化和粉煤灰的火山灰反应，形成的浆体结构密实，降低了D过程的反应速率。对于试样FA50和FA65，K_3'较大，这与D过程发生粉煤灰的火山灰反应有关［图3.9（c）和3.9（d）］。

从表2.2和表3.2可知，当矿渣和粉煤灰的掺量都为50%时，相比于矿渣，掺粉煤灰的复合胶凝材料的K'_1、K'_2、K_3'值较大。在早期水化过程中，粉煤灰完全是惰性的，加速水泥组分水化；而少量矿渣受到水泥水化过程中释放的碱性离子的激发，开始反应，消耗体系中的水；但矿渣的水化速率和放热量低于水泥熟料，导致K_1'值较小。由图2.4（a）和图3.4（a）可知，掺矿渣和掺粉煤灰的复合胶凝材料达到第二放热峰的时间分别为7.29h和12.49h，放热峰值分别为3.90J/(g·h）和5.60J/(g·h)，也验证了这一点。当水化温度为45℃和60℃时，矿渣的反应提前，与水泥水化的放热峰重叠为一个放热峰，导致第二放热峰峰值大于试样FA50的放热峰峰值。矿渣的火山灰反应主要发生在I过程，水化产物的大量生成并相互交织，使水化产物相的表面积减少，另外矿渣反应消耗OH^-，使溶液的过饱和度降低，反应速率降低。由于粉煤灰活性低，在I过程仍未参与反应，对水泥起分散作用，增加了水泥与水的接触面积，水化产物的生长空间大，离子不断从水泥颗粒溶出，过饱和度增加，使体系的相边界反应速率增大，故K_2'值较大。由于矿渣的活性高，在水化后期水泥熟料的水化反应和矿渣的火山灰反应生成大量的水化产物，使复合胶凝材料的结构特别致密，而掺粉煤灰的复合胶凝材料的水化产物较少，结构较疏松，离子更易扩散到未水化的颗粒表面继续进行水化，故水泥-粉煤灰复合胶凝材料的 K_3' 值较大。由该动力学模型计算的各阶段的 K' 值是该阶段水化反应的平均速率值，虽然水泥-矿渣复合胶凝材料的 K' 值小于水泥-粉煤灰复合胶凝材料的 K' 值，但由于矿渣的活性高，反应释放的热量多。

由表3.2可知，25℃时，随粉煤灰掺量的增加，NG到I的转变点 α_1 和I到D的转变点 α_2 都增大，说明适量掺加粉煤灰的复合胶凝材料的反应较为温和平缓，持续时间长，在水化程度较高时才发生反应控制机制的转变。与25℃相比，水化温度为45℃时 α_1 和 α_2 都较小，说明温度升高使水泥-粉煤灰复合胶凝材料反应加速，在低水化程度下就发生反应控制机制的转变。当升高温度为60℃时，α_1 与 α_2 相等，反应直接由NG到D。值得注意的是，随着温度的升高，复合胶凝材料水化进入由D控制的反应时的水化程度降低。故升高温度能促进早期水泥熟料的水化反应和粉煤灰的火山灰反应，但对后期的水化不利。因此，升高温度往往会降低胶凝材料的后期水化性能[5]。从表2.2和表3.2可知，矿渣和粉煤灰掺量都为50%时，相比于掺矿渣的复合胶凝材料，掺粉煤灰的复合胶凝材料的 α_1 和 α_2 较大。由于粉煤灰的活性低于矿渣，在水化早期，粉煤灰完全呈惰性，增大水泥的有效水灰比和成核作用使体系在高的水化程度下由NG过程转变为I过程。矿渣的反应主要发生在I过程，且矿渣掺量越多，反应越明显（图2.9），高温对掺矿渣的复合胶凝材料的促进作用较强，反应较剧烈，在低反应程度下发生反应机制由I到D的转变，而对掺粉煤灰的复合胶凝材料的促进作用较弱，反应机制的转变也相对平缓。

表3.3为水泥-粉煤灰复合胶凝材料在不同水化阶段的活化能。从表3.3可知，复合胶凝材料在NG过程的活化能大于D过程（原因见第2章）。粉煤灰的掺入降低了复合胶凝材料水化NG过程的活化能。粉煤灰在水化NG过程有三种作用：增大水泥的有效水胶比，提供水化产物成核质点，表面吸附钙离子。当粉煤灰掺量不大于35%时，增大水泥的有效水胶比和提供成核质点的作用较小，粉煤灰表面会吸附钙离子，活化能增加。当粉煤灰掺量为50%和65%时，水泥的有效水胶比大大增加，水泥快速水化，且粉煤灰表面提供足够的成核质点，水化反应的阻力比较小，活化能变小。对于I过程，随粉煤灰掺量的增加，活化能增加，原因是大掺量粉煤灰降低了孔溶液的离子浓度，需要足够的能量使溶液达到某一恒定的过饱和度，使其发生相边界反应。由于水泥-粉煤灰复合胶凝材料浆体比较疏松，离子扩散阻力较小，D过程的活化能随粉煤灰掺量的增加而降低。相比于水泥-矿渣复合胶凝材料在不同水化阶段的活化能，水泥-粉煤灰复合胶凝材料的活化能较低，说明水泥-粉煤灰复合

胶凝材料的水化对温度不敏感，这与水化放热速率和放热量的结果一致。另外，这也解释了试样 FA50 在不同水化阶段的水化速率高于试样 SL50 的原因。

表 3.3 水泥-粉煤灰复合胶凝材料在不同水化阶段的活化能

试样	水胶比	E_a（kJ/mol）- 温度（25～60℃）		
		NG 过程	I 过程	D 过程
Cem	0.4	30.60	29.47	30.64
FA20		31.85	22.02	12.67
FA35		31.87	23.08	14.05
FA50		28.43	22.91	10.22
FA65		28.13	25.97	8.45

表 3.4 为水泥-粉煤灰复合胶凝材料水化反应的表观活化能。随着粉煤灰掺量的增加，复合胶凝材料的活化能先减小后增大。粉煤灰掺量为 20% 时，活化能为 28.70kJ/mol，反应易进行，反应速率较快，这与本节前面的分析一致。粉煤灰掺量增加，复合胶凝材料中玻璃体含量、玻璃体中可溶性 SiO_2、Al_2O_3 含量及玻璃体的解聚能力都增加，故使体系的活化能增加，反应进行的难度增大。当粉煤灰掺量大于 50% 时，复合胶凝材料的表观活化能较高，说明大掺量粉煤灰复合胶凝材料对水化温度更敏感，高温更能促进其水化反应速率的提高，所以在试样 FA50 和 FA65 的水化放热速率曲线上能明显观察到粉煤灰反应产生的热效应［图 3.6（a）］。当矿物掺和料掺量相同时，水泥-粉煤灰复合胶凝材料的表观活化能低于水泥-矿渣复合胶凝材料，故水泥-粉煤灰复合胶凝材料的反应速率高于水泥-矿渣复合胶凝材料（表 2.2 和表 3.2），且高温对水泥-矿渣复合胶凝材料的水化反应促进更明显（图 2.5 和图 2.6）。有关水泥-粉煤灰复合胶凝材料的表观活化能现有研究很少。Han 等[6]研究表明 Type Ⅱ Cement、粉煤灰掺量为 20% 和 30% 的复合胶凝材料在水胶比为 0.4 时的活化能分别为 40.626kJ/mol、42.226kJ/mol 和 43.017kJ/mol，这些数据比本节计算得到的活化能要高。Bentz 等[7]研究发现 Type Ⅰ/Ⅱ Cement、粉煤灰掺量为 40% 和 60% 的复合胶凝材料在水化温度范围为 25～40℃ 内的活化能分别为 34.5kJ/mol、34.5kJ/mol 和 33.2kJ/mol，当温度范围为 15～25℃ 时，活化能分别为 44.0kJ/mol、49.5kJ/mol 和 47.4kJ/mol，该研究采用原材料体积比配制净浆且水胶比为 0.35，这可能是造成与本节所得数据有所不同的原因。

表 3.4 水泥-粉煤灰复合胶凝材料表观活化能

试样	水胶比	温度范围（℃）	E_a（kJ/mol）
Cem	0.4	25 ~ 60	40.01
FA20			28.70
FA35			31.76
FA50			37.88
FA65			42.62

3.3.4 与水泥-石英粉复合体系对比研究水化放热特性

图3.10、图3.11 和图3.12 分别为25℃、45℃和60℃时，掺石英粉或粉煤灰复合胶凝材料的水化放热速率和总放热量曲线。由图 3.10（a）可知，试样 Q(b)35 和 Q(b)65 诱导期结束时间分别为 2.03h 和 2.29h，石英粉的掺入稍延长了诱导期结束时间，第二放热峰出现的时间和纯水泥的几乎相同。相比于水泥-石英粉复合胶凝材料，掺粉煤灰的复合胶凝材料的水化诱导期结束时间较长，第二放热峰出现的时间也较晚。粉煤灰的掺入延缓了水泥的水化，其掺量越大，延缓作用越明显。石英粉对复合胶凝材料水化过程的影响，主要是因为其掺入导致体系中水泥质量分数的降低，而粉煤灰对水化过程的影响，除了复合体系中水泥质量分数的减少外，粉煤灰表面吸附大量 Ca^{2+}，降低了溶液的过饱和度，延迟了水化产物 C-S-H 和 $Ca(OH)_2$ 的成核和晶体生长。试样 FA35 和 FA65 的水化放热速率分别在大约 20h 和 15h 超过试样 Q(b)35 和 Q(b)65。从图 3.10（b）也可以看出，在矿物掺和料掺量相同的情况下，水化早期，大约 30h 之前，水泥-石英粉复合胶凝材料的总放热量大于水泥-粉煤灰复合胶凝材料的总放热量，这主要是因为粉煤灰对复合胶凝材料中

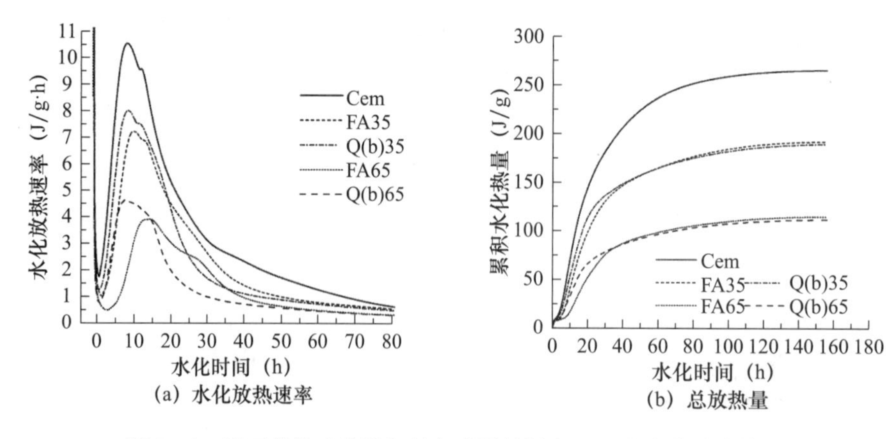

图 3.10 掺石英粉或粉煤灰复合胶凝材料在 25℃的水化放热特性

水泥水化的延缓作用。水化30h后，两者的水化放热速率曲线几乎重合。水化后期，水泥-粉煤灰复合胶凝材料的总放热量稍大于水泥-石英粉复合胶凝材料的总放热量，这说明在水化早期，粉煤灰发生火山灰反应放出的热量是极少的，换言之，粉煤灰在水化早期几乎不参与反应。常温下粉煤灰的活性较低，可认为完全呈惰性，它对水泥早期水化动力学的改变是其物理作用。但由于粉煤灰和石英粉表面的物理特性不同，导致复合胶凝材料水化放热速率和总放热量曲线在水化早期有所不同。

当水化温度为45℃时，从图3.11（a）可知，水泥-石英粉复合胶凝材料的水化放热速率增加，试样Q(b)35和Q(b)65水化放热速率曲线变化规律与试样Q(a)30和Q(a)70［图2.12（a）］类似，只不过随着石英粉掺量的增加，由于胶凝材料中水泥所占的百分比降低导致水化放热速率降低。高温促进了水泥-粉煤灰复合胶凝材料的水化，诱导期结束时间和第二放热峰出现时间缩短。试样FA35在加速期的水化放热速率略低于试样Q(b)35，试样FA65在加速期的水化放热速率与试样Q(b)65的差距缩小。试样FA35和FA65的水化放热速率分别在大约10h和8h超过试样Q(b)35和Q(b)65的放热速率。从图3.11（b）可以看出，当矿物掺和料掺量相同时，在水化初期，20h前，水泥-石英粉复合胶凝材料的总放热量仍然高于水泥-粉煤灰复合胶凝材料的总放热量，45℃时粉煤灰的掺入对水泥的水化仍有一定的延缓作用［图3.11（a）］。但水化20h后，水泥-粉煤灰复合胶凝材料的总放热量高于水泥-石英粉复合胶凝材料的总放热量［图3.11（b）］，说明在水化温度为45℃时，部分粉煤灰参与了反应，放出了热量。

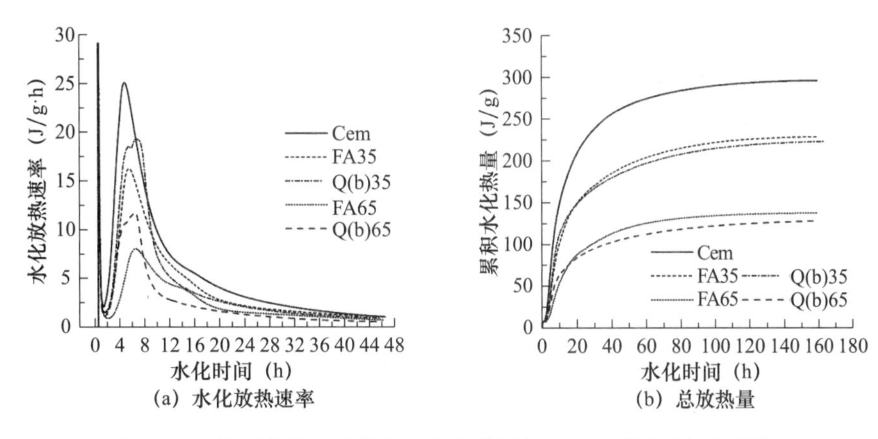

图3.11 掺石英粉或粉煤灰复合胶凝材料在45℃的水化放热特性

由图3.12（a）可知，60℃时，复合胶凝材料的水化放热速率明显增加，水泥-粉煤灰复合胶凝材料的水化放热速率大约在5h超过水泥-石英粉复合胶凝材料的水化放热速率。值得注意的是，升高温度到60℃，粉煤灰的掺入仍然延缓了水泥的水化。由表3.4可知，试样FA35的表观活化能低于纯水泥，且在相同矿物掺和料掺量时，掺矿渣的复合胶凝材料的表观活化能较高，故温度对水泥-粉煤灰复合胶凝材料的水化促进作用较弱。结合图3.12（b）可以看出，在水化后期，水泥-粉煤灰复合胶凝材料水化总放热量高于水泥-石英粉复合胶凝材料的放热量，相比于45℃、60℃时两者的放热量差值增加。高温促进了复合胶凝材料中水泥组分的水化，在短时间内使溶液的pH值升高，碱性离子侵蚀粉煤灰的玻璃相，且高温提供的能量破坏粉煤灰玻璃相中硅氧键和铝氧键，使粉煤灰的活性增加。这种效应在大掺量粉煤灰复合胶凝材料中更易观察到，试样FA65在水化约12h时，水化放热速率曲线上有一个明显的热效应［图3.12（a)］，故在水化后期，试样FA65的总放热量明显高于试样Q(b)65。但由于粉煤灰的活性低于矿渣，粉煤灰反应放出的热量远远低于矿渣反应放出的热量。在高温下，这种差异更明显。这也说明在水化早期，粉煤灰的反应程度远低于矿渣。

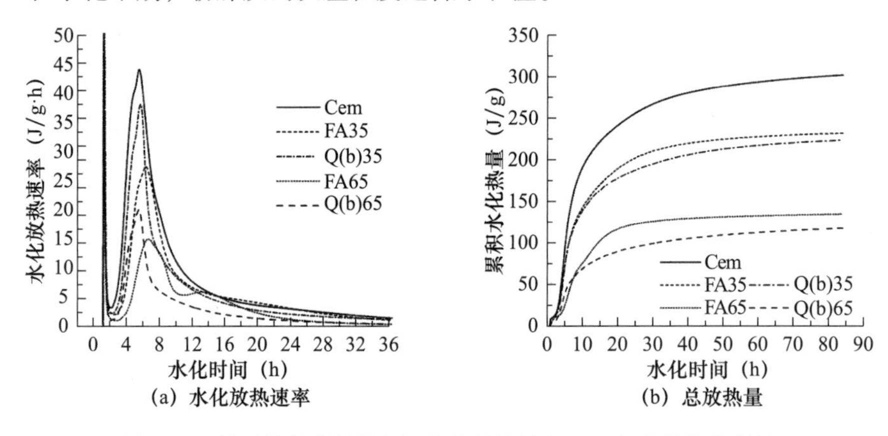

图3.12 掺石英粉或粉煤灰复合胶凝材料在60℃的水化放热特性

从以上分析可以看出，与石英粉相比，粉煤灰的掺入延缓了复合胶凝材料的水化。常温下，水化7d内粉煤灰几乎不参与反应。随着温度的升高，粉煤灰反应放出的热量增加，但在高温下，其反应放出的热量仍然较低，粉煤灰的反应程度较低。

3.4 水泥-粉煤灰复合胶凝材料化学结合水量

3.4.1 粉煤灰掺量对化学结合水量的影响

水泥-粉煤灰复合胶凝材料在20℃、45℃和60℃养护下不同龄期的化学结合水量如图3.13所示。它呈现的规律与水泥-矿渣复合胶凝材料的化学结合水量的变化规律不同。由图 3.13（a）可知，20℃时随着粉煤灰掺量的增加，复合胶凝材料的化学结合水量明显降低。水化 7d 以前，化学结合水量增长率高。7d 以后增长率降低，90d 以后，化学结合水量增长率很小，基本保持不变。到水化后期，试样 FA35 的化学结合水量仍低于纯水泥，并与纯水泥的化学结合水量存在一定差距。由图 3.10 可知，常温下粉煤灰几乎不参与反应，且粉煤灰的掺入能明显延缓复合胶凝材料中水泥组分的水化，且掺量越大，延缓作用越明显（图 3.4）。因此，水泥-粉煤灰复合胶凝材料早期化学结合水量较低。常温养护条件下粉煤灰的活性较低，火山灰反应缓慢。有研究发现[8]，水泥水化 7d 后，粉煤灰的表面几乎没什么变化；直至 28d 时，才能观察到表面初步水化，有少量凝胶状的水化产物出现；水化 90d 后，粉煤灰颗粒表面才开始生成大量的水化硅酸钙凝胶。因此，水化后期，粉煤灰发生火山灰反应生成的水化产物对复合胶凝材料总化学结合水量的贡献较小。试样 FA65 的化学结合水量低于试样 Cem 和 FA35，原因是复合胶凝材料中水泥的质量分数低，粉煤灰的活性低且不能被充分激发，水化产物数量少，化学结合水量低。水泥-粉煤灰复合胶凝材料化学结合水量的变化趋势与其水化总放热量的趋势相一致［图 3.4（b)］。

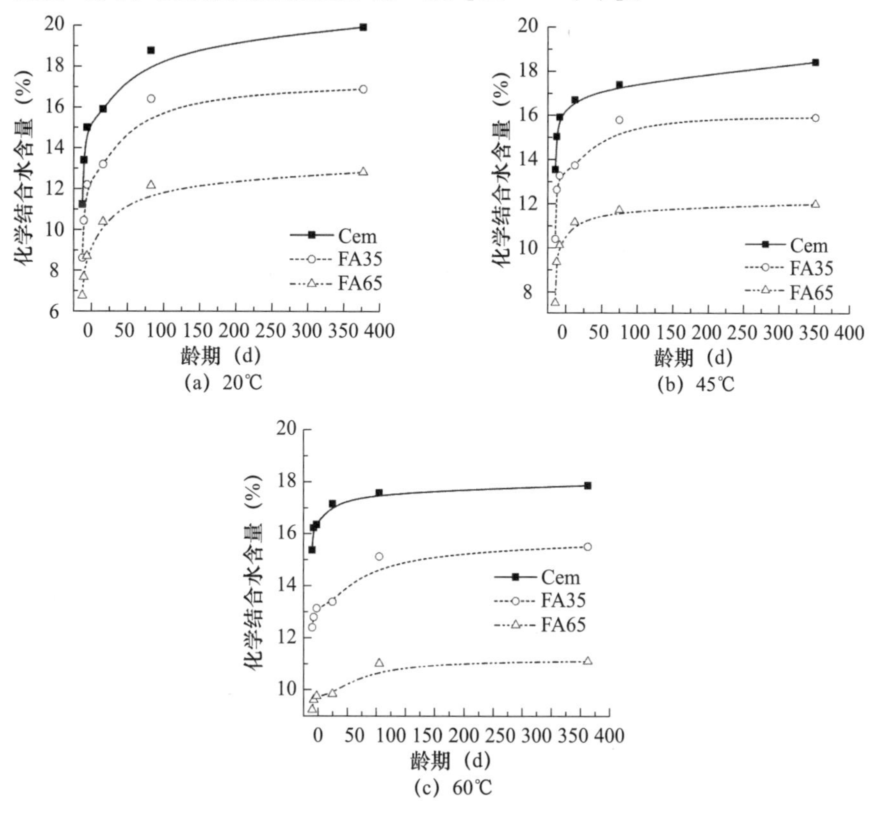

图 3.13 水泥-粉煤灰复合胶凝材料的化学结合水量

由图 3. 13（b）和图 3. 13（c）可知，升高养护温度到 45℃或 60℃，在所有水化龄期，水泥-粉煤灰复合胶凝材料的化学结合水量仍然低于纯水泥，且随着粉煤灰掺量的增加，化学结合水量降低。当掺量相同时，水泥-粉煤灰复合胶凝材料的活化能小于水泥-矿渣复合胶凝材料的活化能（表2. 4 和表3. 4），高温对水泥-粉煤灰复合胶凝材料的水化促进作用较弱，45℃或 60℃时，试样 FA35 和 FA65 的水化总放热量与纯水泥的总放热量仍存在一定的差距［图3. 5（b）和图3. 6（b）］。因此，早期高温养护下试样 FA35 和 FA65 的化学结合水量仍较低。但高温养护使得早期化学结合水量提高，相比于 20℃，45℃时试样 Cem、FA35 和 FA65 水化 3d 的化学结合水量增长率分别为 16. 22%、24. 22% 和 23. 16%，60℃时 3d 增长率分别为 23. 23%、24. 42% 和 26. 71%。高温促进复合胶凝材料中水泥组分的水化，且粉煤灰的玻璃体结构更易破坏，硅氧键和铝氧键更易解聚，增强粉煤灰的活性，其反应程度提高（图 3. 11 和图 3. 12），生成的水化产物对总化学结合水量有一定贡献。

3. 4. 2　温度对化学结合水量的影响

温度对水泥-粉煤灰复合胶凝材料化学结合水量的影响如图 3. 14 所示。水化 3d 龄期前，随着温度的升高，硬化浆体的化学结合水量增加。但 3d 以后，试样 FA35 和试样 FA65 在 60℃时的化学结合水量低于 45℃时的化学结合水量。由 3. 3. 2 节可知，60℃时，水泥-粉煤灰复合胶凝材料的水化反应过程由 NG 过程直接转变为 D 过程（图3. 9），胶凝材料快速水化，生成大量水化产物，使反应很快进入由扩散控制的阶段，故化学结合水量曲线很快趋于平稳。45℃时，水泥-粉煤灰复合胶凝材料的水化过程仍然经历由 I 控制的阶段（图 3. 8），水化相对缓慢，水化程度也相应提高。水化 365d 龄期时，随温度的升高，复合胶凝材料的化学

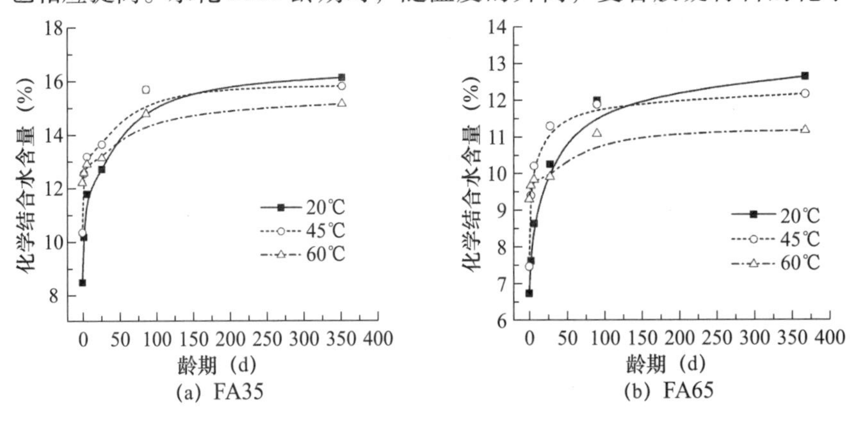

图 3. 14　温度对水泥-粉煤灰复合胶凝材料化学结合水量的影响

结合水量降低，且试样 FA65 化学结合水量降低较多。试样 FA65 的活化能较高（表 3.4），高温对其水化的促进作用强，60℃时在加速期水化放热速率曲线上能观察到明显的热效应［图 3.6（a）］，高温下粉煤灰的活性得到一定程度的激发，大量粉煤灰发生火山灰反应需要消耗大量的水，生成的 C-S-H 填充毛细孔，阻止水泥组分的水化[9]，化学结合水量大大降低。

水泥-粉煤灰复合胶凝材料化学结合水量的温度影响系数如图 3.15 所示。与掺矿渣复合胶凝材料的化学结合水量的温度影响系数变化趋势相似，水泥-粉煤灰复合胶凝材料早期化学结合水量的温度影响系数大于纯水泥的化学结合水量的温度影响系数，说明水泥-粉煤灰复合胶凝材料对温度更敏感，这与水化放热速率和总放热量相一致。由图 3.15 也可以看出，高温对大掺量粉煤灰复合胶凝材料早期水化的促进作用强。随着龄期的延长，化学结合水量的温度影响系数降低。90d 龄期时，水泥-粉煤灰复合胶凝材料的化学结合水量的温度影响系数为负值。对比图 2.16 和图 3.15 可知，相同龄期时，水泥-粉煤灰复合胶凝材料化学结合水量的温度影响系数小于水泥-矿渣复合胶凝材料化学结合水量的温度影响系数，说明高温对掺矿渣的复合胶凝材料水化的促进作用更强，这与水泥-矿渣复合胶凝材料的高活化能有关。

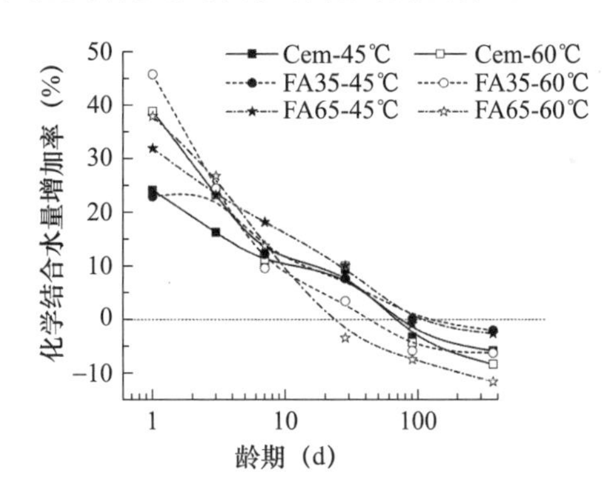

图 3.15 水泥-粉煤灰复合胶凝材料化学结合水量的温度影响系数

3.4.3 与水泥-石英粉复合体系比较研究化学结合水量

掺石英粉或粉煤灰复合胶凝材料的化学结合水量如图 3.16 所示。试样 Q(b)35 和 Q(b)65 的化学结合水量变化规律与试样 Q(a)30 和 Q(a)70类似。由图 3.16（a）可以看出，水化早期，当矿物掺和料掺量相同时，水泥-石英粉复合胶凝材料的化学结合水量和水泥-粉煤灰复合胶凝材料的几乎相同，且掺石英粉的复合胶凝材料的化学结合水量稍高。这说明常温养护下粉煤灰在早期是不参与反应的，对复合胶凝材料的水化主要起物理作用。由于粉煤灰的掺入延缓了胶凝材料的水化，而石英粉的掺入几乎不会延缓水化［图 3.10（a）］，故水泥-石英粉复合胶凝材料在水化早期生成的水化产物较多，化学结合水量稍高。水化后期，水泥-粉煤灰复合胶凝材料的化学结合水量超过水泥-石英粉复合胶凝材料。粉煤灰的活性在后期被激发，发生火山灰反应，生成的水化产物增加了复合胶凝材料总化学结合水量。粉煤灰持续发生火山灰反应，两者的化学结合水量差距增加。

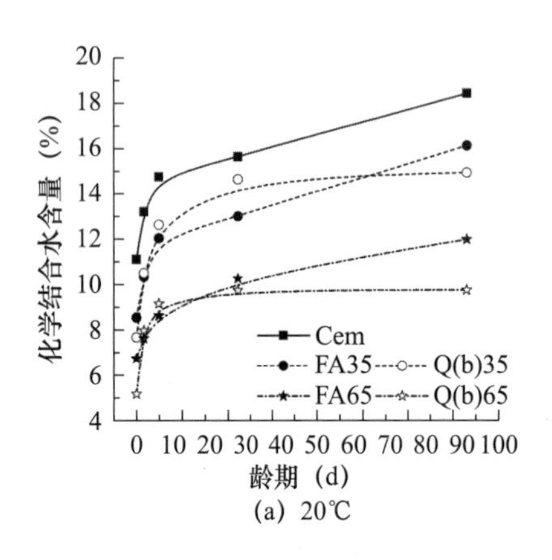

(a) 20℃

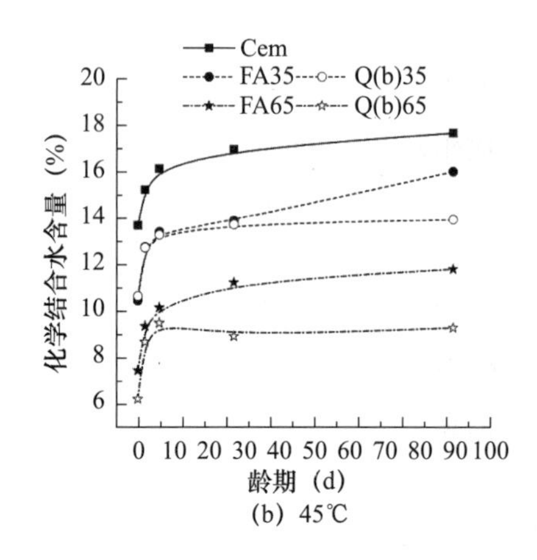

(b) 45℃

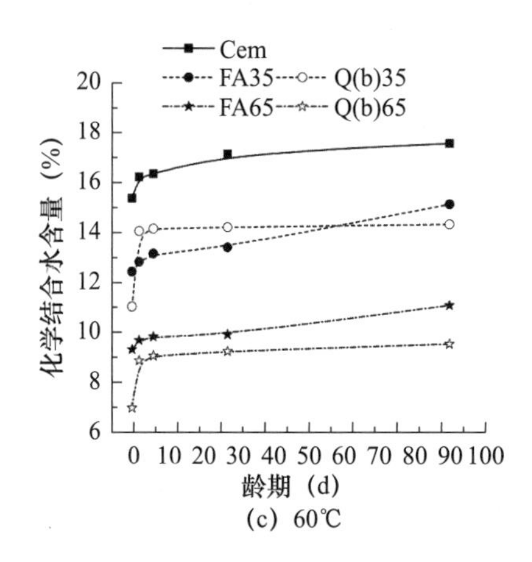

(c) 60℃

图 3.16　掺石英粉或粉煤灰复合胶凝材料的化学结合水量

从图 3.16（b）可以看出，45℃时，试样 Q(b)35 的早期化学结合水量和试样 FA35 基本相同，试样 Q(b)65 的早期化学结合水量略低于试样 FA65。升温促进了水泥-粉煤灰复合胶凝材料的水化，但由于粉煤灰的活性低，促进作用不明显。由于大掺量粉煤灰复合胶凝材料对温度更敏感，试样 FA65 水化放热速率曲线的减速期能明显观察到粉煤灰反应的热效应［图 3.11（a）］，故早期化学结合水量较高。水化后期，Q(b)组的化学结合水量与 FA 组的差距增大。60℃时，由图 3.16（c）可知，试样 Q(b)65 的化学结合水量明显低于试样 FA65，高温下粉煤灰的活性被激发，发生火山灰反应的时间也提前，这与水化放热速率结果一致［图3. 12（a）］。值得注意的是，试样 FA35 水化 1d 的化学结合水量高于试样 Q(b)35，但 3～28d 的化学结合水量低于试样 Q(b)35。60℃时试样 Q(b)35 水化反应迅速［图3. 12（a）］，水化3d 化学结合水量基本保持不变。这也可能是因为早期高温养护下试样 FA35 中水泥的水化被抑制了。

掺石英粉或粉煤灰复合胶凝材料化学结合水量的温度影响系数如图3. 17 所示。试样 Q(b)35 和 FA35 的早期化学结合水量的温度影响系数相差不大，试样 FA35 后期化学结合水量的温度影响系数较大。高温下试样 Q(b)65 的早期化学结合水量的温度影响系数小于试样 FA65，且后期试样 FA65 的温度影响系数较大。由图 3. 17 可知，高温对大掺量粉煤灰复合胶凝材料的影响较大。水化后期，所有试样化学结合水量的温度影响系数均为负值，说明高温下不利于后期化学结合水量的提高。

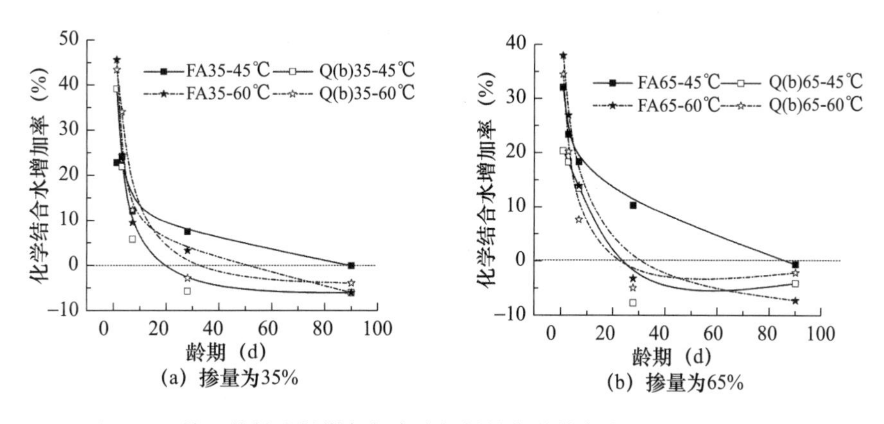

图 3. 17 掺石英粉或粉煤灰复合胶凝材料化学结合水量的温度影响系数

3. 5 水泥-粉煤灰复合胶凝材料砂浆抗压强度及净浆孔结构

3. 5. 1 砂浆抗压强度

水泥-粉煤灰复合胶凝材料砂浆在 20℃、45℃和 60℃养护下不同龄期的抗压强度如图3. 18 所示。由图3. 18（a）可知，粉煤灰的掺入降低了复合胶凝材料的早期砂浆抗压强度。这与体系中水泥的质量分数低和粉煤灰的水化活性低有关。90d 时试样 FA35 的砂浆抗压强度超过了纯水泥，说明后期粉煤灰的活性被激发，生成的水化产物对抗压强度有一定贡献。试样 FA65 的砂浆抗压强度始终低于纯水泥。45℃时，试样 FA35 的砂浆抗压强度在 28d 龄期时超过纯水泥，试样 FA65 早期抗压强度增长率高，与纯水泥砂浆抗压强度差值减小，说明高温促进了掺粉煤灰的复合胶凝材料的水化。值得注意的是，25℃和 45℃时，水泥-粉煤灰复合胶凝材料的化学结合水量始终低于纯水泥［图 3. 13（a）和图 3. 13（b）］，但试样 FA35 的后期砂浆抗压强度高于纯水泥，原因是火山灰反应的产物有效地填充了毛细孔，同时 $Ca(OH)_2$的消耗降低了其在浆体中的富集程度及定向分布，减少了薄弱环节。另外，粉煤灰的填充作用可改善集料和浆体的界面过渡区，使结构更加密实。60℃时，试样 FA35 的早期砂浆抗压强度超过纯水泥，但 28d 后抗压强度低于纯水泥；试样 FA65 的砂浆抗压强度与纯水泥的差距增大。这说明过高温度对掺粉煤灰的复合胶凝材料影响较大，抑制了其水化反应。

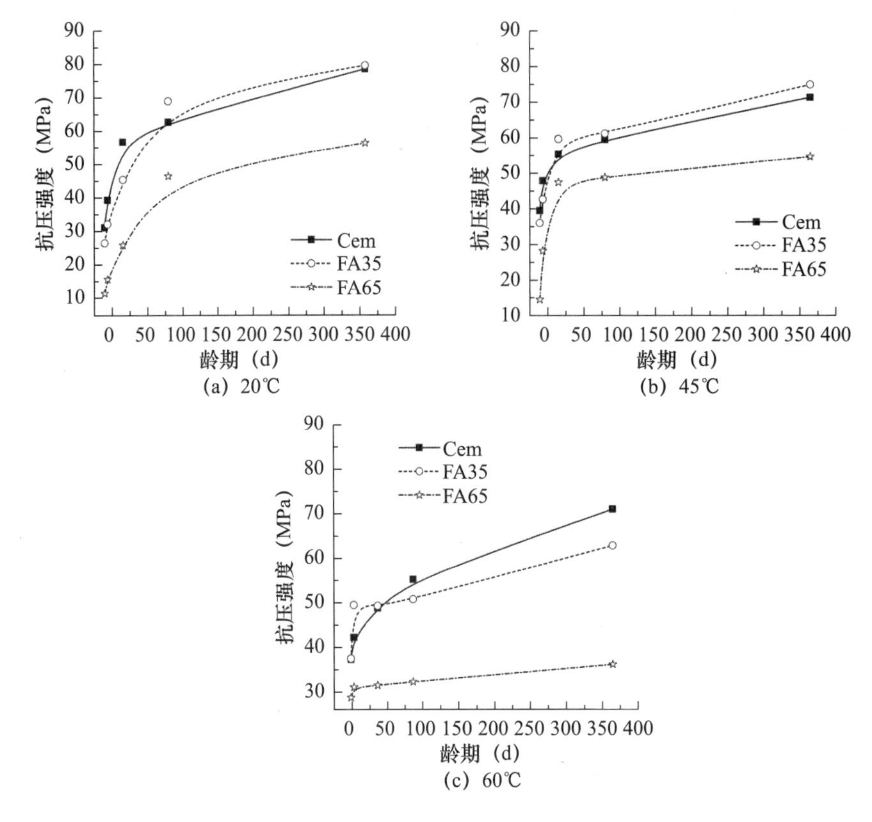

图 3. 18　水泥-粉煤灰复合胶凝材料砂浆抗压强度

图 3. 19 为温度对水泥-粉煤灰复合胶凝材料砂浆抗压强度的影响。升高温度，早期砂浆抗压强度增长率较高，但 60℃时试样 FA35 水化 28d 后砂浆抗压强度增长率大幅度降低，试样 FA65 水化 7d 后抗压强度

基本保持不变。粉煤灰在45℃和60℃时早期水化程度有限（图3.11和图3.12），粉煤灰的掺入增大了水泥的有效水胶比，尤其是60℃时，水泥剧烈的水化反应，可能抑制了其后期继续水化，试样FA35和FA65的后期化学结合水量增长率也较低，故后期抗压强度降低。与水泥-矿渣复合胶凝材料类似，大掺量粉煤灰复合胶凝材料砂浆抗压强度受温度的影响较大，60℃时后期抗压强度降低幅度较大。这与化学结合水量的结果一致。

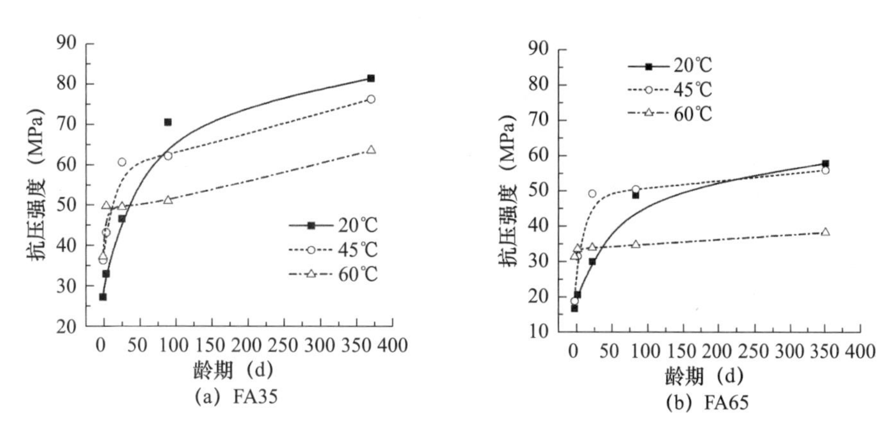

图3.19 温度对水泥-粉煤灰复合胶凝材料砂浆抗压强度的影响

3.5.2 净浆孔结构

水泥-粉煤灰复合胶凝材料硬化浆体3d孔径分布如图3.20所示。从图3.20（a）可以看出，硬化浆体最可几孔径随着粉煤灰掺量的增加而明显变大，故掺粉煤灰的复合胶凝材料早期砂浆强度较低［图3.18（a）］。相比于掺矿渣硬化浆体的孔径分布［图2.21（a）］，粉煤灰的掺入更能使浆体的孔隙率增大，说明常温养护时早期粉煤灰的反应程度远低于矿渣。45℃时，由图3.20（b）可知，掺粉煤灰的硬化浆体的最可几孔径仍大于纯水泥，但最可几孔径明显减小，且试样FA65的最可几孔径小于试样FA35。高温激发了胶凝材料的水化活性，部分粉煤灰参与了反应，对孔径细化有一定贡献。60℃时，掺粉煤灰的硬化浆体的最可几孔径小于纯水泥，且试样FA35的最可几孔径最小，说明高温下粉煤灰早期就参与了水化反应，生成的水化产物有效地填充了孔隙。相比于高温下掺矿渣硬化浆体的孔径分布［图2.21（b）和图2.21（c）］，高温对掺粉煤灰硬化浆体早期孔径细化的效果较小，说明高温养护下粉煤灰的早期反应程度较低。这与早期水化放热量的结果一致［图3.11（b）和图3.12（b）］。

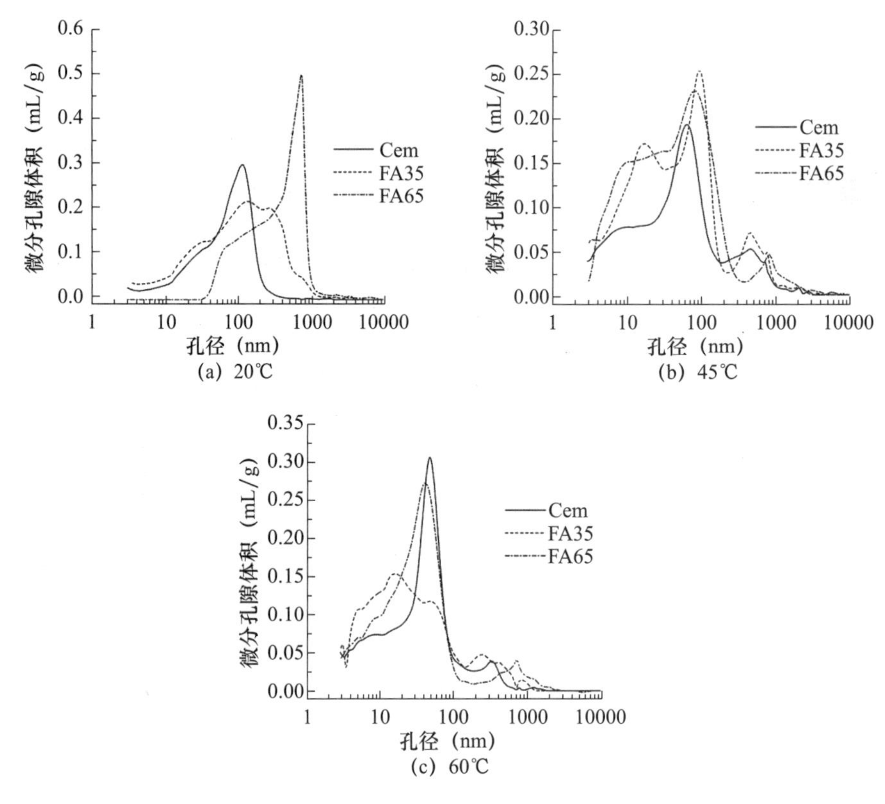

(a) 20℃ (b) 45℃ (c) 60℃

图3.20 水泥-粉煤灰复合胶凝材料硬化浆体3d孔径分布

图3.21为水泥-粉煤灰复合胶凝材料硬化浆体90d孔径分布。由图3.21（a)可知，水化后期，所有试样的最可几孔径变小，且掺粉煤灰的硬化浆体的最可几孔径小于纯水泥。粉煤灰发生火山灰反应填充了孔隙，试样FA35后期抗压强度也高于纯水泥［图3.18（a)］。从图3.21（b）和图3.21（c）可知，45℃和60℃时掺粉煤灰的硬化浆体水化后期的最可几孔径明显小于纯水泥。高温激发了粉煤灰的活性，粉煤灰持续反应使孔径细化。孔径为1000nm时，硬化浆体孔径分布曲线出现峰值，这说明高温养护增加了硬化浆体中大孔的比例，后期抗压强度下降。试样FA65水化3d和90d的最可几孔径大于试样FA35，这可能与试样FA65高温养护下早期快速水化抑制了后期水泥的继续水化有关。因此，试样FA65水化3d和90d的抗压强度较低［图3.18（c)］。相比于高温下掺矿渣硬化浆体水化90d的孔径分布［图2.22（b）和图2.22（c)］，高温对掺粉煤灰硬化浆体后期孔径细化的效果较小，说明高温养护下粉煤灰的后期反应程度低于矿渣的，尤其是大掺量粉煤灰硬化浆体的最可几孔径明显高于大掺量矿渣硬化浆体的最可几孔径。

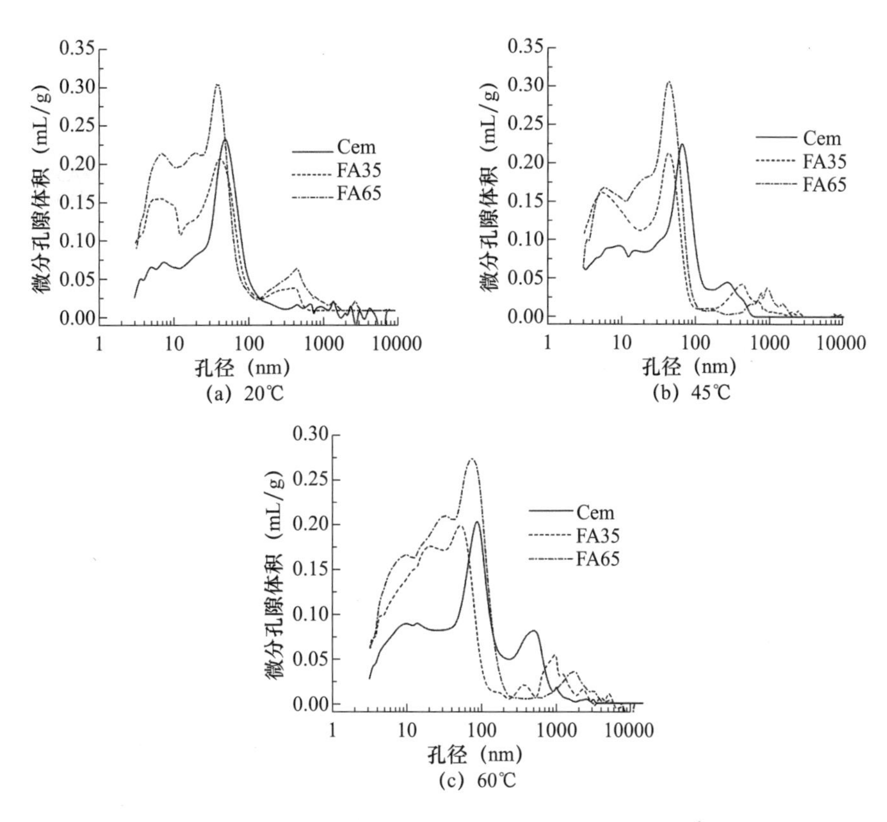

图 3. 21 水泥-粉煤灰复合胶凝材料硬化浆体 90d 孔径分布

3. 5. 3 与水泥-石灰石粉复合体系比较研究抗压强度

掺石英粉或粉煤灰复合胶凝材料砂浆在 20℃、45℃和 60℃养护下不同龄期的抗压强度如图 3. 22 所示。试样 Q(b) 和试样 Q(a) 的砂浆抗压强度发展规律类似。由图 3. 22（a）可以看出，水化 7d 前，水泥-石英粉复合胶凝材料的砂浆抗压强度与水泥-矿渣复合胶凝材料的砂浆抗压强度几乎相同，说明常温养护下粉煤灰在水化早期主要呈惰性。随着养护时间的延长，试样 Q(b)35 和 Q(b)65 的砂浆抗压强度明显低于试样 FA35 和 FA65。两者抗压强度的差值为粉煤灰反应对抗压强度的贡献值。粉煤灰逐渐发生火山灰反应，反应程度提高，对后期抗压强度贡献量大。当温度为 45℃和 60℃时，早期高温养护下掺粉煤灰的复合胶凝材料的砂浆抗压强度增长率较高，掺石英粉的复合胶凝材料砂浆抗压强度增长率较小。当矿物掺和料掺量相同时，掺粉煤灰的复合胶凝材料砂浆抗压强度明显高于掺石英粉的复合胶凝材料砂浆抗压强度。高温促进了复合胶凝材料的水化，使粉煤灰的反应提前，反应程度增加，对砂浆抗压强度的促进作用较强。

值得注意的是，45℃和 60℃时，复合胶凝材料中粉煤灰反应放出的热量较低［图3.11（b）和图3.12（b）］。45℃时水泥-粉煤灰复合胶凝材料的早期化学结合水量与掺量相同的水泥-石英粉复合胶凝材料的化学结合水量相差不大［图3.16（b）］，60℃时早期化学结合水量差值稍增大［图3.16（c）］，但高温下试样FA35与Q(b)35的砂浆抗压强度差值明显增大，当矿物掺和料的掺量较大（65%）时，抗压强度差值更大。抗压强度的发展受多种因素影响，不仅取决于水化产物的数量（化学结合水量），还与水化产物的分布、形貌，硬化浆体的孔隙率，浆体与集料的黏结力等有关。有研究认为石英粉与水化产物的热膨胀系数存在差异，使附着在石英粉颗粒表面的水化产物剥离，影响抗压强度发展[10]。尤其当石英粉掺量较大时，水化产物少，水化产物与石英粉的黏结力更差，且没有足够的水化产物填充石英粉颗粒之间的空隙，使结构疏松多孔，故试样Q(b)65在高温下的砂浆抗压强度很低，且后期抗压强度增长率很小。

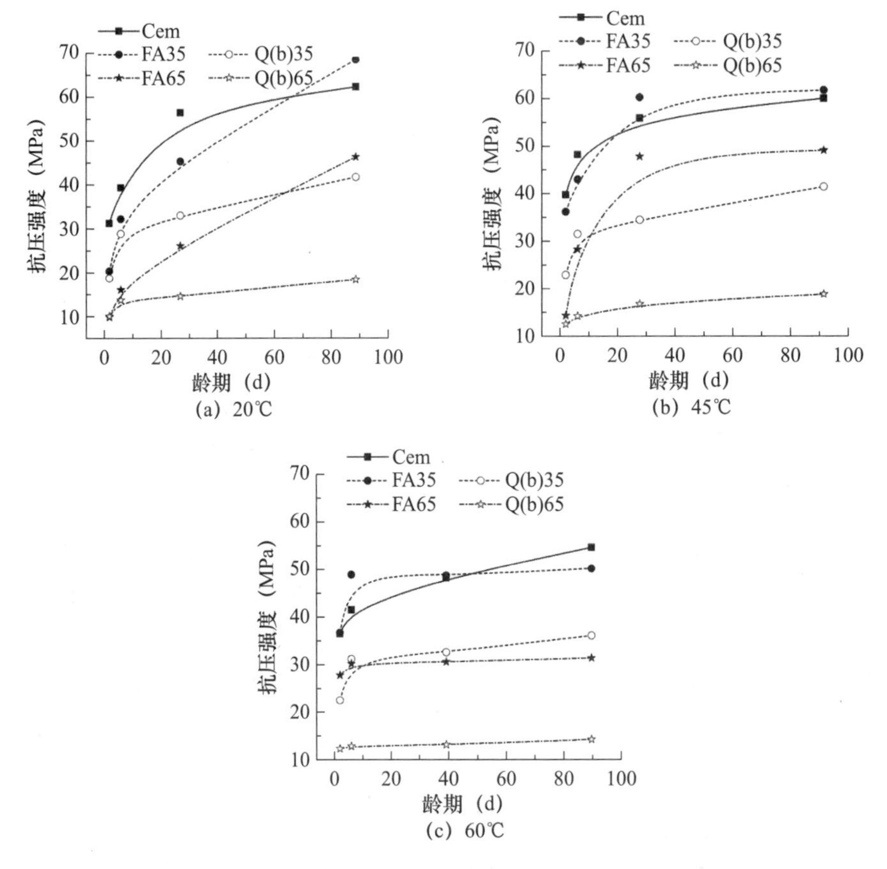

图3.22　水泥-石英粉或粉煤灰复合胶凝材料砂浆抗压强度

3.6 用 SEM-BSE imaging 研究水泥和粉煤灰的反应程度

3.6.1 水泥-粉煤灰复合胶凝材料硬化浆体显微形貌

图 3.23 为试样 FA35 水化 3d 和 365d 龄期时硬化浆体的背散射图像。从图 3.23（a）可以看出，20℃养护下，水化 3d 龄期时硬化浆体中

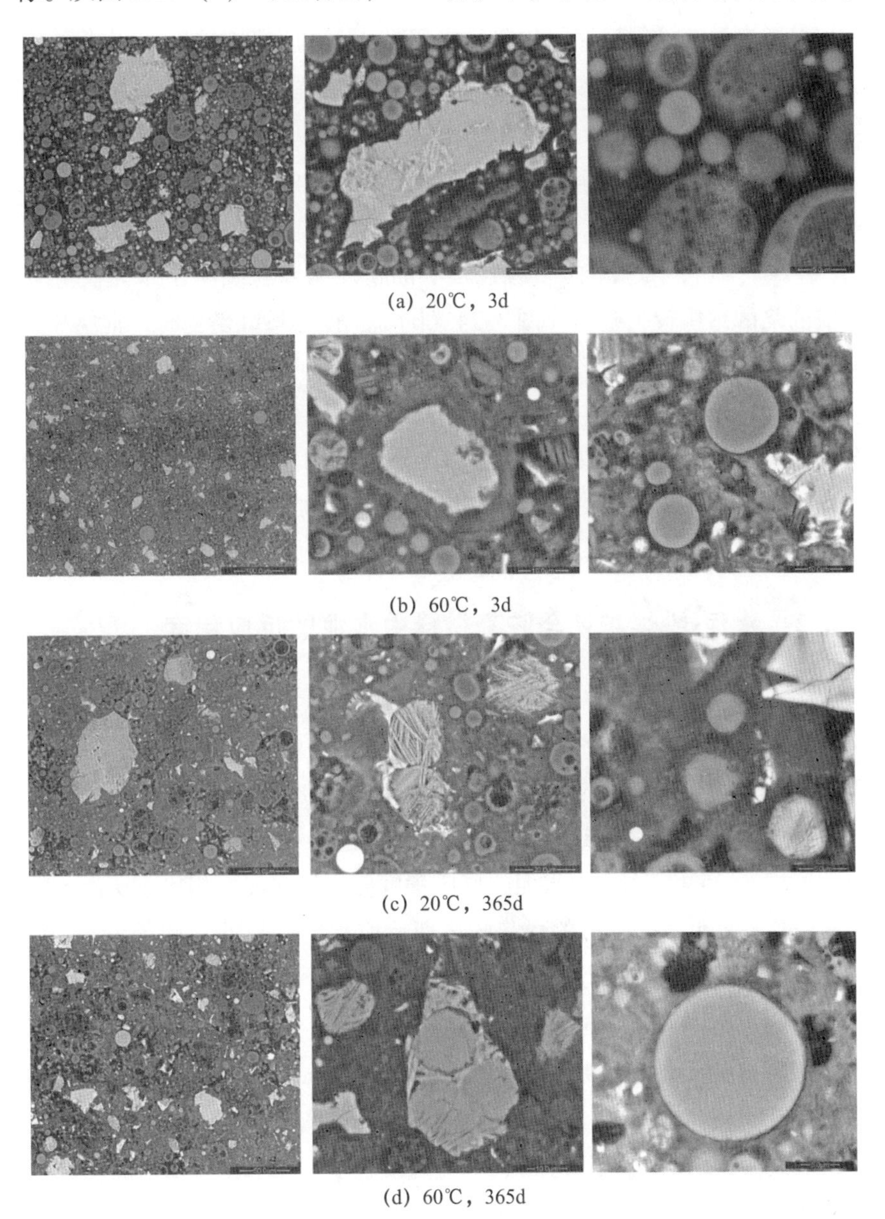

(a) 20℃，3d

(b) 60℃，3d

(c) 20℃，365d

(d) 60℃，365d

图 3.23 水化 3d 和 365d 龄期时试样 FA35 硬化浆体背散射图像

水泥颗粒周围有薄的水化产物层附着，除了制样过程中表面被磨坏的粉煤灰颗粒外，粉煤灰表面没有被刻蚀的痕迹，说明常温下粉煤灰几乎没参与反应，这与水化放热量［图3.10（b）］、化学结合水量［图3.16（a）］结果一致。60℃养护下，水泥的水化加速，粒径较小的粉煤灰颗粒表面明显被刻蚀，颗粒周围有胶凝性水化产物附着［图3.23（b）］，这说明粉煤灰的活性被激发，火山灰反应提前，反应程度增加。水化365d时，常温养护下硬化浆体结构较为致密，未水化的水泥颗粒的量已很少，可观察到呈条状的贝利特，且大量粉煤灰参与了水化反应。由图3.23（d）可知，早期高温养护使后期硬化浆体中仍有大量的水泥颗粒，硬化浆体中大孔的数量也较多，水化产物分布不均匀，这导致试样FA35后期砂浆抗压强度较低［图3.18（c）］，且硬化浆体中粉煤灰颗粒的量明显减少。

试样FA65水化3d和365d龄期时硬化浆体的背散射图像如图3.24所示。水化3d龄期时，常温养护下硬化浆体中有大量的粉煤灰颗粒［图3.24（a）］，高温养护下粒径较小的粉煤灰颗粒发生了水化反应且形成的浆体结构较为密实［图3.24（b）］。水化365d龄期时，常温和高温养护下粉煤灰都发生了火山灰反应，且常温养护下的硬化浆体中的粉煤灰颗粒数量明显高于高温养护时［图3.24（c）和图3.24（d）］。当水化条件相同时，相比于试样FA35，试样FA65的硬化浆体结构较为疏松，尤其是高温养护时硬化浆体中水化产物的量较少，粉煤灰颗粒与浆体的黏结性较差，大孔的数量较多，后期抗压强度大大降低［图3.18（c）］。

3.6.2 水泥-粉煤灰复合胶凝材料中水泥的反应程度

图3.25为水泥-粉煤灰复合胶凝材料硬化浆体中水泥的反应程度。从图3.25（a）可以看出，20℃时，掺粉煤灰的硬化浆体中水泥反应程度的变化规律与掺矿渣的类似，但由于粉煤灰的活性低于矿渣，后期粉煤灰发生火山灰反应促进水泥水化的作用较小。值得注意的是，45℃时，试样FA35和FA65中水泥的反应程度低于纯水泥。相比于矿渣，粉煤灰的活性较低，45℃时粉煤灰的早期反应程度仍较低（图3.11），且粉煤灰表面吸附水的能力较弱，故水化早期复合体系中的水主要用于水泥组分的水化，且升高温度会促进水泥的水化，水泥颗粒周围附着有厚的水化产物层。水化后期，粉煤灰的活性被激发，但粉煤灰的反应程度低于矿渣［图2.24（d）、图2.26（d）、图3.23（d）和图3.24（d）］，粉煤灰发生火山灰反应消耗$Ca(OH)_2$的量有限，在水化后期不能促进水泥的继续水化，水泥的水化被抑制。矿渣的活性较高，在水化早期就有少量的矿渣参与了反应，掺矿渣的复合胶凝材料对温度敏感，高温下矿

渣的反应程度明显提高（图2.12和图2.13），矿渣持续的火山灰反应不断消耗 $Ca(OH)_2$，使掺矿渣的硬化浆体中水泥的水化程度高于纯水泥[图2.26（b）和图2.26（c）]。试样FA65中水泥的质量分数低，且粉煤灰的稀释效应使水泥的反应程度高于试样FA35。当温度为60℃时，试样FA35和FA65中水泥水化后期的反应程度明显低于纯水泥[图3.25（c）]。快速的水化反应使试样FA65中水泥的反应程度在28d后增长幅度较小。从图3.23（d）和图3.24（d）也可看出，硬化浆体的背散射图像中含有较多的水泥颗粒。

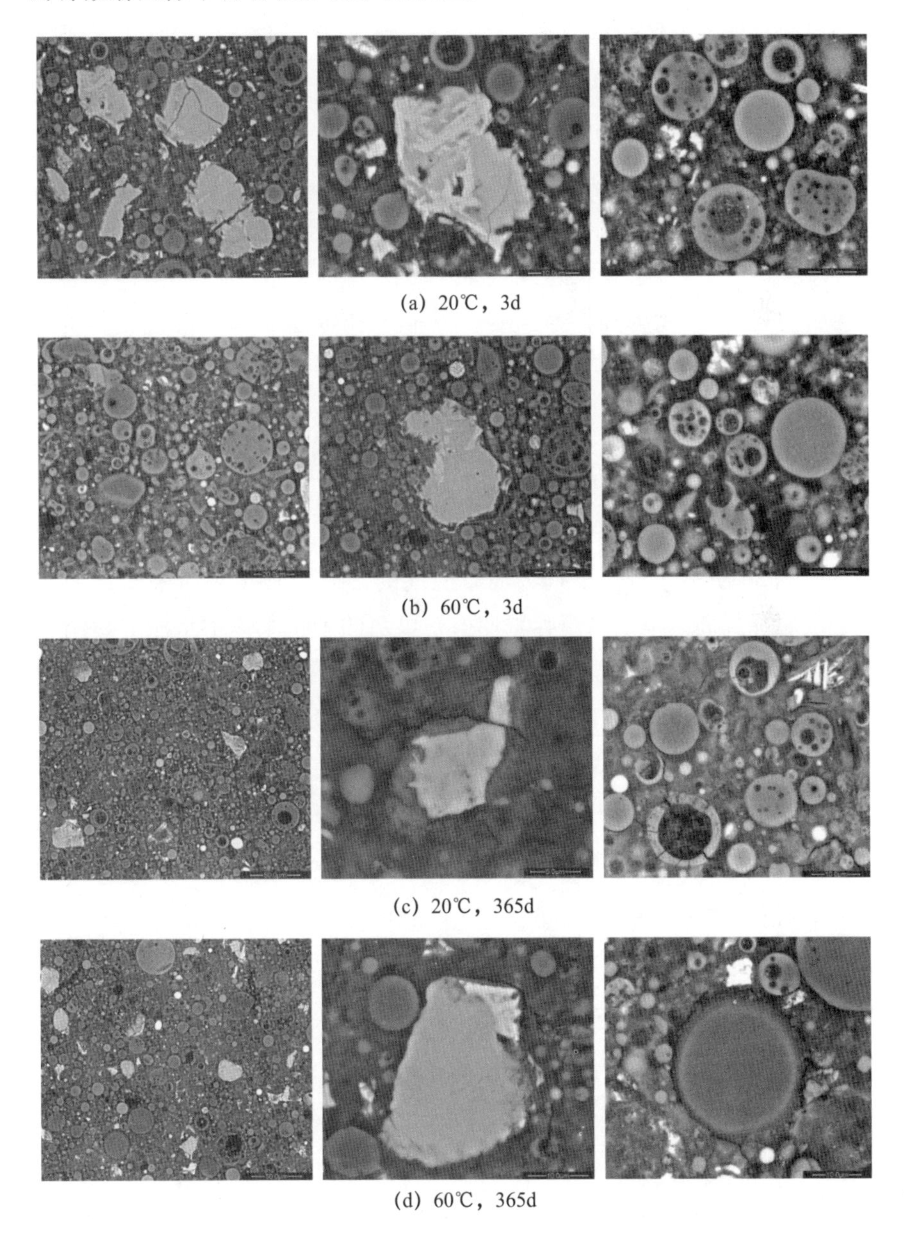

(a) 20℃，3d

(b) 60℃，3d

(c) 20℃，365d

(d) 60℃，365d

图3.24　水化3d和365d龄期时试样FA65硬化浆体背散射图像

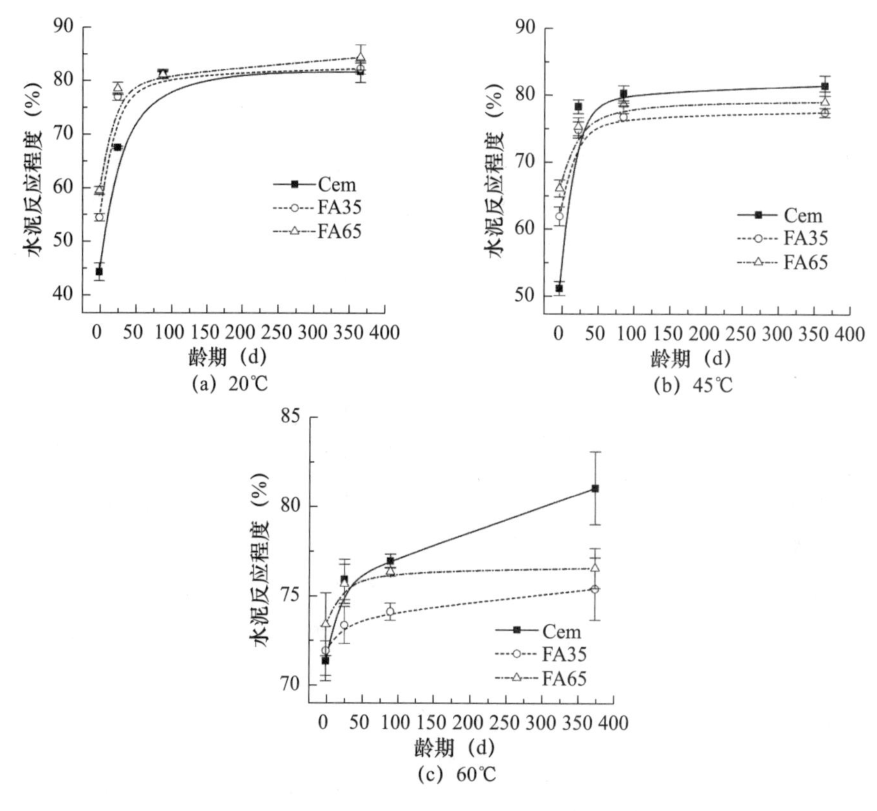

图 3.25　水泥-粉煤灰复合胶凝材料硬化浆体中水泥的反应程度

温度对水泥-粉煤灰复合胶凝材料硬化浆体中水泥的反应程度的影响如图 3.26 所示。水化早期，随着温度的升高，硬化浆体中水泥的反应程度明显提高。早期高温养护使掺粉煤灰的硬化浆体中水泥的后期反应程度明显低于常温养护。由图 2.26（b）和图 3.25（c）可知，早期高温养护对大掺量矿物掺和料的硬化浆体中水泥的反应程度影响较大，60℃时水泥后期的反应程度明显降低，这与化学结合水量的结果相吻合［图 2.15（c）和图 3.14（b）］。

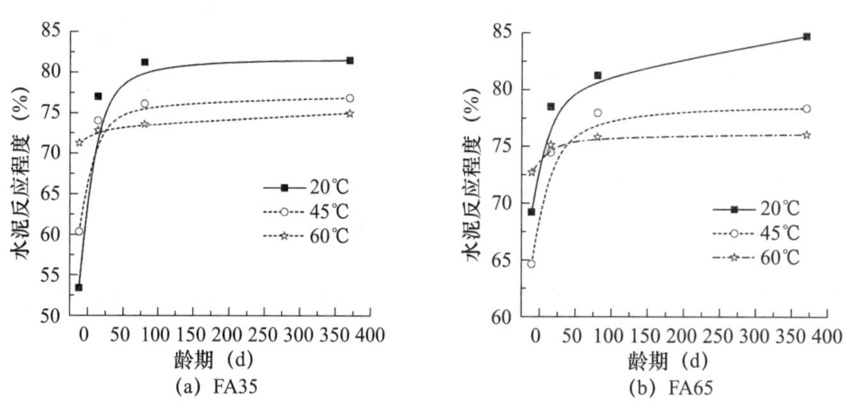

图 3.26　温度对水泥-粉煤灰复合胶凝材料硬化浆体中水泥的反应程度的影响

3.6.3 粉煤灰的反应程度

图3.27为复合胶凝材料硬化浆体中粉煤灰的反应程度。由图3.27可知，随着粉煤灰掺量的增加，硬化浆体中粉煤灰的反应程度降低。由于试样FA35中水泥的质量分数较高，水泥水化生成的$Ca(OH)_2$的量较多，可以充分激发粉煤灰的活性，故反应程度较高。由于试样FA65中水泥的量有限，生成的$Ca(OH)_2$的量较少，不能充分激发粉煤灰的活性，导致反应程度较低。值得注意的是，水化后期，试样FA65中粉煤灰反应程度的增长率较低，但是试样SL70中矿渣反应程度的增长率仍较高［图2.29（a）］。水化后期，试样SL70中水泥的反应程度高于试样FA65中水泥的反应程度［图2.27（a）和图3.25（a）］。矿渣中CaO的含量是33.94%，而粉煤灰中CaO的含量为3.87%（表3.1）。当溶液中的OH^-侵蚀矿渣的玻璃体，玻璃体解体后会有大量的Ca^{2+}和硅酸根离子进入溶液，后期矿渣的反应可能是其自身释放的Ca^{2+}与硅酸根离子相结合生成C-S-H凝胶的过程。因此，试样SL70中矿渣后期的反应程度持续提高。由于粉煤灰的活性低于矿渣，硬化浆体中粉煤灰的反应程度

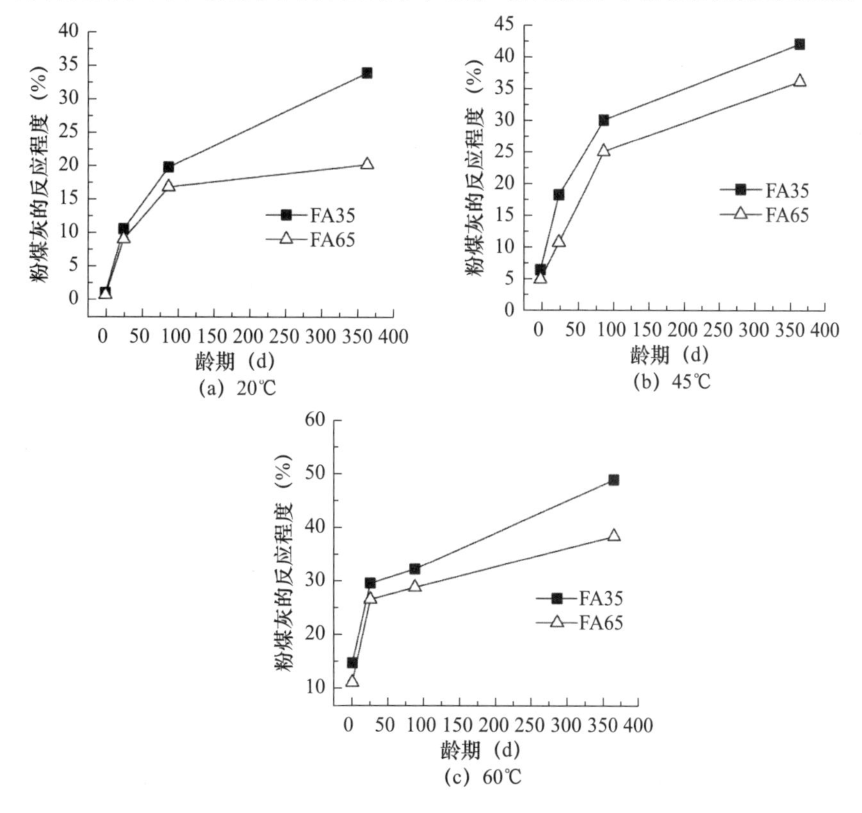

图3.27 复合胶凝材料硬化浆体中粉煤灰的反应程度

低于矿渣。常温养护时，粉煤灰的早期反应程度几乎为零，这与水化放热量的结果一致［图 3.10（b）］。由以上研究可知，水泥-粉煤灰复合胶凝材料的表观活化能小于水泥-矿渣复合胶凝材料（表 2.4 和表 3.4），高温能激发矿渣的活性，且高温下掺矿渣的硬化浆体中水泥的水化程度高于掺粉煤灰的硬化浆体，故高温养护下矿渣的反应程度高于粉煤灰的［图 2.27（b）、图 2.27（c）和图 3.27（b）、图 3.27（c）］。

温度对复合胶凝材料硬化浆体中矿物掺和料的反应程度的影响如图 3.28 所示。由图 3.28 可知，早期高温养护使矿物掺和料的早期反应程度明显增加。60℃养护，水化 3d 龄期时试样 SL30 和 SL70 中矿渣的反应程度分别达到 38.16% 和 27.26%，超过 20℃养护下试样 SL30 和 SL70 水化 28d 时矿渣的反应程度。高温下粉煤灰的早期反应程度也明显提高，试样 FA35 和 FA65 在 60℃养护 3d 时粉煤灰的反应程度分别达到 13.1% 和 9.35%。随着龄期的延长，矿物掺和料的反应程度持续提高。水化 365d 时，高温养护下的复合胶凝材料硬化浆体中矿物掺和料的反应程度随温度的升高而提高，这与硬化浆体中水泥的反应程度的变化规律不同。早期高温养护抑制了复合胶凝材料硬化浆体中水泥的后期水化，但对矿物掺和料的后期水化程度的提高没有影响。

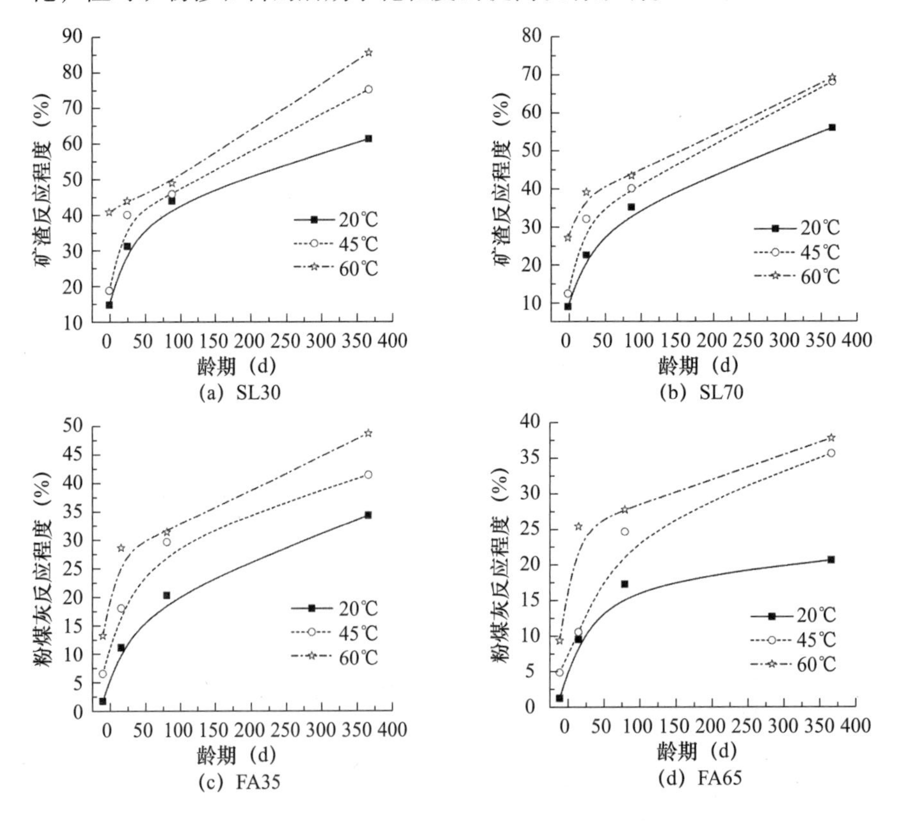

图 3.28 温度对复合胶凝材料硬化浆体中矿物掺和料的反应程度的影响

由于矿渣和粉煤灰颗粒稳定的网状玻璃体结构，其水化活性低于水泥。早期高温养护下，复合胶凝材料中水泥的水化程度提高，OH^-的浓度增加，加速侵蚀矿渣和粉煤灰的网状玻璃体结构。当玻璃体结构破坏后，矿渣和粉煤灰的活性增加，反应程度提高。从图3.29复合胶凝材料硬化浆体孔溶液的pH值可以看出，20℃和60℃养护时所有试样水化365d的pH值高于12.4，说明复合胶凝材料中水泥水化生成的$Ca(OH)_2$的量是充足的，可以满足矿渣或粉煤灰发生火山灰反应，但对大掺量矿渣或粉煤灰复合胶凝材料的激发作用较弱。因此，高温养护下，即使复合胶凝材料硬化浆体中水泥的后期水化程度降低，矿渣和粉煤灰的反应程度仍可持续提高。结合图2.24（c）和图2.24（d）、图2.26（c）和图2.26（d）、图3.23（c）和图3.23（d）、图3.24（c）和图3.24（d）也可看出，水化365d时，早期高温养护下，硬化浆体中未水化矿渣或粉煤灰的量明显小于常温养护时。矿渣或粉煤灰持续发生火山灰反应，消耗体系中的水，生成的水化产物填充孔隙，体系中水化产物生长空间的减少也会抑制复合胶凝材料中水泥后期的继续水化。

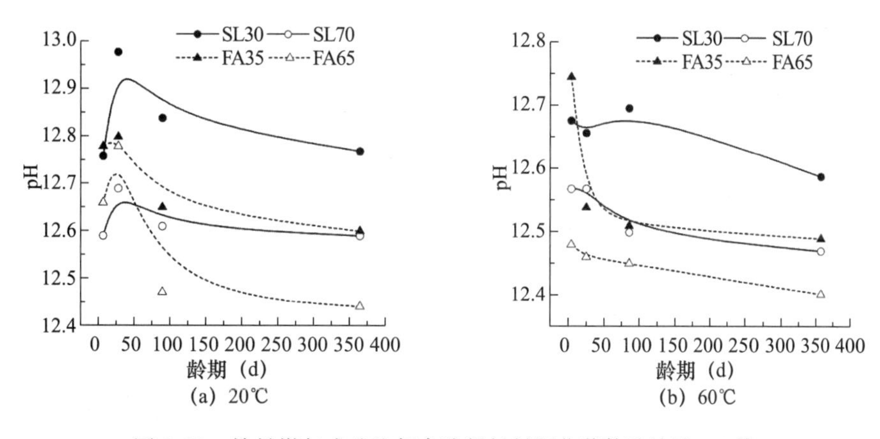

图3.29 掺粉煤灰或矿渣复合胶凝材料硬化浆体孔溶液pH值

高温下复合胶凝材料硬化浆体中矿渣或粉煤灰持续发生反应，试样SL30、SL70和FA35后期砂浆强度仍有一定的增长趋势［图2.20（b）和图2.20（c）、图3.18（b）］。火山灰生成的水化产物不断填充孔隙，使得硬化浆体孔径细化［图2.22（b）和图2.22（c）、图3.21（b）和图3.21（c）］。

我国国家标准中采用选择溶解法测定矿渣或粉煤灰的反应程度[11]，本节用选择性溶解法测定硬化浆体中矿渣或粉煤灰的反应程度，并与用图像分析法测得的结果进行了比较，其结果如图3.30所示。从图3.30（a）和图3.30（b）可以看出，相比于图像分析法，用EDTA选择溶解法测得的矿渣的早期反应程度较高，后期反应程度较低。复合胶凝材料硬化浆体经选择溶解后的 XRD 图谱如图 3.31 所示。由图 3.31（a）和 3.31（b）可知，溶解后的物质中仍包含未反应的水泥熟料和水化产物等，尤其在水化 365d 时，这种现象更明显，故用 EDTA 选择溶解法测定的矿渣的后期反应程度较低。但用 EDTA 选择溶解法测定的矿渣的早期反应程度较高，这与 Kocaba 等[12]研究的结果一致。其原因是矿渣中包含晶体相和非晶体相，EDTA 溶液溶解了矿渣中的晶体相，且 3d 龄期时经 EDTA 溶液溶解后硬化浆体中未水化的水化熟料和水化产物几乎全部溶解［图 3.31（a）］。

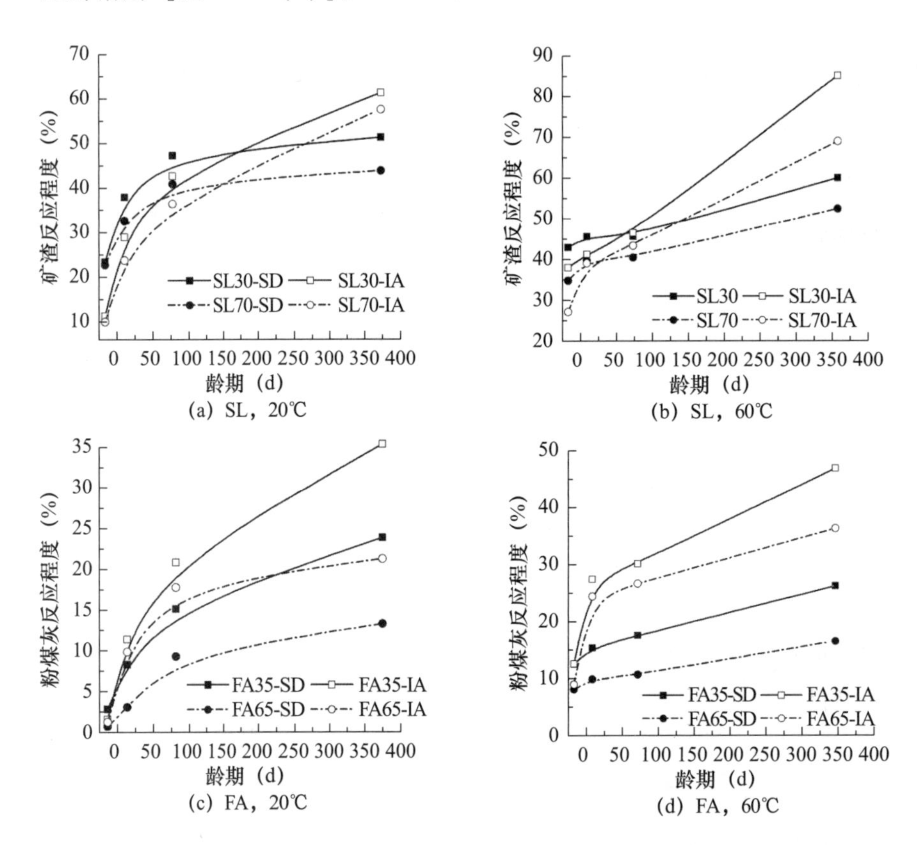

图 3.30　用图像分析法和选择溶解法测定的矿物掺和料的反应程度结果比较

从图 3.31（c）和图 3.31（d）可以看出，在所有研究龄期内，用盐酸选择性溶解法测定的硬化浆体中粉煤灰的反应程度低于用图像分析法测定的粉煤灰的反应程度。结合图 3.31（c）和图 3.31（d）可知，水化 3d 和 365d 的硬化浆体经盐酸选择性溶解后的残余物质中包含大量的水化产物相、未水化的水泥熟料、莫来石等，这会导致获得的粉煤灰的反应程度较低。

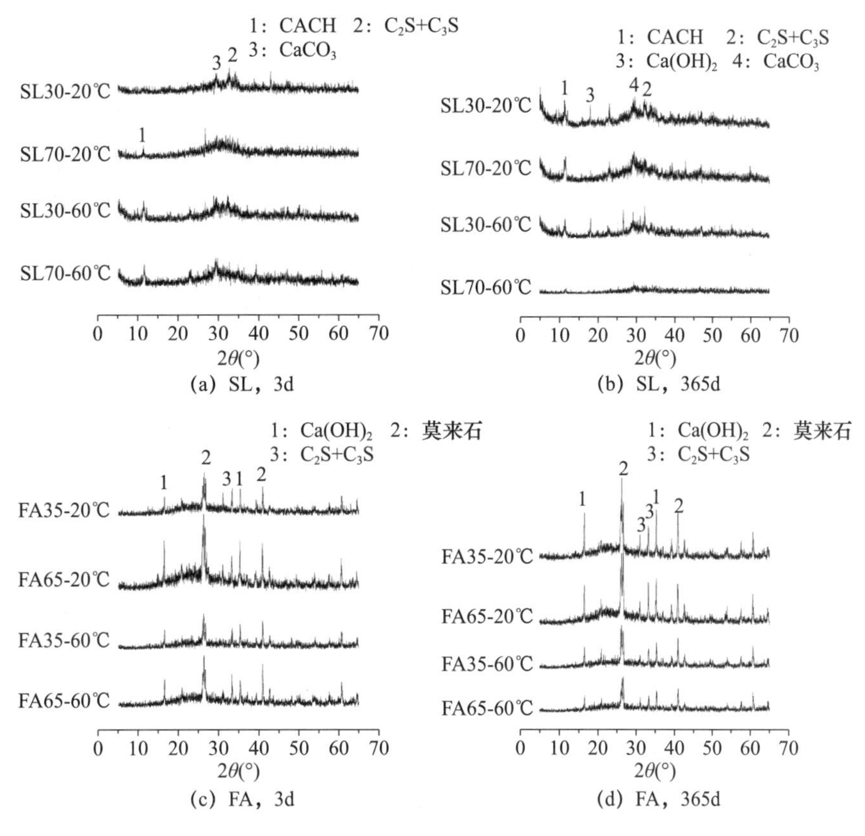

图 3.31 复合胶凝材料硬化浆体经选择性溶解后的 XRD 图谱

3.6.4 水泥-粉煤灰复合胶凝材料的反应程度

水泥-粉煤灰复合胶凝材料的反应程度如图 3.32 所示。由图 3.32 可知，水泥-粉煤灰复合胶凝材料的反应程度的变化规律与水泥-矿渣复合胶凝材料的不同。在本节研究的温度范围内和所有龄期，随着粉煤灰掺量的增加，复合胶凝材料的反应程度降低。20℃时，粉煤灰的掺入促进了复合胶凝材料中水泥组分的水化［图 3.25（a）］，但水化 365d 时试样 FA35 和 FA65 中粉煤灰的反应程度分别只有 34.19% 和 20.57%。由于粉煤灰的反应程度较低，对复合胶凝材料的反应程度贡献较少，导致复合胶凝材料的反应程度较低。

高温养护下，试样 FA35 和 FA65 中水泥的反应程度低于纯水泥的［图 3.25（b）和图 3.25（c）］，粉煤灰的反应程度仍较低，60℃水化 365d 时试样 FA35 和 FA65 中粉煤灰的反应程度分别为 48.57% 和 37.66%［图 3.27（c）］，远低于纯水泥在高温下的反应程度。因此，高温养护下试样 FA35 和 FA65 的反应程度仍低于纯水泥的。对比图 2.29 和图 3.32 可知，高温对水泥-粉煤灰复合胶凝材料水化反应的促进作用低于水泥-矿渣复合胶凝材料，这与水化放热量、化学结合水量和砂浆抗压强度的研究结果相吻合。

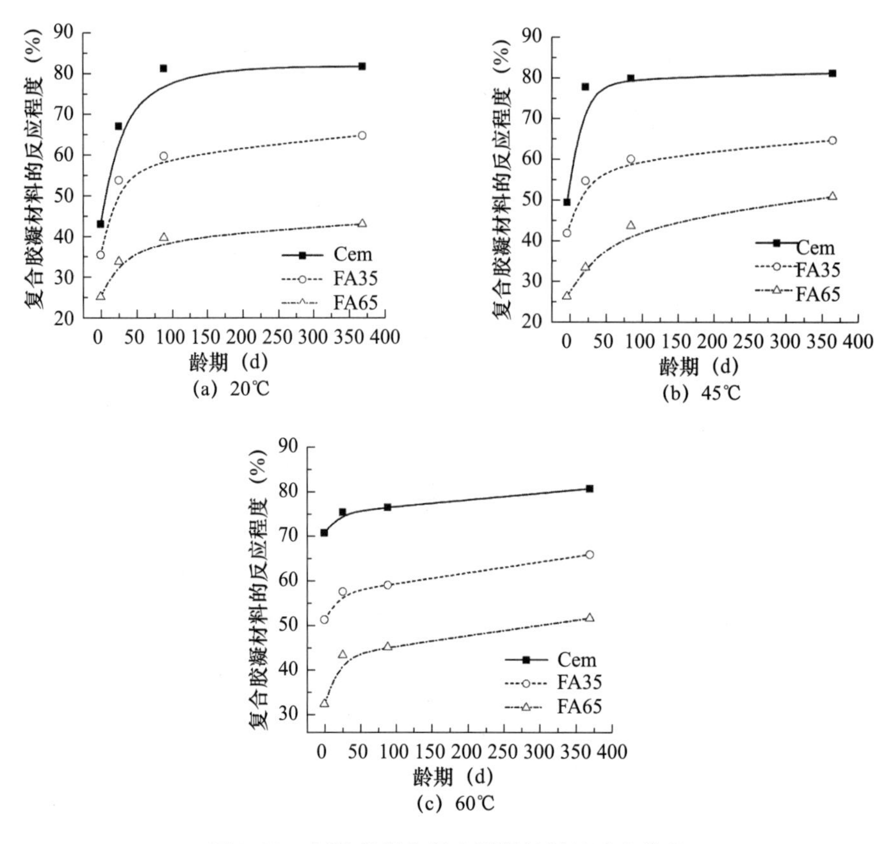

图 3. 32　水泥-粉煤灰复合胶凝材料的反应程度

相比于 3. 6. 2 节用化学结合水量法表征水泥-粉煤灰复合胶凝材料的水化程度，用背散射图像法测定的复合胶凝材料反应程度的变化规律与其类似，这主要是因为粉煤灰的活性低。但在水化后期，高温对化学结合水量和体系的反应程度的影响不同，具体分析见下文。

温度对复合胶凝材料反应程度的影响如图 3. 33 所示。高温养护下所有试样的早期反应程度明显提高。当温度从 20℃ 升高到 60℃，试样 SL30、SL70、FA35 和 FA65 水化 3d 的反应程度分别提高了 66. 74%、67. 46%、43. 92% 和 25. 87%。值得注意的是，早期养护温度越高，复合胶凝材料的最终反应程度越高，且纯水泥试样的最终反应程度基本相同［图 2. 27（a）］，这与 3. 4 节通过测定复合胶凝材料的化学结合水量表征体系的反应程度获得的结果不一致。由第 3. 4. 2 节和 2. 4. 2 节可知，所有试样的最终化学结合水量随着温度的升高而降低（图 2. 15 和图 3. 14）。水化后期，胶凝材料的反应程度提高而化学结合水量降低，说明水化产物的含水率发生了变化，由高含水率的水化产物向低含水率的产物变化。有研究认为[13]，水化生成的 C-S-H 凝胶对温度非常敏感，随着水化温度的升高，C-S-H 凝胶的表观密度增加，这可能是导致胶凝材料最终化学结合水量降低的原因。因此，化学结合水量不能准确地表征复合胶凝材料的反应程度。

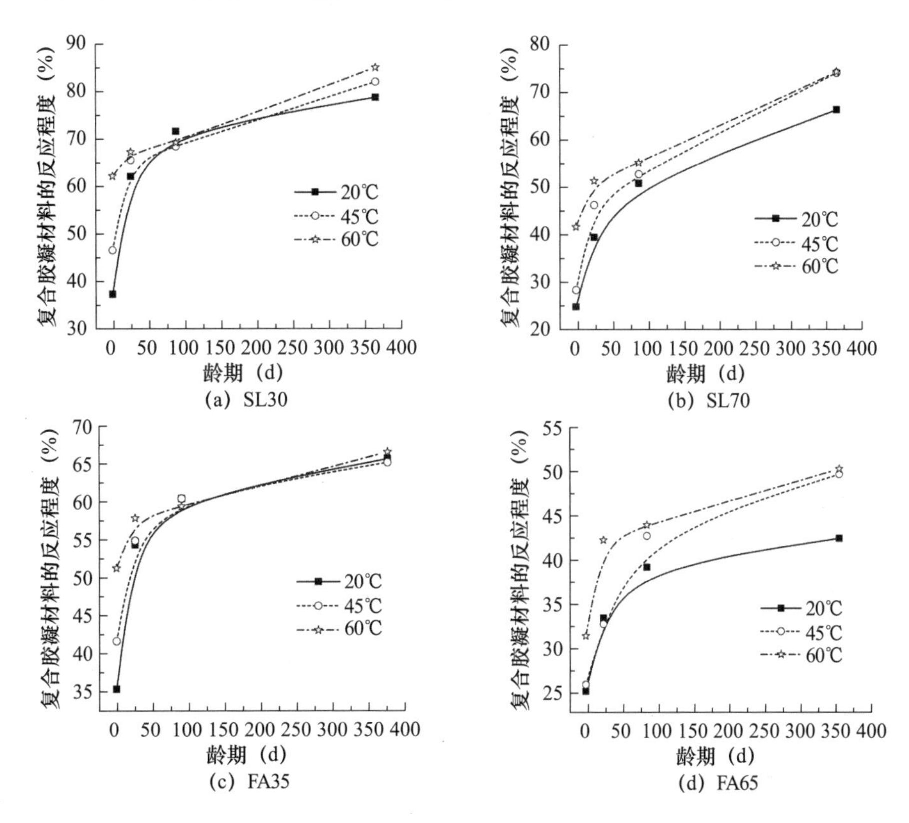

图 3.33 温度对复合胶凝材料反应程度的影响

早期高温养护并不会导致复合胶凝材料后期水化程度的降低，说明高温并不妨碍复合胶凝材料体系的后期水化，故高温养护下硬化浆体中存在一定比例的大孔并不是由胶凝材料的最终水化程度较低造成的。高温下形成的水化产物分布不均匀，结合文献[13]可知，高温下形成的 C-S-H 凝胶的表观密度较高，导致 C-S-H 凝胶的体积较小，不能有效填充孔隙，故硬化浆体的孔隙率较高，导致高温养护下复合胶凝材料的砂浆强度较低（图 2.20 和图 3.19）。

3.6.5 复合胶凝材料的反应程度与化学结合水量的关系

图 3.34 为复合胶凝材料的反应程度与化学结合水量的关系。从图 3.34 可以看出，复合胶凝材料的反应程度与化学结合水量呈线性关系。矿渣或粉煤灰发生火山灰反应生成的水化产物与纯水泥的类似，也是 C-S-H 凝胶，但 Ca/Si 比较低。考虑到用背散射图像分析法测定复合

胶凝材料的反应程度需要花费大量的时间，通过复合胶凝材料的化学结合水量和线性关系可以近似地获得复合胶凝材料的反应程度。

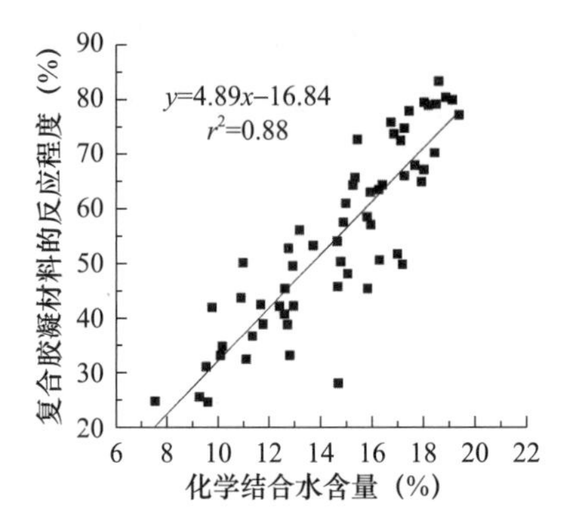

图 3.34　复合胶凝材料的反应程度与化学结合水量的关系

参考文献

[1] HANEHARA S, TOMOSAWA F, KOBAYAKAWA M, et al. Effects of water/powder ratio, mixing ratio of fly ash, and curing temperature on pozzolanic reaction of fly ash in cement paste [J]. Cement and Concrete Research, 2001, 31 (1): 31-39.

[2] MEHTA P K, MONTEIRO P J M. 混凝土微观结构、性能和材料 [M]. 覃维祖，王栋民，丁建彤，译．北京：中国电力出版社，2008.

[3] LOTHENBACH B, SCRIVENER K, HOOTON R D. Supplementary cementitious materials [J]. Cement and Concrete Research, 2011, 41 (12): 1244-1256.

[4] 阎培渝，韩建国．复合胶凝材料的初期水化产物和浆体结构 [J]．建筑材料学报，2004，7 (2)：202-205.

[5] WANG Q, FENG J J, YAN P Y. An explanation for the negative effect of elevated temperature at early ages on the late-age strength of concrete [J]. Journal of Materials Science, 2011, 46 (22): 7279-7288.

[6] HAN S H, KIM J K, PARK Y D. Prediction of compressive strength of fly ash concrete by new apparent activation energy function [J]. Cement and Concrete Research, 2003, 33 (7): 965-971.

[7] BENTZ D P. Activation energies of high-volume fly ash ternary blends: Hydration and setting [J]. Cement and Concrete Composites, 2014, 53: 214-223.

[8] 林宗寿．无机非金属材料工学 [M]．武汉：武汉理工大学出版社，2008.

[9] NARMLUK M, NAWA T. Effect of fly ash on the kinetics of Portland cement hydration at different curing temperatures [J]. Cement and Concrete Research, 2011, 41 (6): 579-589.

[10] 阎培渝，张庆欢．含有活性或惰性掺合料的复合胶凝材料硬化浆体的微观结构

特征［J］. 硅酸盐学报，2006，34（12）：1491-1496.

［11］国家市场监督管理总局，国家标准化管理委员会．水泥组分的定量测定：GB/T 12960—2019［S］. 北京：中国标准出版社，2019.

［12］KOCABA V，GALLUCCI E，SCRIVENER K L. Methods for determination of degree of reaction of slag in blended cement pastes［J］. Cement and Concrete Research，2012，42：511-525.

［13］GALLUCCI E，ZHANG X，SCRIVENER K L. Effect of temperature on the microstructure of calcium silicate hydrate（C-S-H）［J］. Cement and Concrete Research，2013，53（11）：185-189.

4 钢渣粉

4.1 概述

矿物掺和料在现代混凝土工程中被广泛应用，可以在生产水泥时加入制成混合型水泥，也可以在混凝土搅拌机中单独加入。工程中所使用的矿物掺和料，如磨细高炉矿渣、粉煤灰和硅灰，具有火山灰活性和潜在水硬性，可以改善混凝土的性能，限制对环境的影响，并带来经济效益。随着资源的短缺和矿渣、粉煤灰以及其他优质矿物掺和料价格的不断上涨，开发更多种类的矿物掺和料以实现可持续的混凝土设计和更绿色的环境成为了一项非常有价值的工作。目前，钢渣在混凝土中作为矿物掺和料展现出良好的潜力。

钢渣是炼钢过程中排出的工业废物，它占钢产量的 15% ~20%，我国每年有超过 8000 万 t 的钢渣被排放，利用率只有 22%，远落后于发达国家，因此为了提高钢渣的利用率，需要进行大量的研究工作。具吸引力的一种方法是用钢渣替代水泥，钢渣的化学成分包括：CaO 45% ~60%，$SiO_2$10% ~15%，$Al_2O_3$1% ~5%，$Fe_2O_3$3% ~9%，FeO 7% ~20%，MgO 3% ~13% 和 $P_2O_5$1% ~4%。它的主要矿物包括 C_3S，C_2S，C_4AF，C_2F，$C_{12}A_7$，RO 相（CaO-FeO-MnO-MgO 固溶体）和 *f*-CaO。由于 C_3S、C_2S、C_4AF、C_2F 和 $C_{12}A_7$ 等矿物的存在，钢渣具有潜在水硬性，但是钢渣中胶凝矿物的活性要比硅酸盐水泥中的活性低得多，这与结晶状态有关，钢渣中的胶凝相的结晶性比硅酸盐水泥熟料中的胶凝相好得多。由于钢渣的冷却速度较慢，所以钢渣胶凝相的结晶效果比硅酸盐水泥熟料的好，同时，钢渣中含有大量的非活性成分，如 RO 相和 Fe_3O_4。

4.2 钢渣粉的基本性质

4.2.1 钢渣粉的组成

本节所涉及的钢渣为转炉钢渣，转炉钢渣粉的化学组成见表 4.1。由表 4.1 可以看出，CaO、Fe_2O_3、SiO_2、MgO、Al_2O_3是钢渣的主要化学组成，其中 CaO 是钢渣的主要活性成分。钢渣的化学组成与硅酸盐水泥相似，但是与水泥相比，钢渣粉中 CaO 和 SiO_2 的含量较低、Fe_2O_3 的含量较高，故钢渣粉中的硅酸钙含量低于硅酸盐水泥中的硅酸钙含量。根据 Mason 提出的碱度计算方法[1]，定义钢渣碱度 $M = w(CaO)/[w(SiO_2) + w(P_2O_5)]$，分为低碱度钢渣（$M < 1.8$）、中碱度钢渣（$M = 1.8 - 2.5$）和高碱度钢渣（$M > 2.5$）。本书中的钢渣碱度为 3.59，这表明本书中所用的钢渣具有较高的碱度。从表 4.1 也可以看出，钢渣粉中含有的 f-CaO 含量较低，因此，本书中使用的转炉钢渣粉不存在安定性不良的问题。

表 4.1 钢渣的化学组成 质量分数，%

组成	SiO_2	Al_2O_3	Fe_2O_3	CaO	MgO	SO_3	TiO_2	P_2O_5	Na_2O_{eq}	f-CaO	LOI
钢渣	12.77	2.12	23.49	49.17	3.54	0.23	1.02	0.91	0.45	—	1.86

注：$Na_2O_{eq} = Na_2O + 0.658K_2O$；LOI 为 1000℃的烧失量。

通过使用 TTR Ⅲ X 射线衍射仪（Cu Ka，45kV，200mA）分析确定钢渣的矿物组成，钢渣粉的 XRD 图谱如图 4.1 所示。由图 4.1 可以看出，所用钢渣的矿物成分有 C_3S、C_2S、C_2F、Fe_3O_4、RO 相等，其中 C_3S、C_2S 和 RO 相是主要矿物成分。钢渣和硅酸盐水泥在矿物相上有明显的区别，主要区别是钢渣中 Fe_3O_4 和 RO 相的含量很高，Fe_3O_4 和 RO 相没有胶凝性，呈惰性，不能反应形成水化相。

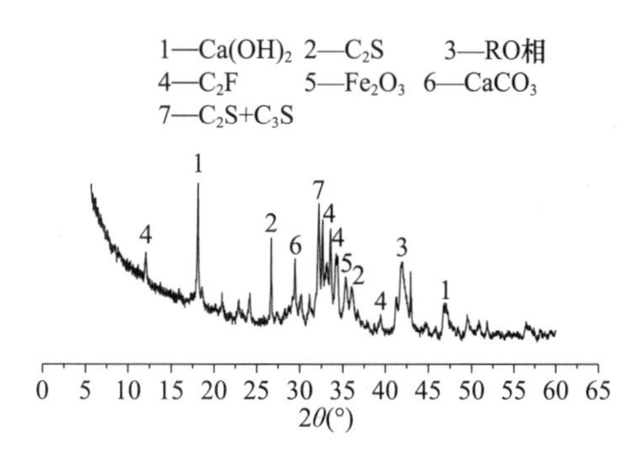

图 4.1 钢渣粉的 XRD 图谱

4.2.2 细度和形貌

采用比表面积测试仪测得钢渣粉和硅酸盐水泥的比表面积分别为 $458m^2/kg$ 和 $350m^2/kg$。钢渣粉的比表面积明显大于硅酸盐水泥的比表面积。用激光粒度分析仪（MASTERSIZER 2000）测得的钢渣粉和硅酸盐水泥的粒径分布（图 4.2）。可以很明显看出，在粒径 6μm 以下的细小颗粒范围内，钢渣颗粒要比水泥颗粒含量多，说明钢渣粉含有的细颗粒量多；当钢渣的粒径大于 60μm 时，钢渣颗粒要比水泥颗粒量多，说明钢渣粉含有的粗颗粒多；而在 6 ~ 60μm 粒径范围内的钢渣颗粒含量远远小于水泥在该粒径范围内的含量。

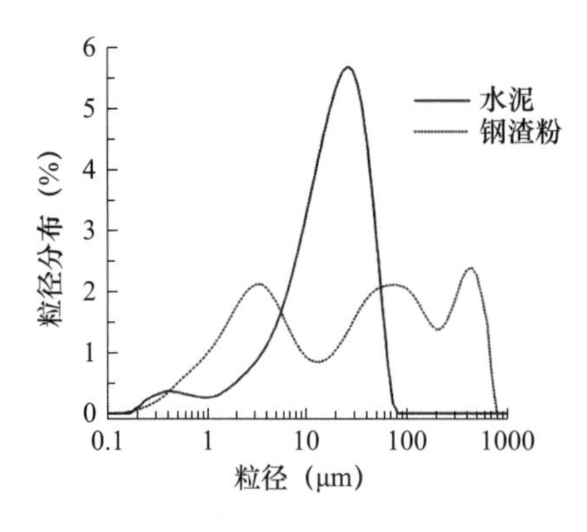

图 4.2　钢渣粉和水泥的粒径分布

图 4.3 为钢渣粉的扫描电镜照片。从图 4.3 可以看出，钢渣颗粒呈现不规则棱角状，粗颗粒和细颗粒多，但中间粒径的颗粒少，钢渣的粒径连续性差，这与钢渣粉粒径分布测试结果一致（图 4.2）。

图 4.3　钢渣粉的扫描电镜照片

4.2.3　自身胶凝性

水或 NaOH 溶液与钢渣的质量比为 0.4 时钢渣的水化放热速率和累积水化放热量如图 4.4 所示。从图 4.4（a）中可以看出，在 25℃ 的条件下，钢渣的水化过程可以分为五个阶段，这与水泥的水化过程相似。第一阶段是与曲线的第一个峰值有关，它对应于反应的最初几分钟，与钢渣的部分溶解有关。对于钢渣与水混合的浆体，pH 值为 13.0 和 13.6 的 NaOH 溶液，第一个峰值的数据分别为 56.2J/(g·h)、66.5J/(g·h) 和 89.5J/(g·h)。然后水化放热速率迅速下降，反应进入第二个阶段，称为诱导期，在这个阶段 Ca^{2+} 的浓度需要在钢渣进一步水化之前达到饱和状态。第三和第四阶段与第二个峰值有关，钢渣中的活性成分（如 C_2S、

C_3S）的水化使反应产物沉淀。随着活性相的减少，水化放热速率下降。最后阶段水化过程进入稳定期，放热率下降到较低的水平。

如图4.4（a）所示，将钢渣与水和pH值为13.0的NaOH溶液混合，浆体的诱导期分别为43.3h和36.4h，对于钢渣与NaOH溶液混合的浆体，水化过程几乎没有经历诱导期。在上述三种浆体中，第二个放热峰的出现时间约为80h、40h和20h。钢渣与pH值为13.0的NaOH溶液混合的浆体的峰值比钢渣与水混合浆体的峰值稍大。但是将溶液的碱度增加到pH值为13.6时，第二放热峰的数值几乎增加了三倍，这表明钢渣受到了NaOH溶液的激发。这是由于OH^-有助于瓦解玻璃体结构，从而加速了C_2S和C_3S的水化。当pH值为13.0时，这种促进作用并不明显。但在168h后，通过增加溶液的碱度，累积水化放热量仍然稍有增加［图4.4（b）］。溶液的碱度增加到pH值为13.6时，累积水化放热量显著增加［图4.4（b）］。水泥的水化可以在短时间内使溶液的pH值略高于13.0，即使对于含有大量矿物掺和料的混凝土，其孔隙溶液的pH值也高于12.0。如图4.4所示，当pH值为13.0时，钢渣的活性仍然很低。因此，钢渣水化放热速率和累积水化放热量都比水泥低得多。

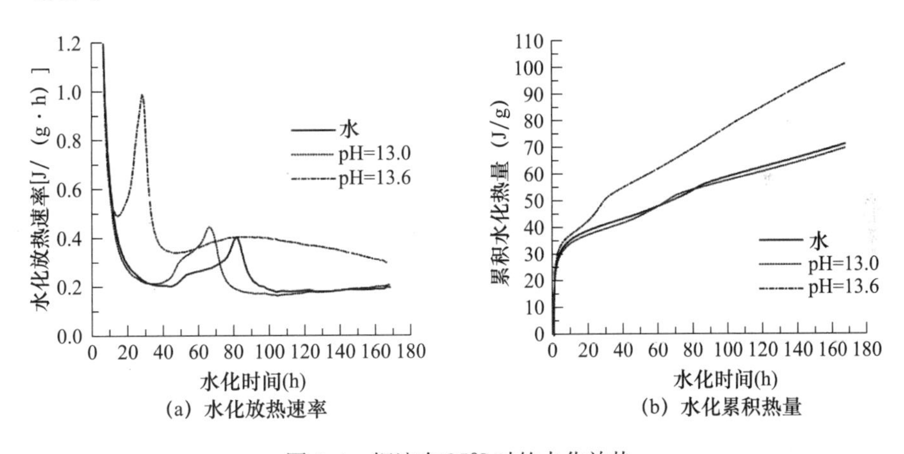

图4.4 钢渣在25℃时的水化放热

4.3 水泥钢渣复合胶凝材料水化

4.3.1 水泥-钢渣复合胶凝材料的水化热

图4.5和图4.6分别为含钢渣的复合胶凝材料在25℃时的水化放热速率和累积水化放热量。试样Cem、SS10、SS20、SS35和SS50分别是水泥-钢渣复合胶凝材料中钢渣掺量（质量分数）为0%、10%、20%、

35%和50%。如图4.5（a）所示，在最初水化时间达到1h后，水化放热速率随着复合胶凝材料中钢渣含量的增加而增加，对于复合胶凝材料来说，由于钢渣的活性低，在初始阶段几乎是惰性材料（图4.4），提高钢渣的替代率，增加了有效的水灰比，为水泥的水化产物提供了更多的空间，当复合胶凝材料与水接触时，表面能的释放和铝酸盐的快速反应促使第一个最高峰在短时间内形成[2]，同时累积水化放热量随着钢渣量的增加而增加［图4.6（a）］。

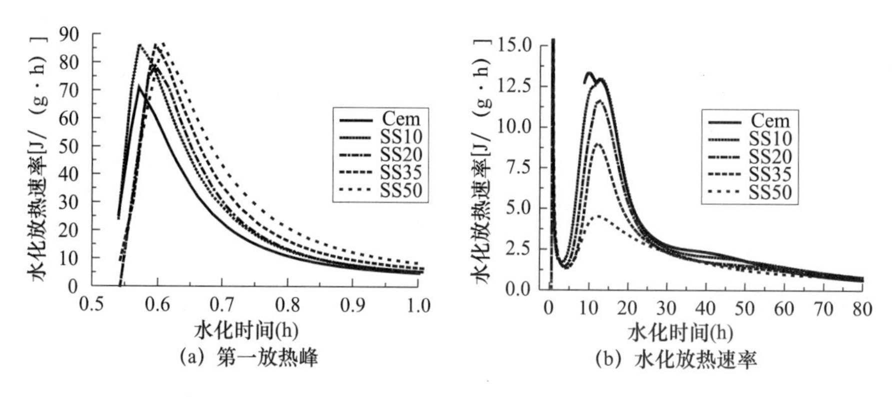

图4.5 25℃时水泥-钢渣复合胶凝材料的水化放热速率

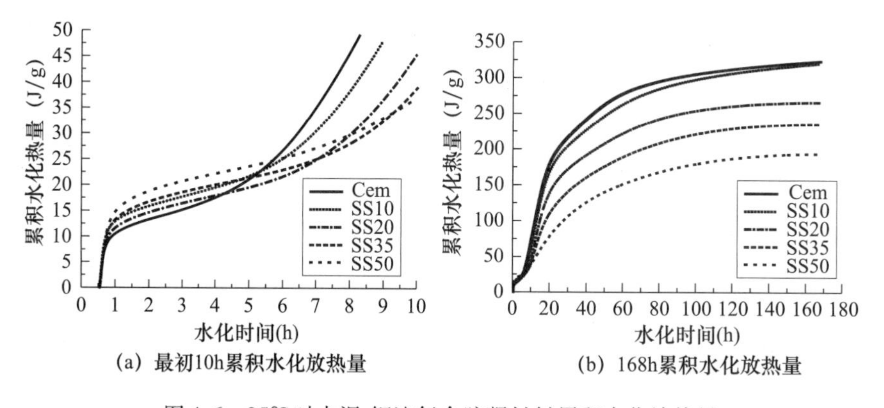

图4.6 25℃时水泥-钢渣复合胶凝材料累积水化放热量

从图4.5（b）可以看出，诱导期的结束时间随着钢渣用量的增加而增加，这与前人的研究结果是一致的，即通过钢渣替代部分水泥，使水泥和混凝土的凝结时间变得更长。用钢渣替代硅酸盐水泥导致水化放热速率下降，第二放热峰的峰值降低，以及与硅酸盐水泥相比，第二个放热峰的发生时间增加。此外，随着钢渣用量的增加，总放热量也在减少［图4.6（b）］。钢渣对复合胶凝材料水化的促进作用仅表现在最初的水化时间上，在大约5.5h后，硅酸盐水泥的累积水化放热量超过了复合胶凝材料［图4.6（a）］。钢渣的反应速率比硅酸盐水泥的反应慢得多，水泥的用量随着钢渣用量的增加而减少，钢渣的比表面积稍大于硅酸盐水泥的比表面积，且钢渣中存在着较多的大颗粒，所以在成核与晶体生长的过程中，钢渣颗粒不能作为水化产物沉积和生长的成核点，因此水化放热速率和累积水化放热量随着钢渣含量的增加而减少，这与 Tsakiridis 的研究结果一致，即添加 10.5% 的钢渣对硅酸盐水泥的水化过程没有影响[3]。

图 4.7 和图 4.8 分别是含钢渣的复合胶凝材料在 45℃时的水化热放热速率和累积水化放热量。如图 4.7（a）所示，在 45℃的温度下，除了含 35% 钢渣的复合胶凝材料外，其他试样的第一水化放热峰的峰值比 25℃时低。这一现象与 C_3A 的水化速率增加有关，在石膏存在的条件下，C_3A 的水化速率随温度升高而增加，这种反应导致在颗粒表面形成初始钙矾石，在一定时间内阻止了胶凝材料的进一步的水化。对于含有 35% 钢渣的复合胶凝材料，随着温度从 25℃增加到 45℃，其水化放热速率和累积水化放热量在初始水化时间内都比其他样品高，这可能是由于温度升高、有效水灰比增加和足够数量的水泥的共同作用，大大促进了 SS35 样品的初始水化，在大约 4.0h，硅酸盐水泥的累积水化放热量要高于复合胶凝材料的累积水化放热量，而后者的水化时间明显缩短［图 4.8（a）］。

从图 4.7（b）可以看出，反应温度影响了含钢渣的复合胶凝材料的水化过程。温度从 25℃增加到 45℃，减少了诱导期的结束时间，第二放热峰的出现时间缩短了约 2/3，并且第二水化放热峰的峰值增加了约三倍。快速的反应在 25℃下持续了 40 多个小时，但在 45℃时缩短了约 20h，因此形成了一个高而窄的放热峰。如图 4.8（a）所示，与 25℃样品的水化放热量相比，复合胶凝材料的早期累积水化放热量明显增加，研究发现，从 25℃到 45℃，硅酸盐水泥 12h 的累积水化放热量增加了 118.14%，而 SS10、SS20、SS35 和 SS50 样品的累积水化放热量分别为 124.01%、156.12%、155.92% 和 119.60%。这说明高温对复合胶凝材料早期水化的促进作用比对硅酸盐水泥的作用更明显，而且这种促进作用随着复合胶凝材料中钢渣含量的增加而增强。与 25℃时样品相比，经过 168h 的水化，样品 Cem、SS10、SS20、SS35 和 SS50 的累积水化放热量分别增加了 2.22%、0.68%、18.14%、35.36% 和 27.99%。这表明大掺量钢渣复合胶凝材料的水化作用在水化后期显著发展。从图 4.8（b）可以看出，硅酸盐水泥和含钢渣不超过 35% 的复合胶凝材料的累积水化放热量在后期差别不大，但含 50% 钢渣的复合胶凝材料的累积水化放热量与硅酸盐水泥仍有一定的差距，这是因为样品 SS50 中水泥的质量分数小和钢渣的活性低。

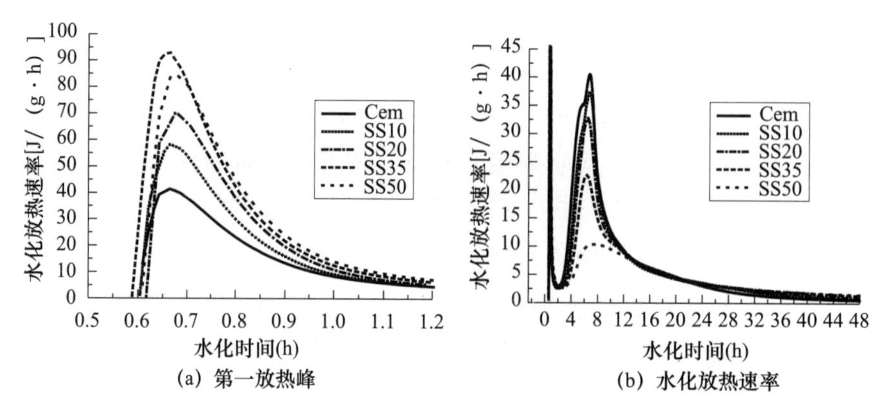

图 4.7　45℃时水泥-钢渣复合胶凝材料的水化放热速率

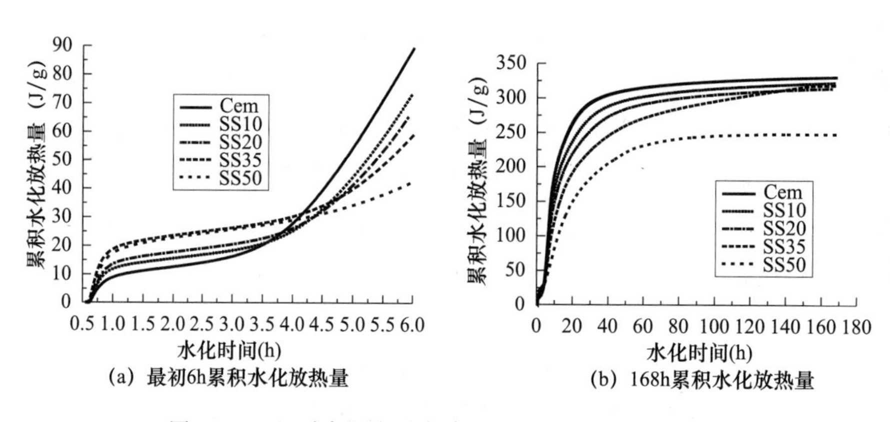

图 4.8　45℃时水泥-钢渣复合胶凝材料累积水化放热量

图 4.9 和图 4.10 分别显示了 60℃时复合胶凝材料的水化放热速率和累积水化放热量。从图 4.9（a）可以看出，与 25℃水化相比，60℃时第一个放热峰的峰值较低，这是由于在 60℃时，水泥颗粒表面的初始钙矾石加速形成的结果，应该注意的是，将温度提高到 60℃会明显促进 SS20 和 SS35 样品的初始水化。

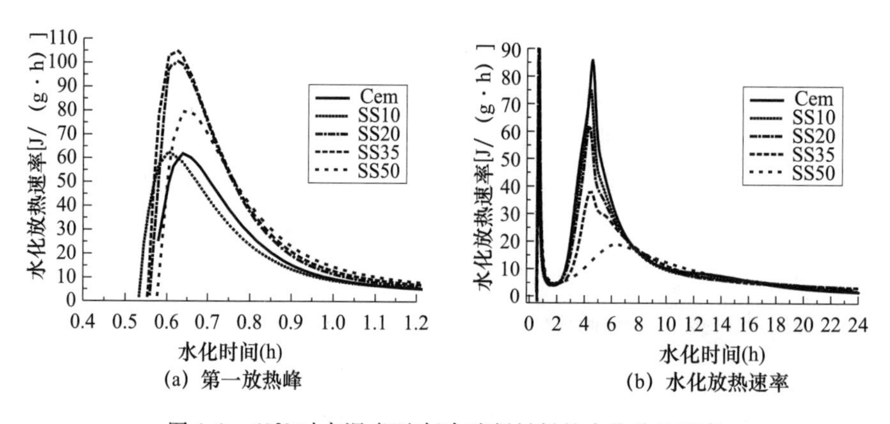

图 4.9　60℃时水泥-钢渣复合胶凝材料的水化放热速率

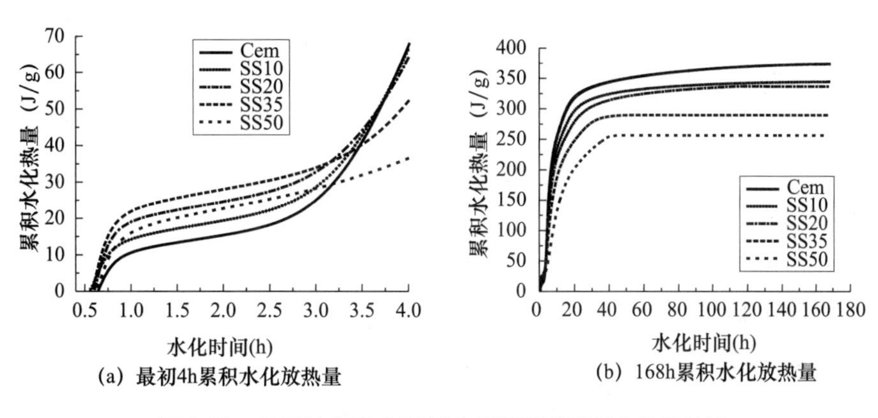

图4.10　60℃时水泥-钢渣复合胶凝材料累积水化放热量

如图4.9（b）所示，正如预期的那样，温度从45℃增加到60℃后，诱导期的结束时间进一步缩短，第二放热峰的峰值进一步增加。同时，第二放热峰出现的时间明显提前。经过大约10h的水化后，含钢渣复合胶凝材料的水化进入扩散控制过程，累积水化放热量也随着温度的升高而显著增加［图4.10（b）］。当温度从25℃提高到60℃时，样品Cem、SS10、SS20、SS35和SS50在12h内的累积水化放热量分别增加了179.10%、194.98%、251.32%、268.77%和233.43%。在60℃的温度下，水泥和钢渣的活性得到了极大的激发，温度升高可以明显促进钢渣中活性成分的早期水化，如C_2S和C_3S的水化。此外，水泥在短时间内的快速反应导致高碱度的水化环境，这对钢渣的水化是有利的。因此，对于含有钢渣的复合胶凝材料来说，与在25℃下水化相比，样品Cem、SS10、SS20、SS35和SS50在168h内产生的累积水化放热量分别增加了15.49%、7.47%、26.47%、22.97%和32.26%。与60℃时硅酸盐水泥水化放热量增幅相比，含钢渣复合胶凝材料在后期水化放热量增加幅度较小。这是由于钢渣的大部分活性成分在早期已经水化，而惰性成分（如RO相、Fe_2O_3）即使在强碱和高温的条件下也不能反应。钢渣与矿物掺和料的水化作用不同（如粒状高炉矿渣或粉煤灰），后者会在水化后期与水泥水化产生的$Ca(OH)_2$反应。此外，升高的温度可提供能量，促使碱-氢氧化物对矿渣或粉煤灰颗粒进行激发。对于含有少量粒化高炉矿渣的复合胶凝材料，矿渣中无定形相的结晶潜热被释放出来，所以其累积水化放热量比60℃的硅酸盐水泥高，然而钢渣并没有与水泥的水化产物发生反应，而是通过改变水化环境影响彼此的水化，故对于复合胶凝材料中的钢渣，温度升高只是促进了活性成分的水化，并使这部分的热量提前释放出来。因此，对于含有10%钢渣的复合胶凝材料，在25℃和45℃的条件下，反应后期其累积水化放热量接近于硅酸盐水泥，而在60℃时与硅酸盐水泥有一定差距［图4.10（b）］，同时在高温下含有钢渣的复合胶凝材料168h内的累积水化放热量没有超过硅酸盐水泥。

4.3.2 水泥-钢渣复合胶凝材料的水化动力学

一些研究已经描述了硅酸盐水泥的水化动力学，并且建立了许多动力学模型来模拟硅酸盐水泥的水化过程，为了研究含有钢渣复合胶凝材料的水化动力学，本章中使用的水化动力学方程见公式（4.1），该式也被用于研究硅酸盐水泥和含有粒化高炉渣复合胶凝材料的水化反应、矿渣的碱活化反应和偏高岭土的水化反应。

$$[1-(1-\alpha)^{1/3}]^n = Kt \tag{4.1}$$

式中，α 是水化程度；K 是速率常数；t 是水化时间；n 是与水化机制有关的常数，n 的值小于1表明成核动力学控制反应速率，而接近于1表示相边界动力学控制反应速率，等于或大于2则表示扩散过程控制反应速率。水化程度 α 可以表示为时间 t 时的累积水化放热量与总放热量 Q_{max} 的比值，见式（4.2）。

$$\alpha = \frac{Q(t)}{Q_{max}} \tag{4.2}$$

Knudsen 提出的水化动力学公式[4]［公式（4.3）］，被用来确定最终的总水化热量 Q_{max}。

$$\frac{1}{Q(t)} = \frac{1}{Q_{max}} + \frac{t_{50}}{Q_{max}}(t-t_0) \tag{4.3}$$

式中，t_{50} 为水化放热量为总水化放热量的50%时的时间（半衰期期间）；t_0 为诱导期结束时间；$(t-t_0)$ 是指从加速期开始的水化时间。

图4.11为含有钢渣复合胶凝材料的 $\ln[1-(1-\alpha)^{1/3}]$ 与 $\ln(t-t_0)$ 的关系曲线。如图4.11所示，加速期（图4.11线 AB）和稳定期（图4.11线 CD）得到了很好的模拟，但式（4.1）不适用于减速期，因为减速期的对应线是一条曲线（图4.11线 BC）。对于减速期，用式 $[1-(1-\alpha)^{1/3}] = K\ln(t-t_0)$ 去模拟 $[1-(1-\alpha)^{1/3}]$ 与 $\ln(t-t_0)$ 之间的曲线关系。图4.12以SS20的例子模拟了减速期曲线，含有钢渣复合胶凝材料在不同温度下的动力学参数见表4.2。

如图4.12所示，对于本章中研究的所有样品，反应快速进入加速期，而在激烈反应后，进入减速期的时间也随着温度的升高而缩短。这些结果与水化放热速率和累积水化放热量的数据是一致的。

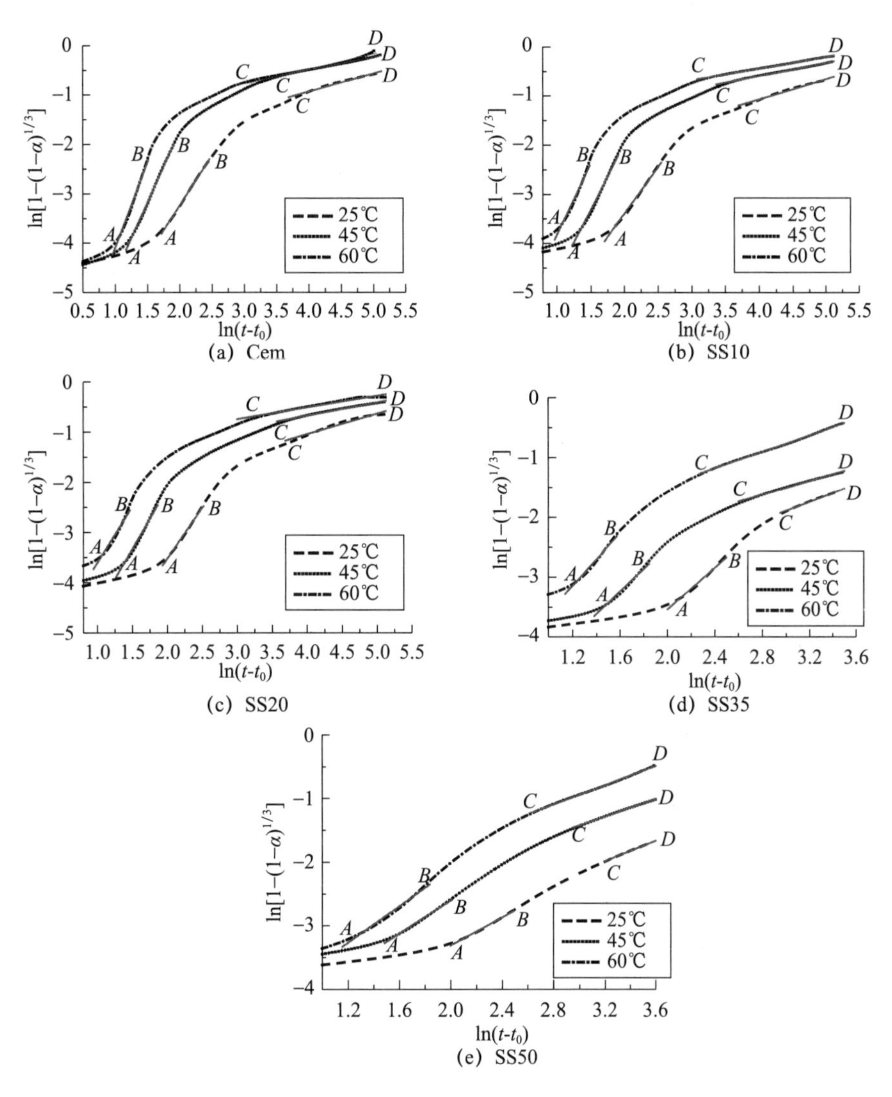

图 4.11 $\ln[1-(1-\alpha)^{1/3}]$ 与 $\ln(t-t_0)$ 曲线以及在加速期和稳定期分段模拟

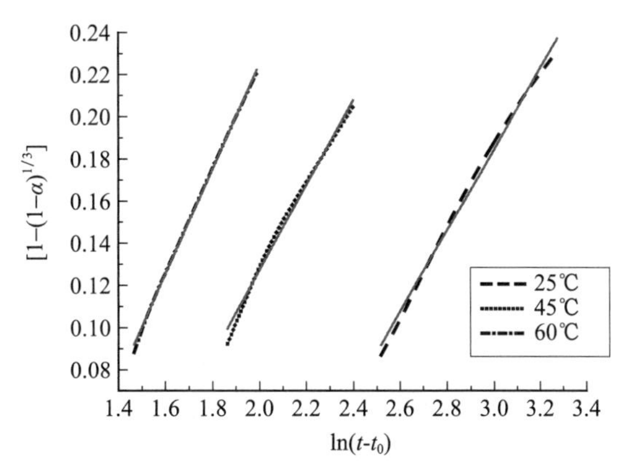

图 4.12 不同温度下 $[1-(1-\alpha)^{1/3}]$ 和 $\ln(t-t_0)$

曲线和样品 SS20 在稳定期的曲线模拟

从表4.2中可以看出，含有钢渣复合胶凝材料的 n 值小于1，这表明水化反应速度受成核动力学的控制，而 n 值在减速期大于2，说明在水化后期水化过程受扩散控制。由于控制机制不同，加速期的反应速率是减速期的10~20倍，n 值也与复合胶凝材料的反应阻力有关，见表4.2。在三种研究温度下，n 值随着水泥替代率的增加而增加，这表明增加钢渣的含量会增加复合胶凝材料的反应阻力。由于缓慢冷却导致钢渣结晶度较高，所以钢渣中的活性相，如 C_2S 和 C_3S 的活性很低，C_3S 是水泥的主要胶凝相，但簇状聚集的 C_2S 具有较大的尺寸和指状结构[5]，是钢渣的主要胶凝相。因此钢渣的反应阻力比硅酸盐水泥高。正如预期的那样，在三个水化期内，反应速率 K 随着钢渣含量的增加而降低（表4.2）。研究发现，温度的升高会降低加速期的 n 值，这与水化动力学的整体加速有关，温度的升高促进了硅酸盐水泥和钢渣中活性成分的水化（图4.7~图4.10），并增加了复合胶凝材料的反应速率 K（表4.2）。然而，温度的升高会增加稳定期的 n 值，因为反应物通过水化产物层扩散到未水化的颗粒表面进而发生反应，这是主要的控制因素。温度升高生成大量的水化产物，并形成密实的微观结构，与在25℃下水化相比，有了更高的反应阻力。尽管更高的温度导致了更高的反应阻力，但也增加了稳定期的反应速率，这可能是因为升高的温度提供了足够的能量来克服反应阻力。

表4.2　不同水化温度下含钢渣复合胶凝材料的水化动力学参数

试样	温度（℃）	加速期		减速期	稳定期	
		n	K	K	n	K
Cem	25	0.49	0.02743	0.19996	2.70	0.00147
SS10		0.53	0.02249	0.20904	2.44	0.00134
SS20		0.50	0.02358	0.19202	2.45	0.00142
SS35		0.58	0.01750	0.14703	2.35	0.00104
SS50		0.91	0.00659	0.10671	2.34	0.00068
Cem	45	0.35	0.07470	0.26205	3.85	0.00277
SS10		0.37	0.06480	0.23540	3.89	0.00188
SS20		0.42	0.05565	0.20152	3.94	0.00131
SS35		0.54	0.03511	0.13577	3.03	0.00081
SS50		0.77	0.01846	0.13914	4.21	0.00074
Cem	60	0.29	0.11275	0.29604	2.89	0.00433
SS10		0.34	0.10081	0.28262	4.30	0.00280
SS20		0.44	0.07419	0.24880	5.11	0.00154
SS35		0.48	0.06640	0.24664	1.38	0.00170
SS50		0.70	0.03113	0.23775	1.29	0.00146

方程式 $[1-(1-\alpha)^{1/3}]=K\ln(t-t_0)$ 是经验公式 $dx/dt=K/t$ 的推导。它适用于化学反应和扩散的双重控制反应[6]。从图 4.11 可以看出，含钢渣不超过 35% 的复合胶凝材料经历了双重控制反应的过程。但对于含有 50% 钢渣的复合胶凝材料，n 值在加速期接近于 1，在减速期大于 2。此外如图 4.11（e）所示，曲线 BC 在三个研究温度下几乎都是直线，阐明了样品 SS50 的早期动力学行为主要是由相界反应主导的，之后直接进入扩散控制阶段。对于样品 SS50，在水化初期水化放热速率很快，然后大量的水化产物沉积在未水化的颗粒上，反应发生在晶体和孔隙溶液的相边界上，此外由于水泥的低质量分数和钢渣的低活性，水化程度的进一步提高受到阻碍（图 4.4）。

含钢渣复合胶凝材料的表观活化能 E_a 由公式（4.4）确定。

$$\frac{K'_1}{K'_2}=\frac{t_{502}}{t_{501}}=\exp\left[\frac{E_a(T_1-T_2)}{RT_1T_2}\right] \tag{4.4}$$

式中，t_{501} 和 t_{502} 分别是在水化温度 T_1 和 T_2 时累积释放的热量为总水化热量 50% 时的水化时间，R 是气体常数 [8.314J/(mol·K)]。

表 4.3 列出了含有钢渣的复合胶凝材料在 25~60℃ 温度范围内整体反应的表观活化能。钢渣替代率的提高增加了表观活化能，这与钢渣的低活性和钢渣中存在大量的惰性相有关，值得注意的是，硅酸盐水泥和含有 10% 钢渣复合胶凝材料之间的表观活化能差异很小，表明少量的钢渣对水化过程或硅酸盐水泥的性能影响很小，这与硅酸盐水泥的水化放热速率和累积水化放热量（图 4.5~图 4.10）以及前人的研究相一致[7,8]。然而，Wu 等人[9]确定含有 50% 粒化高炉渣的复合胶凝材料的 $E_a=49$kJ/mol，与含 50% 钢渣的复合胶凝材料 $E_a=46.39$kJ/mol 相比更高。当钢渣与水混合时，其水化性能很差。但对于高炉矿渣来说，它与水接触时几乎没有发生任何反应，高炉矿渣的玻璃相具有一定的活性，玻璃体的结晶活化能为 42~1256kJ/mol[10]，这意味着应该为高炉矿渣的水化提供更多的能量，然而升高的温度和碱性环境可以大大激活高炉矿渣的反应，且高炉矿渣与水泥水化生成的 $Ca(OH)_2$ 反应。与高炉相比，钢渣在复合胶凝材料中的水化机制是不同的，钢渣不会与水泥的水化产物发生反应，在硅酸盐水泥中加入钢渣，可以看作加入了一种水化活性低的材料，换句话说，含有钢渣的水泥可以被看作低质量的水泥。因此，在相同的替代率下，含钢渣复合胶凝材料的表观活化能低于含高炉矿渣复合胶凝材料的表观活化能。

表 4.3　含钢渣复合胶凝材料的整体表观活化能

试样	水胶比	温度范围（℃）	活化能（kJ/mol）
Cem	0.4	25～60	40.01
SS10		25～60	41.43
SS20		25～60	42.14
SS35		25～60	43.58
SS50		25～60	46.39

4.4　掺钢渣粉混凝土力学性能、微结构和耐久性能

4.4.1　力学性能

本章中试样 C、S1、S2、S3 和 S4 分别为纯硅酸盐水泥混凝土（水胶比 0.4）、钢渣掺量为 30% 的混凝土（水胶比 0.4）、钢渣掺量为 30% 的混凝土（水胶比 0.3）、钢渣掺量为 30% 和超细矿渣掺量为 10% 的混凝土（水胶比 0.4）、钢渣掺量为 30% 和超细矿渣掺量为 10% 的混凝土（水胶比 0.3）。与混凝土配合比相对应的净浆配合比试样编号分别为 PC、PS1、PS2、PS3 和 PS4。

图 4.13 给出了养护 1d 时钢渣混凝土的拆模抗压强度，样品 S1 的拆模抗压强度明显低于样品 C。尽管初期的蒸汽养护加速了钢渣的反应，但由于钢渣的活性低，其反应速率仍低于水泥。此外，加入钢渣会降低水泥的早期水化率[11]。因此，样品 S1 的拆模抗压强度较低。将水胶比从 0.4 降至 0.3（样品 S2）或加入 10% 的超细矿渣（样品 S3）可以提高钢渣混凝土拆模抗压强度。在低水胶比或加入超细矿渣时，钢渣对混凝土拆模抗压强度的负面影响变小。由于超细矿渣具有高比表面积和大量的玻璃相，所以其活性比钢渣活性高。蒸汽养护明显促进了超细矿渣的水化作用。同时，较细的超细矿渣颗粒填补了孔隙，使混凝土的微观结构更加密实。因此，超细矿渣的物理和化学作用使蒸汽养护的混凝土具有更高的拆模抗压强度。然而，样品 S2 和 S3 的拆模抗压强度仍低于样品 C。当把样品 S3 的水胶比降低到 0.3 时，样品 S4 的拆模抗压强度几乎与样品 C 的拆模抗压强度相同。这说明在低水胶比条件下，含有钢渣-超细矿渣复合矿物掺和料的混凝土在蒸汽养护后具有较高的拆模抗压强度。低水胶比会使混凝土具有致密的初始微观结构。超细矿渣的反应产生额外的 C-S-H 凝胶提高了样品 S4 的强度。

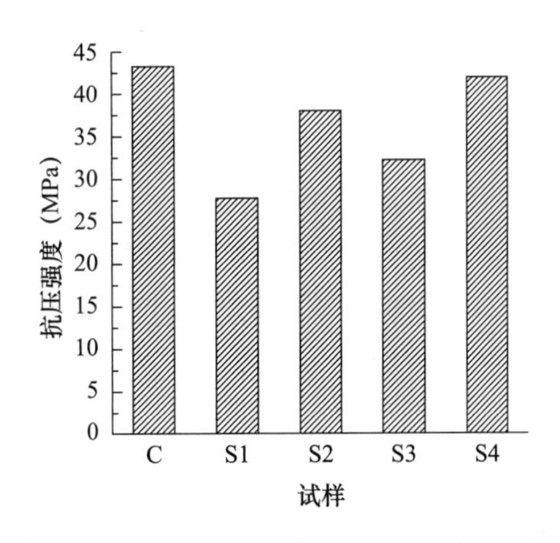

图 4.13　混凝土的拆模抗压强度（养护 1d）

图 4.14 是拆模后蒸养钢渣混凝土抗压强度发展。在所有测试龄期，样品 S1 的抗压强度都低于样品 C。然而，样品 S2 的抗压强度与样品 C 的抗压强度之间的差距随着时间的延长而变小。在 90d 时样品 S2 的抗压强度与样品 C 基本相同，但在 360d 时样品 S2 略高于样品 C。这表明在高水胶比条件下，降低水胶比可以补偿钢渣对抗压强度的负面影响。钢渣反应程度的提高会促进混凝土的后期抗压强度增长。此外，加入钢渣可以促进水泥的后期水化[12]。对于低水胶比的蒸养钢渣混凝土来说，钢渣的这些贡献是非常重要的。低水胶比时钢渣混凝土初始孔隙率较低，少量的水化产物可以使结构更加密实。因此，在后期时，混凝土获得了较高的抗压强度。

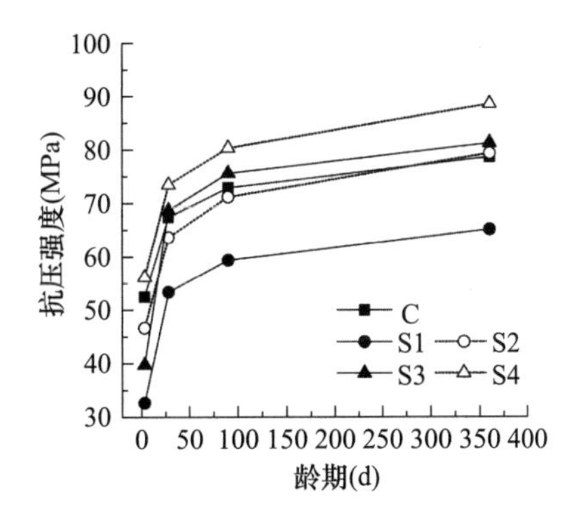

图 4.14　拆模后蒸养钢渣混凝土抗压强度发展

对于含有钢渣-超细矿渣复合矿物掺和料的蒸养钢渣混凝土，在 3d 时样品 S3 的抗压强度仍低于样品 S2。但是在 3～28d 之间，样品 S3 的抗压强度增长率仍然很高。在后期时，样品 S3 的抗压强度比样品 C 的抗压强度高。超细矿渣的水化作用对温度更加敏感[13]。一旦高温破坏了超细矿渣的玻璃状结构，超细矿渣的反应度将随着龄期的延长而增加[14]。超细矿渣对强度的发展有很大的贡献。同时，如上所述，在后期钢渣的反应也会增加混凝土的强度。在所有的测试龄期内，样品 S4 的抗压强度都高于样品 C，而且两者之间的抗压强度差距随着龄期的延长而增加。超细矿渣的火山灰反应和钢渣的水化作用以及低水胶比增加了样品 S4 的抗压强度。同时还强调，在低水胶比下用钢渣-超细矿渣复合矿物掺和料制备的蒸养混凝土具有较好的长期力学性能。

4.4.2 微结构

（1）化学结合水量

水泥浆体和含钢渣浆体的化学结合水量如图 4.15 所示。在所有研究龄期内，样品 PS1 的化学结合水量明显低于样品 PC 的化学结合水量。这表明在样品 PS1 中生成的水化产物含量较低。研究结果与抗压强度的结果一致（图 4.14）。正如预期的那样，降低水胶比可以减少化学结合水量。然而，在 1d、3d、28d、90d 和 360d 时，样品 PS2 与样品 PS1 的化学结合水量之比分别为 97.74%、97.82%、96.71%、97.76% 和 98.11%。当水胶比从 0.4 降到 0.3 时，含 30% 钢渣硬化浆体的化学结合水量只减少了 2%。换句话说，降低水胶比后，水化产物的数量几乎没有变化。同时，在低水胶比条件下，浆体的初始结构是相对致密的。因此，在后期获得了更密实的结构。因此，样品 S2 获得了较高的抗压强度。

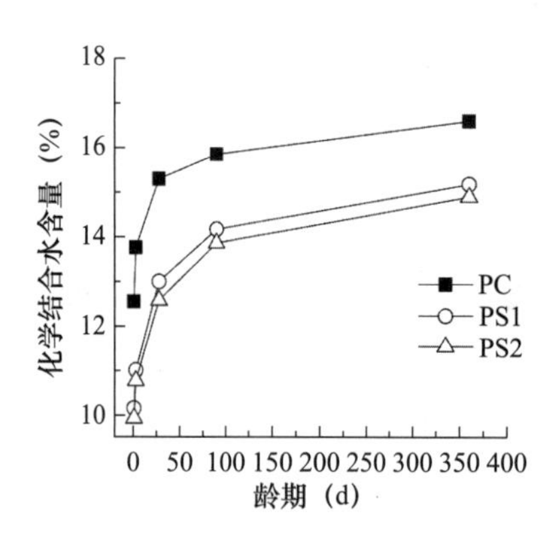

图 4.15 纯硅酸盐水泥硬化浆体和水泥-钢渣复合硬化浆体化学结合水量

图 4.16 给出了样品 PS1 和 70% PC + 30% SS 的化学结合水量。70% 的 PC + 30% 的 SS 是指在相同养护龄期内，样品 PC 的 70% 化学结合水量和钢渣浆体的 30% 化学结合水量之和。从图 4.16 中可以看出，在所有研究龄期内，70% PC + 30% SS 的化学结合水量都低于样品 PC 的化学结合水量，并且在后期两者之间的差距变得更大。样品 PS1 的水化包括水泥的快速水化和钢渣的缓慢水化。70% PC + 30% SS 基本上被认为是

水泥对钢渣水化的促进作用。因此，样品 PS1 的化学结合水量与 70% PC +30% SS 的化学结合水量之间的差距代表了钢渣对水泥水化的促进作用。很明显，高水灰比使钢渣对水泥的后期水化有很大的促进作用。钢渣反应消耗的水较少，导致体系具有较高的水灰比，在后期水泥的充分水化有利于蒸养钢渣混凝土抗压强度的提高（图 4.14）。由于边际效应，在低水胶比时钢渣对水泥后期水化的促进作用更大。因此，在 360d 时样品 S2 的抗压强度比样品 C 高。

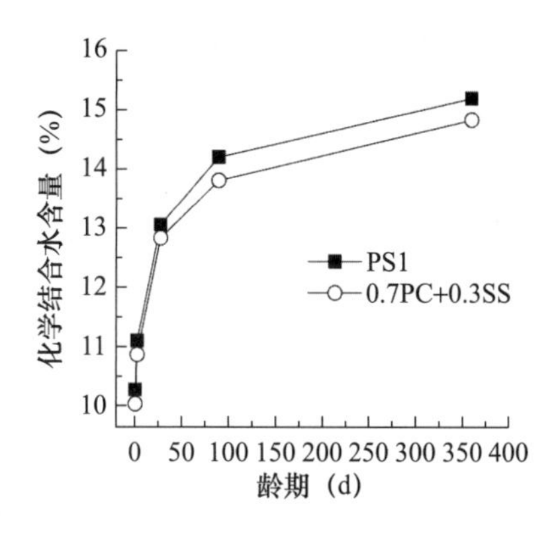

图 4.16　试样 PS1 和 0.7PC +0.3SS 化学结合水量

（2）$Ca(OH)_2$含量

图 4.17 给出了在 360d 时样品 PS1 和 PS3 的 TG 曲线和 $Ca(OH)_2$含量。在 TG 曲线中可以看到［图 4.17（a）］，在 400℃到 500℃的温度范围内，$Ca(OH)_2$的分解产生了明显的质量损失。样品 PS1 的质量损失率高于样品 PS3，说明样品 PS1 的 $Ca(OH)_2$含量高于样品 PS3。计算出的样品 PS1 和 PS3 的 $Ca(OH)_2$含量分别为 16.51% 和 13.77%［图 4.17（b）］。与样品 PS1 相比，样品 PS3 的水泥含量较低，且超细矿渣的反应消耗了一定量的 $Ca(OH)_2$，故 PS3 中 $Ca(OH)_2$的含量较

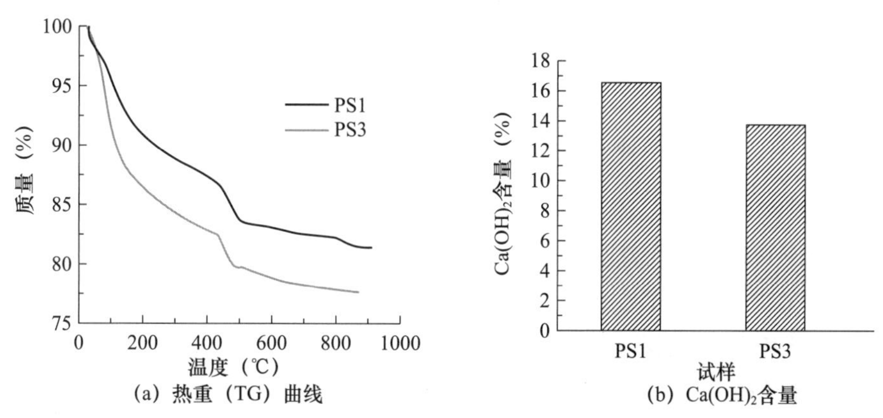

图 4.17　360d 龄期时试样 PS1 和 PS3 的热重（TG）曲线和 $Ca(OH)_2$含量

低。众所周知，$Ca(OH)_2$晶体会对混凝土的微观结构和强度产生有害影响。超细矿渣的反应消耗了$Ca(OH)_2$，导致$Ca(OH)_2$的含量较低，并且超细矿渣的反应增加了C-S-H凝胶的数量，有利于混凝土抗压强度的发展。因此，样品S3的抗压强度远远高于样品S1（图4.14）。在低水胶比的混凝土中，超细矿渣的影响更为显著，可见样品S4的抗压强度最高（图4.14）。

（3）孔结构

图4.18显示了养护28d和360d时硬化浆体的孔隙率。所有样品的孔隙率随着养护时间的增加而降低。在28d和360d时，样品PS1的孔隙率明显高于样品PC的孔隙率。在所有研究龄期内，样品PS1的水化产物含量都很低（图4.15）。有限数量的水化产物不能完全填充孔隙。在28d时样品PS2的孔隙率略高于样品PC，而在360d时与样品PC几乎相同。在低水胶比条件下，钢渣对硬化浆体孔结构的负面影响很小。与样品PS1相比，样品PS3的孔隙率更低，说明添加超细矿渣也可以细化硬化浆体的孔结构。样品PS4的孔隙率最低，这进一步证实了在低水胶比条件下，含有钢渣-超细矿渣复合矿物掺和料的蒸养钢渣混凝土具有致密的结构，该发现与上述抗压强度的结果一致。

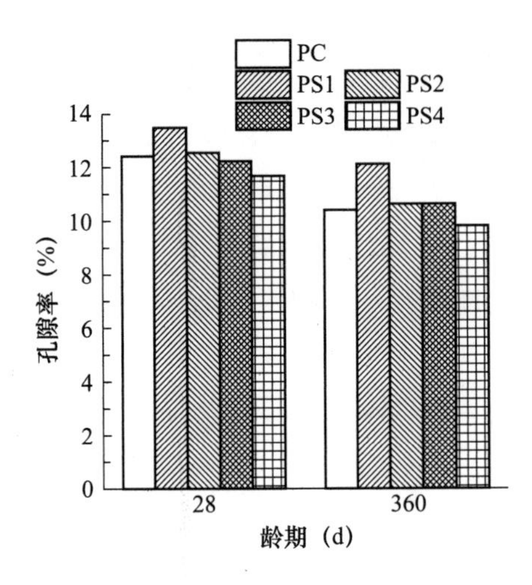

图4.18 养护28d和360d时硬化浆体的孔隙率

图4.19和图4.20分别为养护28d和360d的硬化浆体的孔结构。从图4.19可以看出，样品PS1和PS2的最可几孔径和累积孔体积都高于样品PC，尤其是样品PS1。这表明含有钢渣的硬化浆体的孔结构比硅酸盐水泥硬化浆体的孔结构更粗。在高水胶比条件下，掺入钢渣会产生有害孔（>100nm）[图4.19（a）]。对于样品PS2，虽然在28d时的孔隙率比样品PC略高（图4.18），但它只是增加了小孔的含量（<50nm）

[图 4.19（b)]。大孔（>100nm）含量的明显减少有利于钢渣混凝土强度的发展（图 4.14）。

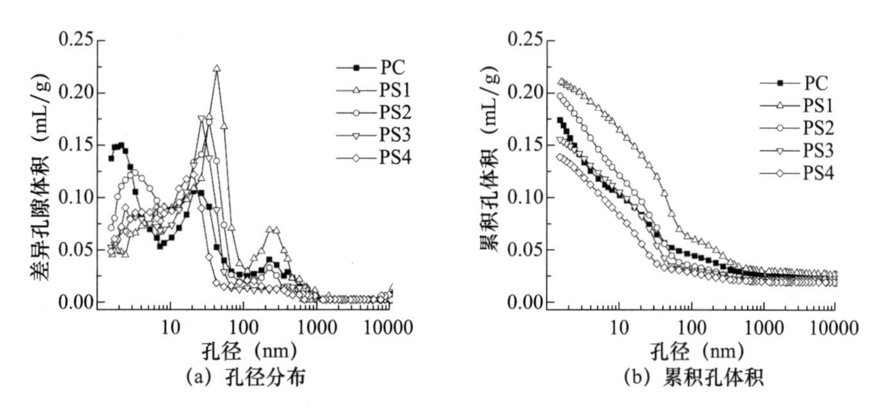

图 4.19　养护 28d 时硬化浆体的孔结构

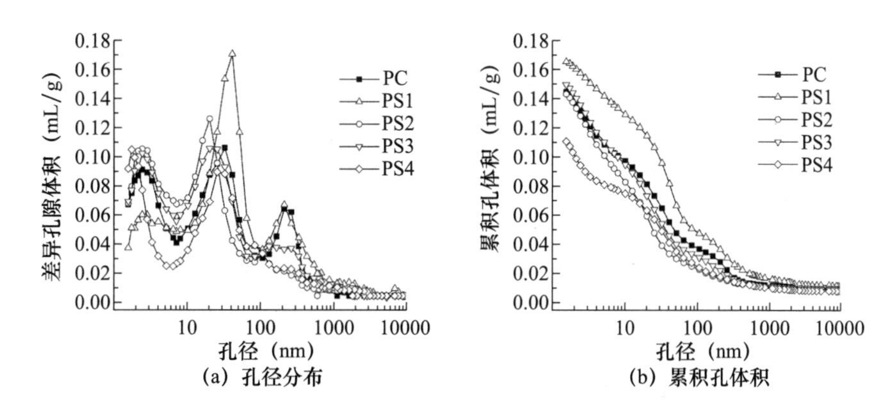

图 4.20　养护 360d 时硬化浆体的孔结构

样品 PS3 的最可几孔径与样品 PC 几乎相同 [图 4.19（a)]。样品 PS3 中大于 100nm 的孔所占比例变小（图 4.19），这表明通过掺入超细矿渣可以弥补钢渣对孔结构造成的负面影响。最初的蒸汽养护激发了超细矿渣的活性，超细矿渣的火山灰反应产生了额外的 C-S-H 凝胶，且 C-S-H 凝胶呈箔片状，可以更加细化孔结构，另外超细矿渣的填充效应也是不容忽视的。在低水胶比条件下，样品 PS4 的最可几孔径和累积孔体积进一步减少，样品 PS4 的结构更加致密。

如图 4.20 所示，在 360d 时所有样品的孔结构比 28d 时要细得多。然而，对于样品 PS1 来说，其最可几孔径和累积孔体积仍然大于样品 PC。研究结果与抗压强度（图 4.14）和化学结合水量（图 4.15）的数据一致。龄期从 28d 增加到 360d，样品 PS2 的孔结构显著被细化，这是由钢渣的反应和后期促进水泥水化的反应导致的（图 4.16）。在 360d 时，样品 PS3 和 PS4 的孔结构比样品 PC 的更细。含有钢渣-超细矿渣复合矿物掺和料的蒸养钢渣混凝土在后期可以获得低孔隙率的致密结构，在低水胶比条件下这种影响更加明显。样品 PC 和 PS1 中含有一定数量大于 100nm 的孔［图 4.19（a）和图 4.20（a）］，这是因为早期的蒸汽养护导致了较粗的孔结构。通过降低水胶比或者掺入超细矿渣能够改善蒸养钢渣混凝土的孔结构。

4.4.3 耐久性能

（1）氯离子的渗透性能

蒸养钢渣混凝土的电通量和氯离子渗透等级如图 4.21 所示。如图 4.21（a）所示，在 28d 时样品 C，S1，S2 和 S3 的渗透等级为"中"，这归因于混凝土的孔隙率较高。由于低水胶比和掺入超细矿渣，样品 S4 具有低孔隙率的致密结构［图 4.18 和图 4.19（b）］，故 28d 时 S4 的渗透等级为"低"。90d 时样品 C 和 S3 的渗透性等级为"低"，但样品 S1 和 S2 的渗透等级仍为"中"。在 90d 时，样品 S2 的抗压强度与样品 C 的抗压强度几乎相同（图 4.14），但样品 S2 的电通量高，且比样品 C 高一个渗透等级［图 4.21（b）］，这可能是因为钢渣倾向于增强

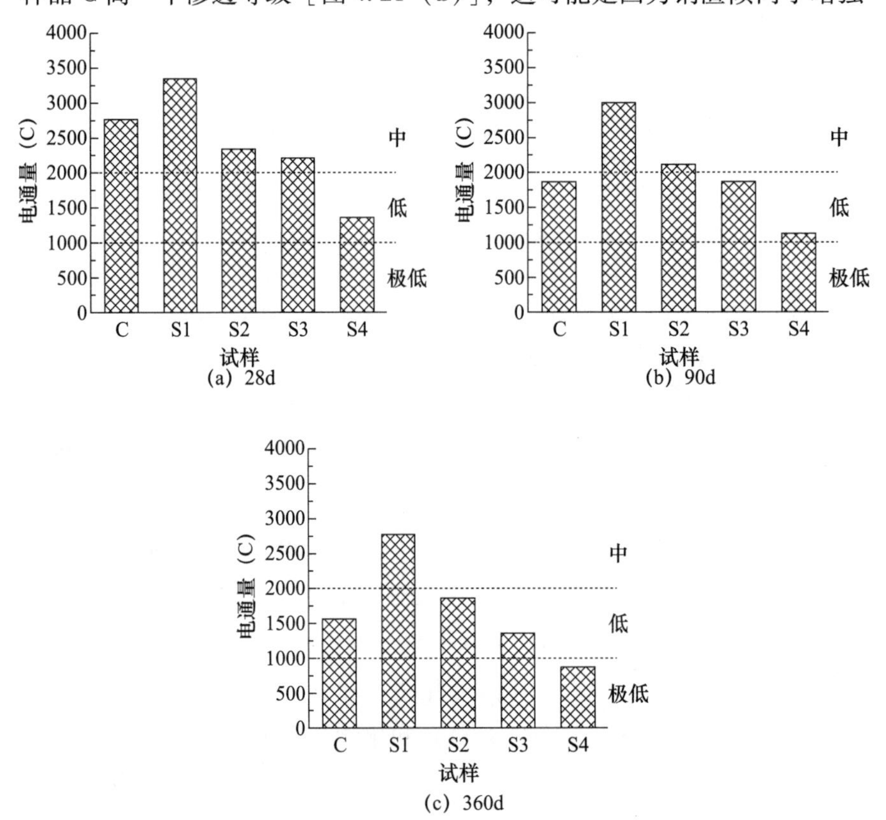

图 4.21　不同养护龄期下蒸养钢渣混凝土的氯离子渗透性

孔隙的连通性。在360d时，样品S4的渗透等级为“极低”。样品C和S3仍然呈“低”渗透等级，但在360d时的电通量比90d时低得多。样品S2的电通量从90d到360d显著降低，故在360d时观察到样品S2的渗透性很低，但在360d时样品S1的渗透等级仍为“中”。这表明在高水胶比条件下，钢渣的掺入可以增加蒸养混凝土的渗透性。但在低水胶比条件下，含有钢渣的蒸养混凝土在360d时显示出“低”渗透等级。钢渣-超细矿渣复合矿物掺和料降低了蒸养混凝土的渗透性，在低水胶比时更为明显。含有钢渣-超细矿渣混合矿物掺和物的硬化浆体具有细的孔结构（图4.18～图4.21）。同时，超细矿渣可作为微填充物，并且超细矿渣反应能够消耗体系中的$Ca(OH)_2$来改善界面过渡区的性能（图4.17）。这些作用对于低水胶比的蒸养钢渣混凝土更为显著，因此，360d时样品S4的渗透等级为“极低”。

（2）碳化深度

图4.22为自然碳化360d时蒸养钢渣混凝土的碳化深度。样品S1的碳化深度远高于样品C。这是因为在高水胶比下，蒸养钢渣混凝土的抗压强度低（图4.14）、孔结构粗糙（图4.18～图4.20）、氯离子渗透性高（图4.21），这对混凝土的抗碳化能力是有害的。样品S2和S3的碳化深度比样品S1的碳化深度要小，这说明降低水胶比或掺加超细矿渣，钢渣对加速蒸养混凝土碳化的影响变得不明显。样品S2和S3的碳化深度高于样品C，尽管它们的抗压强度在360d时比样品C高（图4.14）。与样品C相比，样品S2的$Ca(OH)_2$的含量很低。此外，如上所述，钢渣倾向于增强孔隙的连通性。在360d时，与样品C相比，样品S2的电通量很高，故测得的碳化深度较高。对于样品S3，由于水泥含量较低，以及超细矿渣在火山灰反应过程中对$Ca(OH)_2$的消耗，导致$Ca(OH)_2$的含量进一步下降（图4.17），故混凝土有被碳化的趋势。但是在低

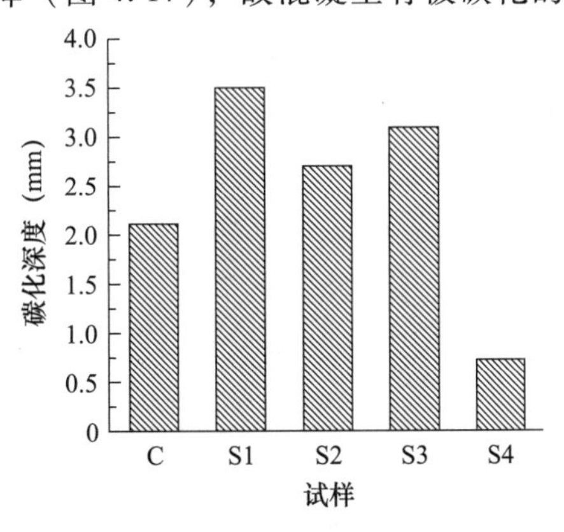

图4.22　自然碳化360d时蒸养钢渣混凝土的碳化深度

水胶比条件下，虽然含钢渣-超细矿渣复合矿物掺和料的蒸养混凝土中$Ca(OH)_2$的含量很低，但其结构更加致密，孔结构细化（图4.18和图4.20），氯离子渗透等级也很低［图4.21（c）］。在360d时，样品S4的碳化深度只有0.7mm，比样品C的碳化深度小得多。

（3）干燥收缩

图4.23为蒸养钢渣混凝土的干燥收缩值。所测得的收缩值包括自收缩值，由于初期的蒸养加速胶凝材料的水化，且混凝土的干燥收缩值是养护3d后开始监测，因此自收缩值所占的比例非常小。由图4.23（a）可知，所有样品的干燥收缩值在50d内迅速增加，且样品S1的干燥收缩值比样品C的干燥收缩值略大。当样品放置在干燥的环境中时，由于胶凝材料的水化速度很慢，含有高含量钢渣的蒸养混凝土的失水量很大。样品S2的干燥收缩值与样品S3的干燥收缩值基本相同，它们的干燥收缩值都小于样品C。在低水化比条件下，含有钢渣-超细矿渣复合矿物掺和料的蒸养混凝土的干燥收缩值最小。如图4.23（b）所示，所有样品在后期的干燥收缩值都有明显的区别。在360d内，样品S1的总干燥收缩值明显大于样品C。在360d内样品C和S1的总干燥收缩值非常接近。样品S3和S4在360d内有较小的总干燥收缩值，特别是样品S4。这说明在低水胶比条件下，钢渣-超细矿渣复合矿物掺和料能够使蒸养混凝土具有较小的干燥收缩值。该研究结果与上述氯离子渗透性［图4.21（c）］和碳化深度（图4.22）的分析结果是一致的。综上所述，在低水胶比条件下，含有钢渣-超细矿渣复合矿物掺和料的蒸养钢渣混凝土获得了最佳性能。如果采用低水胶比制备含有钢渣的蒸养混凝土，会获得良好的性能。此外，将钢渣与高活性矿物掺和料按适当比例复掺，也能够使蒸养钢渣混凝土具有更好的性能。

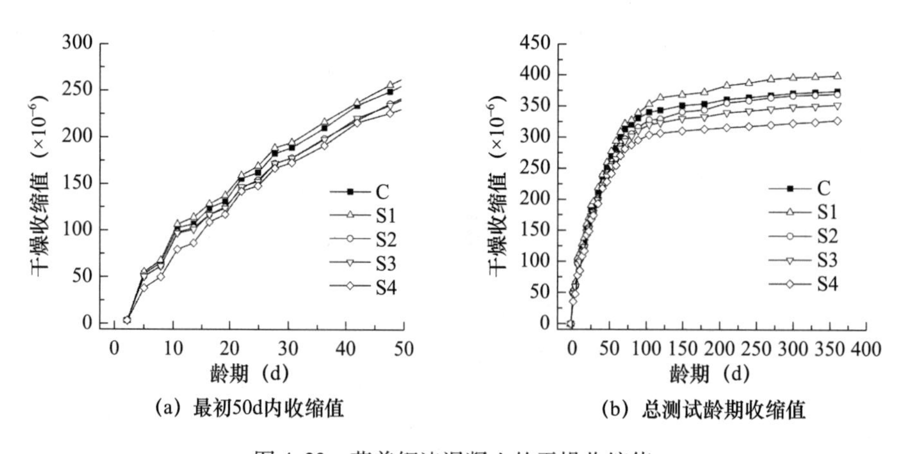

图4.23　蒸养钢渣混凝土的干燥收缩值

4.5 长龄期掺钢渣粉混凝土性能

4.5.1 抗压强度

图4.24表示具有5年龄期的水胶比为0.5的含钢渣粉混凝土的抗压强度。很明显，随着钢渣粉用量的增加，混凝土的抗压强度降低。这说明钢渣粉的掺入对养护了5年后的混凝土力学性能仍有负面影响。与样品SS0相比，样品SS15、SS30和SS45的下降率分别为9.81%、16.47%和44.82%。钢渣粉反应程度的增加有助于强度的提高。因此，抗压强度的降低比低于钢渣粉的取代比例。需要注意的是，5年龄期的含有45%钢渣粉的混凝土强度下降比与钢渣粉的替代比几乎相同。结果表明，大量钢渣粉的掺入对混凝土的长期强度发展贡献非常有限。钢渣粉含量的增加提升了钢渣粉的反应对强度发展的影响。当钢渣粉用量较大时，钢渣粉的反应成为主导作用。由于钢渣粉的反应性较低，45%钢渣粉混凝土养护5年后的抗压强度仍远低于硅酸盐水泥混凝土。与Wang等人[15]发现的1年龄期水胶比为0.5的含45%钢渣粉的混凝土抗压强度为45MPa的结果相比，1年到5年龄期含45%钢渣粉的混凝土抗压强度增长率仅为12%。

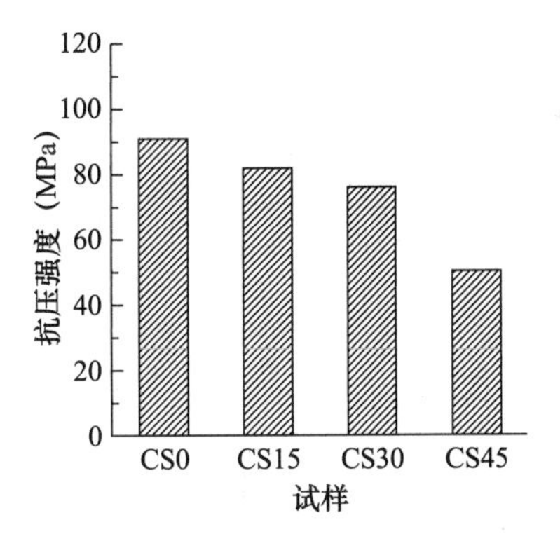

图4.24 5年龄期的水胶比为0.5的含钢渣粉混凝土的抗压强度

图4.25和图4.26为在恒定28d抗压强度分别为47MPa和73MPa情况下的5年龄期钢渣粉混凝土抗压强度。为保持混凝土恒定的28d抗压强度，含钢渣粉的混凝土具有较低的水胶比。如图4.25所示，钢渣粉替代率较高时，养护5年的混凝土具有较高的抗压强度。这表明降低水胶比有利于含钢渣粉混凝土抗压强度的长期发展，特别是对钢渣粉含量高的混凝土。钢渣粉的反应比水泥的水化反应耗水量小，因此促进了5年龄期混凝土的水泥水化。当钢渣粉含量较高、水胶比较低时，这种效

应更为显著。此外，钢渣粉的化学和物理效应有助于混凝土的强度增益。在较低的水胶比下，少量的水化产物可以使混凝土结构致密化。因此，在恒定28d抗压强度为47MPa的情况下，含钢渣粉混凝土的长期抗压强度高于硅酸盐水泥混凝土。对于在28d抗压强度为73MPa的样品，其5年的抗压强度呈相同的变化规律。钢渣含量越高，5年抗压强度越高。值得注意的是，与硅酸盐水泥混凝土（样品CSS0和CS0）相比，样品CSS30在5年内的增长率明显高于样品CS30。这说明，添加高含量的钢渣粉显著提高了5年龄期高强度混凝土的强度。与28d抗压强度相比，CS0、CS15和CS30样品抗压强度的增长率分别为65.53%、71.06%和76.81%。而CSS0、CSS15和CSS30样品的抗压强度增长率分别为30.82%、34.66%和49.77%。当28d抗压强度较高时，含钢渣粉混凝土抗压强度从28d提高到5年的增长率要低得多。这是由于在28d的抗压强度较高的情况下，在5年内只为黏结剂的反应提供了少量的水。

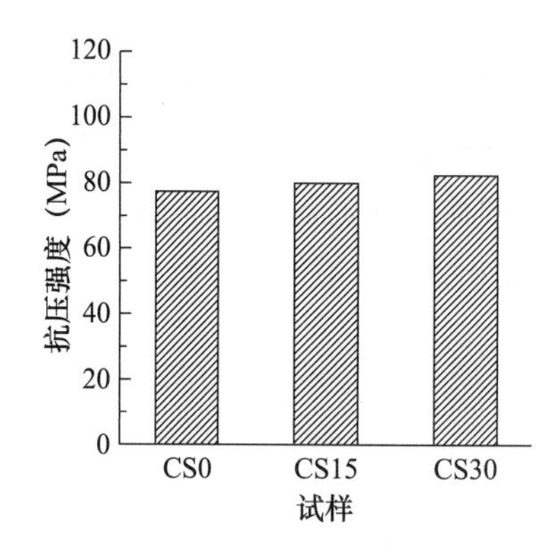

图4.25 恒定28d抗压强度为47MPa的5年龄期钢渣粉混凝土抗压强度

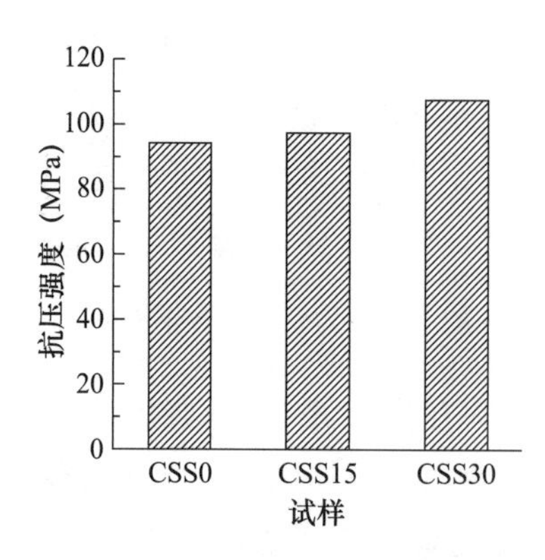

图4.26 恒定28d抗压强度为73MPa的5年龄期钢渣粉混凝土抗压强度

4.5.2 混凝土孔隙率

图4.27给出了5年龄期水胶比为0.5的含钢渣粉混凝土孔隙率。它

显示了混凝土的相互连接的孔隙率。随着钢渣粉含量的增加，混凝土的孔隙率也随之升高。5 年龄期的含钢渣粉混凝土孔结构仍比硅酸盐水泥混凝土粗，观察到不超过 30% 钢渣粉的混凝土与硅酸盐水泥混凝土孔隙率差异较小，但含 45% 钢渣粉的混凝土孔隙率明显高于硅酸盐水泥混凝土。钢渣的活性低于硅酸盐水泥，钢渣反应生成的水化产物量也低于硅酸盐水泥水化生成的水化产物量。因此，在恒定的水胶比下，少的水化产物量不能使钢渣粉的混凝土结构致密，在水胶比为 0.5 时可获得较高的孔隙率。含有 45% 钢渣粉的混凝土孔隙率较高，即使在养护 5 年后，抗压强度也会低得多。为保证混凝土更长的使用寿命，我们不能采用高水胶比含钢渣粉 45% 以上的混凝土。

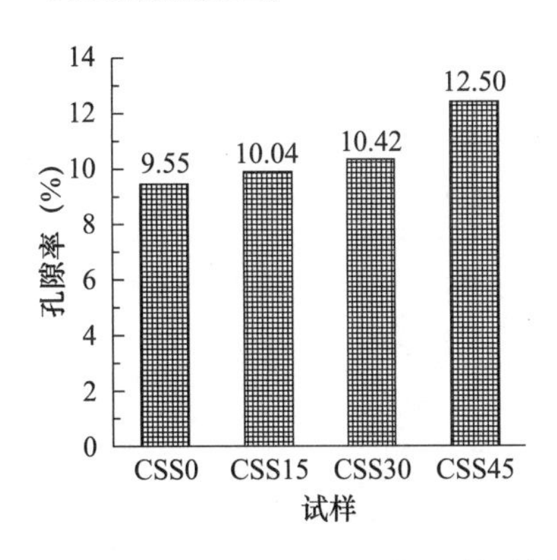

图 4.27　5 年龄期水胶比为 0.5 的含钢渣粉混凝土孔隙率

图 4.28 和图 4.29 给出了在恒定 28d 抗压强度分别为 47MPa 和 73MPa 情况下的 5 年龄期时钢渣粉混凝土孔隙率。随着钢渣粉用量的增加，混凝土孔隙率略有降低（图 4.28）。结果表明，适当降低水胶比可降低养护 5 年的含钢渣粉混凝土的孔隙率。钢渣粉用量较高的混凝土，水胶比较低，混凝土初始孔隙率较低。因此，钢渣粉含量较高的混凝土需要较少的水化产物使其结构致密化。由于钢渣粉的减水效果，在低水胶比的情况下也会使胶凝材料的反应得到更多的水。虽然钢渣粉的反应产生的 C-S-H 凝胶的量小于水泥水化生成的量，但在较低的水胶比下，它可以有效地堵塞开放的孔隙，降低混凝土的相互连接孔隙率。钢渣粉的粒径比硅酸盐水泥细得多。未反应的钢渣粉具有较好的填充效果，进一步降低了混凝土的孔隙率。因此，随着钢渣粉含量的增加，5 年龄期混凝土的抗压强度越来越高（图 4.25）。如图 4.29 所示，在 28d 抗压强度为 73MPa 的 5 年龄期钢渣粉混凝土也有相同的趋势，这进一步证实了含钢渣粉混凝土的孔结构是在低水胶比下细化的。样品 CSS0，CSS15 和 CSS30 的孔隙率差异不明显。混凝土结构在 28d 时已密实，养护 5 年进一步降低含钢渣粉混凝土孔隙率是困难的。该结果与 5 年龄期混凝土抗

压强度的结果一致（图4.26）。

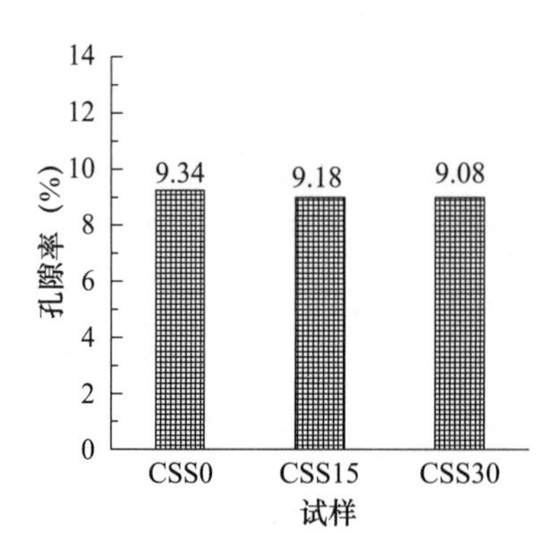

图4.28　恒定28d抗压强度为47MPa的5年龄期时钢渣粉混凝土孔隙率

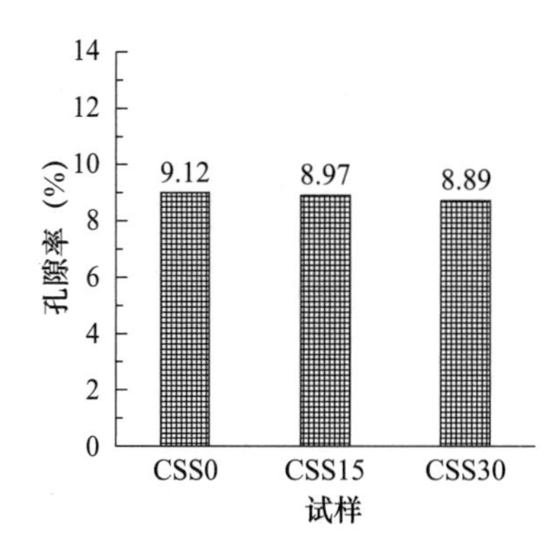

图4.29　恒定28d抗压强度为73MPa的5年龄期时钢渣粉混凝土孔隙率

4.5.3　氯离子渗透性

图4.30给出了5年龄期水胶比为0.5的含钢渣粉混凝土的氯离子渗透性。根据ASTMC1202，当混凝土通过的电荷分别为<1000C、1000~2000C、2000~4000C和>4000C时，混凝土的氯离子渗透等级分为“极低水平”“低水平”“中等水平”和“高水平”。当渗透等级相同时，对氯离子渗透性的阻力被视为等效。样品CSS0、CSS15和CSS30在5年龄期时表现渗透等级为“低”，但与样品CSS0相比，CSS15和CSS30的电通量较大，表明含不超过30%钢渣粉的混凝土在养护5年后的抗氯离子渗透性与硅酸盐水泥混凝土相当。混凝土的渗透性主要是由混凝土的相互连通孔隙率决定的。钢渣粉含量增加到30%，在5年龄期略增加混凝土的相互连接孔隙率（图4.27）。因此，用钢渣粉适当替代水泥对混凝土的长期渗透性影响不大。然而，含有45%钢渣粉的混凝土在5年龄期表现出中等的渗透性。含45%钢渣粉的混凝土在养护5年后抗氯离子渗透性仍远不如硅酸盐水泥混凝土。含45%钢渣粉混凝土互联孔

隙率高，导致5年龄期时抗氯离子渗透性仍然差（图4.27）。这也证明了钢渣粉用量大的混凝土在高水胶比下，即使在经过5年养护，其结构仍较粗糙。

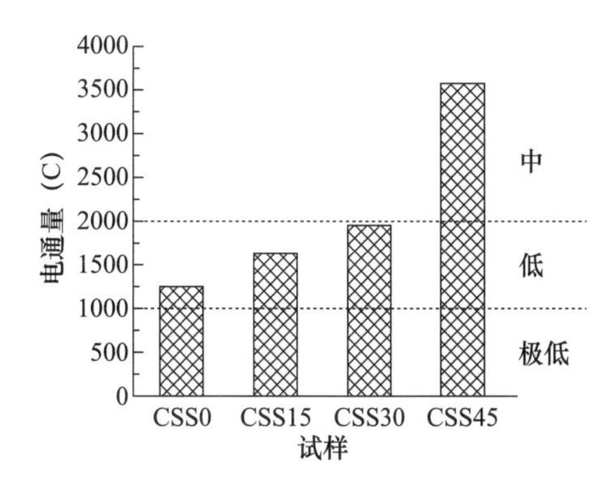

图4.30 5年龄期水胶比为0.5的含钢渣粉混凝土的氯离子渗透性

图4.31和图4.32给出了在恒定28d抗压强度分别为47MPa和73MPa情况下的5年龄期钢渣粉混凝土氯离子渗透性。从图4.31中可以看出样品CS0显示出低渗透性，但样品CS15和CS30显示出更低的渗透性。钢渣粉含量的增加降低了混凝土的电荷传递。在恒定28d抗压强度条件下，5年龄期含钢渣粉混凝土抗氯离子渗透性优于硅酸盐水泥混凝土。降低水胶比显著改善了钢渣粉混凝土的孔结构，使其相互连接的孔隙率明显降低（图4.28），导致氯离子渗透性等级降低。图4.32结果表明，随着钢渣粉含量的增加，混凝土的电通量也随之降低，所有研究样品在5年龄期渗透性都很低。当设计的28d含钢渣粉混凝土抗压强度较高时，水胶比进一步降低，混凝土的相互连接孔隙率在5年龄期时也较低（图4.29）。因此，通过适当降低水胶比，使含钢渣粉的混凝土获得了较好的抗氯离子渗透性。当恒定28d抗压强度时，5年龄期的含钢渣粉混凝土抗压强度高于普通硅酸盐水泥混凝土。

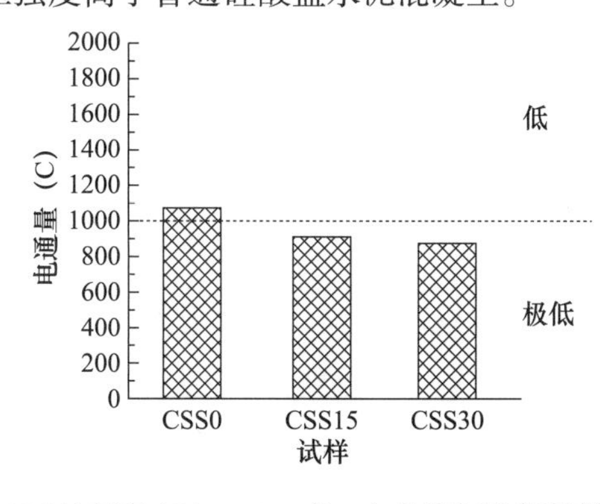

图4.31 恒定28d抗压强度为47MPa的5年龄期钢渣粉混凝土氯离子渗透性

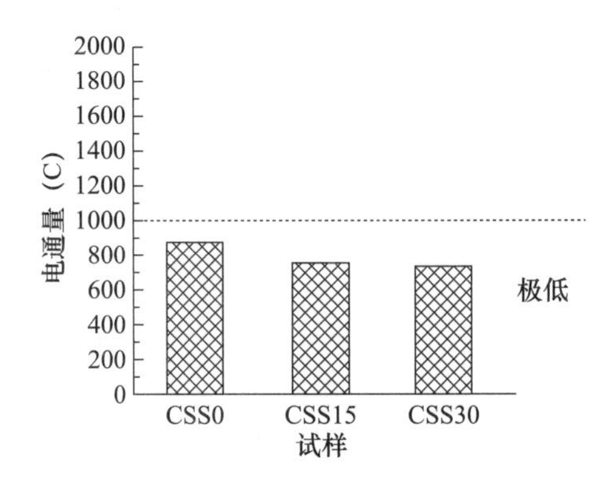

图 4.32　恒定 28d 抗压强度为 73MPa 的 5 年龄期钢渣粉混凝土氯离子渗透性

4.5.4　XRD 分析

图 4.33 所示为 5 年龄期水胶比为 0.5 的含钢渣粉混凝土的 XRD 图谱。养护 5 年后衍射峰 C_2S 和 C_3S，说明混凝土中仍存在一些未水化的水泥和钢渣粉。混凝土长期养护后，随着矿渣或粉煤灰的取代比的增加，未水化的 C_2S 和 C_3S 的量明显减少。然而，钢渣粉的加入呈现不同的变化。与样品 SS0 相比，样品 SS15、SS30 和 SS45 的 C_2S 和 C_3S 的衍射峰在 5 年龄期时没有减弱，这归因于 C_2S 和 C_3S 的结晶状态。钢渣粉 C_2S 和 C_3S 的活性较低，这是由于在低冷却速率下可以更好地结晶。随着钢渣粉含量的增加，$Ca(OH)_2$的衍射峰在 5 年龄期时变弱，是由于水泥含量低的同时钢渣粉反应只生成少量的 $Ca(OH)_2$。这说明了 5 年龄期含钢渣粉混凝土水化产物量仍低于硅酸盐水泥。因此，含钢渣粉混凝土在 5 年龄期时获得了较低的抗压强度和较高的互连孔隙率（图 4.27）。由于碳化，在 5 年龄期的混凝土中发现了碳酸钙的衍射峰。钢渣粉含量较高的混凝土表现出较强的碳酸钙衍射峰，这与钢渣粉用量较大的混凝土 5 年龄期时互

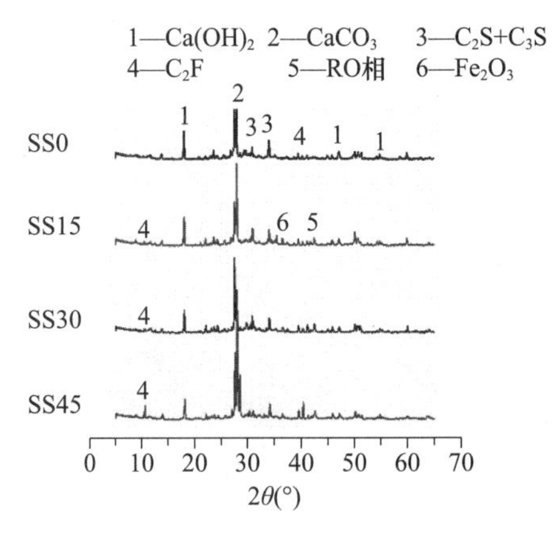

图 4.33　5 年龄期水胶比为 0.5 的含钢渣粉混凝土的 XRD 图谱

连孔隙率较高有关（图 4.27）。从图中还观察到 C_2F、Fe_2O_3和 RO 相的衍射峰随着钢渣粉用量的增加，强度明显增加。结果表明，C_2F、Fe_2O_3和 RO 相的反应程度即使在养护 5 年后也很低。

4.5.5 显微形貌分析

图 4.34 显示了 5 年龄期水胶比为 0.5 的含钢渣粉混凝土硬化浆体的形态。图 4.34（a）表明，5 年龄期硅酸盐水泥混凝土有大量水化产物，针状钙矾石生长以填充孔隙，小颗粒水泥充分反应，大的水泥颗粒被厚厚的 C-S-H 凝胶包围。硅酸盐水泥反应程度高导致混凝土结构致密，在 5 年龄期时获得低互连孔隙率和高强度的硅酸盐水泥混凝土（图 4.24 和图 4.27）。由于样品 SS15 中只含有极少量的钢渣粉，且不易发现钢渣粉颗粒。因此，它的形态没有被研究。图 4.34（b）表明，CSS30 样品 5 年龄期的微观结构也非常致密。在图 4.34（b）中以圆圈圈出的粒子的能谱在图 4.34（c）中给出，结果表明，由于铁较高，证实该颗粒为钢渣粉。可见钢渣粉为扫描电镜观察到的白色颗粒，所以很容

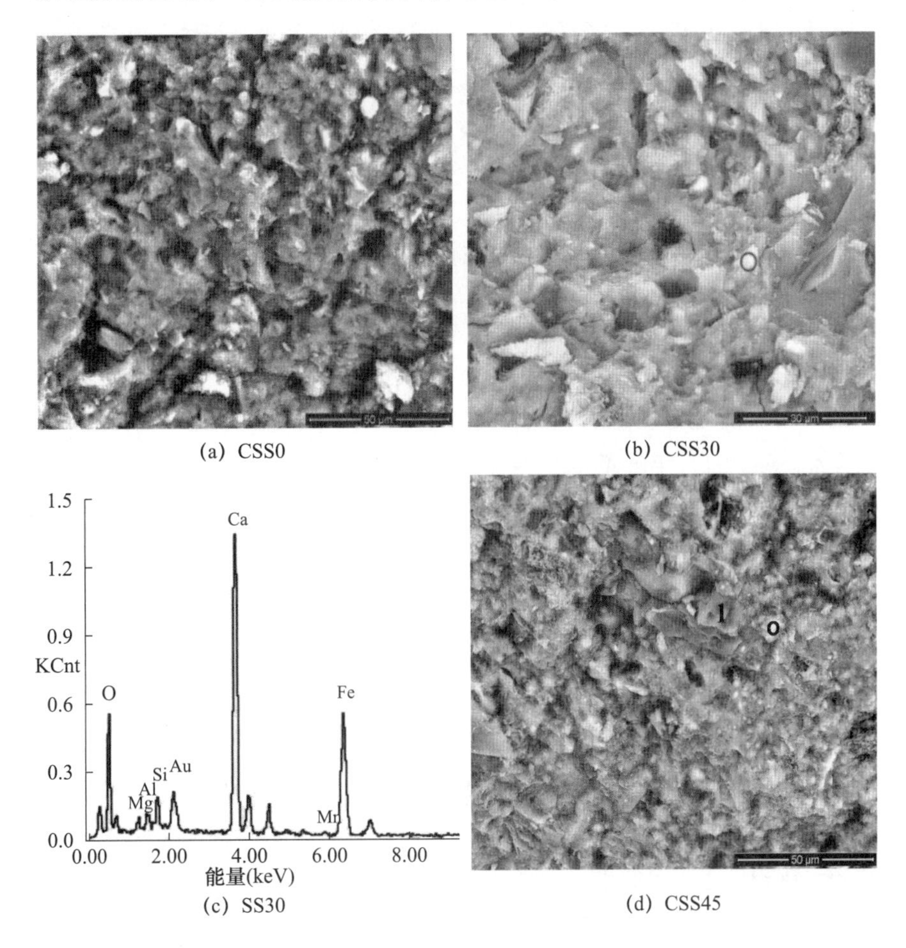

(a) CSS0　(b) CSS30

(c) SS30　(d) CSS45

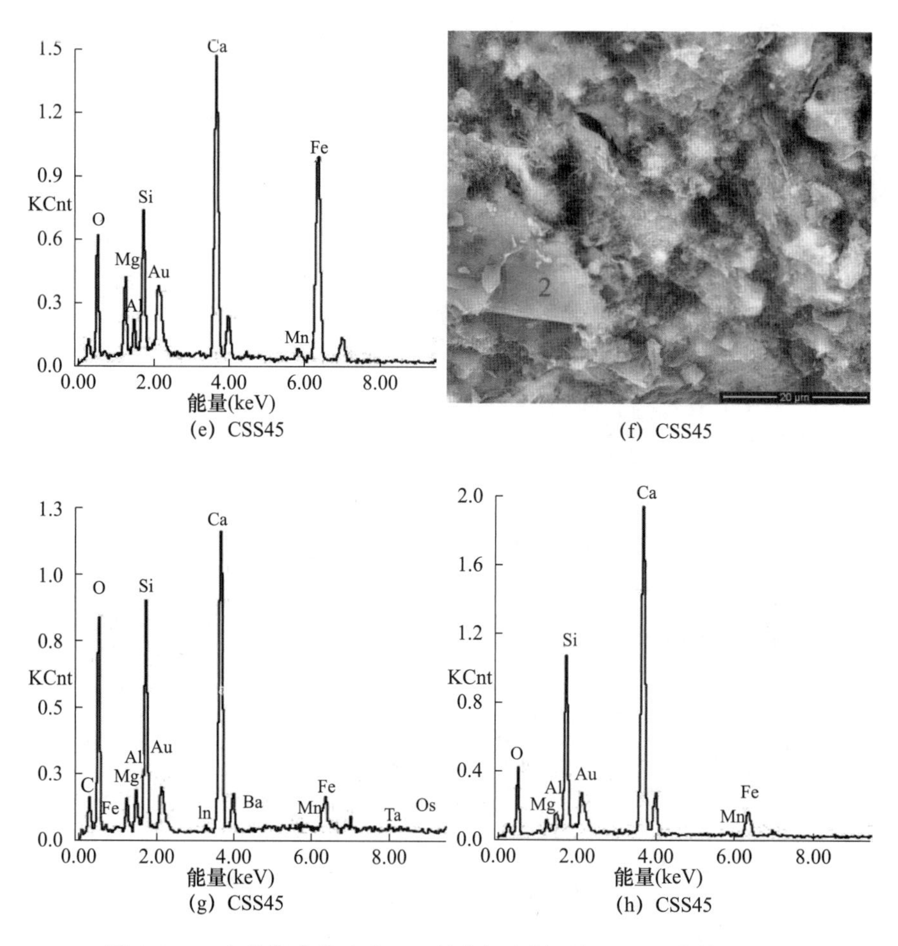

图 4.34　5 年龄期水胶比为 0.5 的含钢渣粉混凝土硬化浆体的形态

易区分。细粒径的钢渣粉粒在 5 年龄期时仍未充分反应，说明长龄期后钢渣粉的反应程度仍较低。细颗粒钢渣粉可作为微团聚体，但大颗粒钢渣粉对混凝土性能有负面影响。图 4.34（d）显示了低放大倍率下样品 SS45 的 5 年龄期时的形态。在图 4.34（d）中画圆圈的颗粒由图 4.34（e）能谱图证实是钢渣粉。很明显，5 年龄期的 CSS45 样品中存在许多钢渣粉颗粒。与 CSS0 和 CSS30 样品相比［图 4.34（a）和（b）］，CSS45 样品中只观察到少量的水化产物。样品 CSS45 的结构多孔，在高倍率下，样品 CSS45 的粗结构更明显［图 4.34（f）］。图 4.34（g）和图 4.34（h）分别显示图 4.34（d）中的点“1”和图 4.34（f）中的点“2”的能谱结果。这两种粒子的主要元素是 Ca、Fe、Mg 和 Mn，证明这两个粒子是 RO 相。该结果与 XRD（图 4.33）结果一致。RO 相表面非常光滑，与周围水化产物产物结合较弱。这说明即使水化 5 年，RO 相的水化程度也极低，在这个点上裂缝很容易形成。因此，多孔结构和较大的 RO 相导致含有 45% 钢渣粉的混凝土在 5 年龄期时抗压强度降低。在 RO 相中 MgO 和 CaO 被溶解，溶解的 MgO 和 CaO 的反应活性极低。因此，在 5 年内 RO 相对混凝土体积稳定性的影响是非常有限的。

图 4.35 显示了 5 年龄期的混凝土界面过渡区。如图 4.35（a）所示，厚厚的水化产物聚集在硅酸盐水泥混凝土界面过渡区。集料与硬化浆体紧密结合。然而，对于含有 45% 钢渣粉的混凝土，其界面过渡区的结构松散明显［图 4.35（b）］。在界面过渡区可以发现许多未反应的钢渣粉颗粒，集料与硬化浆体之间的黏结力较弱，两者之间形成裂缝。界面过渡区的性质与混凝土的性能密切相关。界面过渡区的松散结构对 5 年龄期含 45% 钢渣粉混凝土的抗压强度、孔隙率和渗透性有很大的不利影响（图 4.24、图 4.27 和图 4.30）。

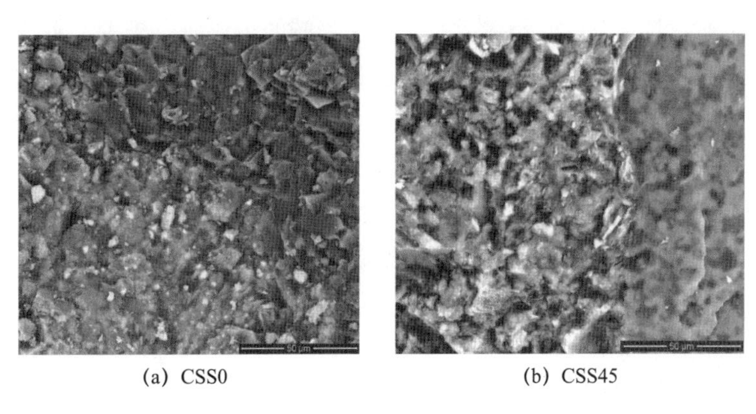

(a) CSS0　　(b) CSS45

图 4.35　5 年龄期的混凝土界面过渡区

4.5.6　C-S-H 组分

C-S-H 凝胶是混凝土的主要水化产物，其特性直接影响混凝土的性能。通过 EDS 分析，我们研究了 5 年龄期含钢渣粉混凝土中 C-S-H 凝胶的组成。图 4.36、图 4.37 和图 4.38 分别显示了在 CSS0、CSS30 和 CSS45 样品中 C-S-H 凝胶的 Ca/Si 比、Al/Si 比和 Ca/(Si + Al）原子比。如图 4.36 所示，C-S-H 凝胶的 Ca/Si 比在 1.48 ~ 2.27 之间变化，其平均值为 1.85，C-S-H 凝胶的 Al/Si 比在 0.08 ~ 0.14 之间变化，其平均值为 0.11。C-S-H 凝胶的 Ca/(Si + Al）比在 1.30 ~ 1.94 之间变化，其平均值为 1.66。研究结果与 Taylor 等人[16]的结果一致。Taylor 等人研究发现，20 年龄期硅酸盐水泥浆体中 C-S-H 凝胶的 Ca/Si 比、Al/Si 比和 Ca/(Al + Si）比分别为 1.84、0.10 和 1.68。结果表明，C-S-H 凝胶在硅酸盐水泥混凝土中的组成在 5 ~ 20 年间变化不大。对于样品 CSS30，C-S-H凝胶的 Ca/Si 比在 1.40 ~ 2.24 之间变化，其平均值为 1.73。C-S-H凝胶的 Al/Si 比在 0.10 ~ 0.26 之间变化，平均值为 0.21。C-S-H

凝胶的 Ca/(Si + Al) 比在 1.15 ~ 1.80 之间变化，其平均值为 1.43 (图 4.37)。由图 4.38 可知，C-S-H 凝胶的 Ca/Si 比在 1.32 ~ 2.17 之间，其平均值为 1.66。C-S-H 凝胶的 Al/Si 比值在 0.11 ~ 0.28 之间，平均值为 0.17。C-S-H 凝胶的 Ca/(Si + Al) 比在 1.12 ~ 1.88 之间变化，其平均值为 1.42。随着钢渣粉用量的增加，5 年龄期混凝土 C-S-H 凝胶的 Ca/Si 比和 Ca/(Si + Al) 比明显降低。这说明钢渣粉反应生成了低 Ca/Si 比和低 Ca/(Si + Al) 比的 C-S-H 凝胶，且钢渣粉中的 Ca 含量远低于硅酸盐水泥中的 Ca 含量。此外，如上所述，由于活性较低，钢渣粉的 C_2S 和 C_3S 的水化程度要低得多。但是 Al/Si 比率呈现相反的趋势，这是因为与硅酸盐水泥相比，钢渣粉的 Al 含量高，Si 含量低。目前，对含钢渣粉混凝土长期养护后的 C-S-H 凝胶的组成研究较少，本章所得到的结果无法与其他研究者的研究结果相比较。

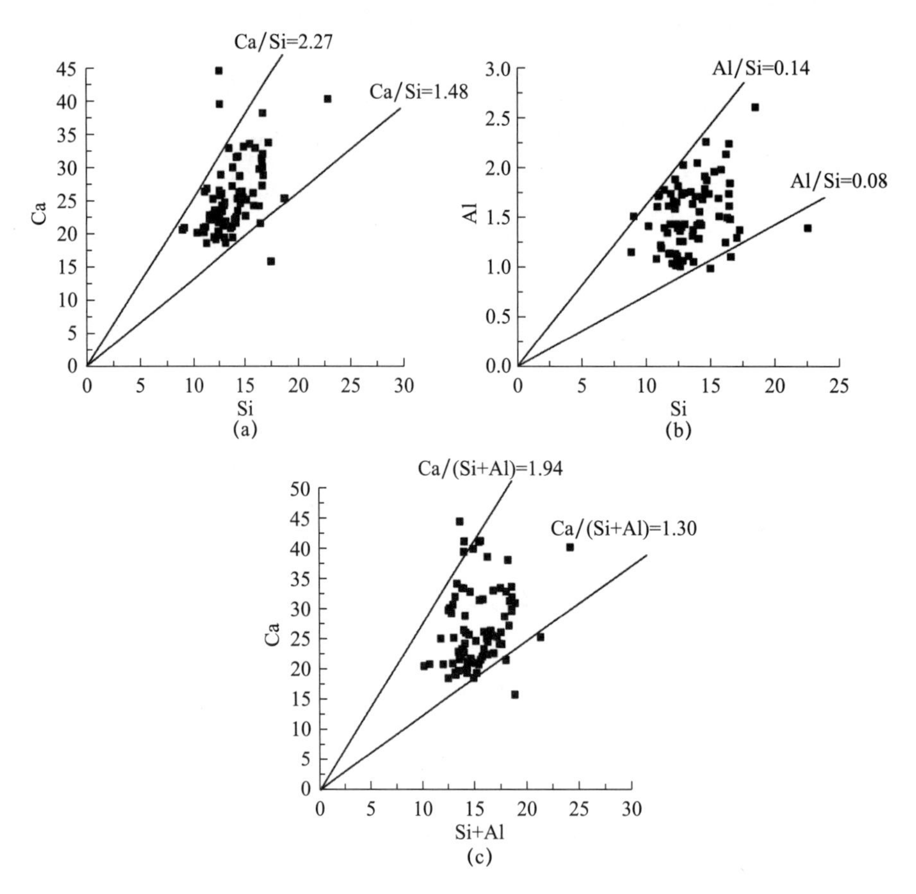

图 4.36　在 5 年龄期样品 CSS0 中 C-S-H 的 Ca/Si 比、Al/Si 比和 Ca/(Al + Si)原子比

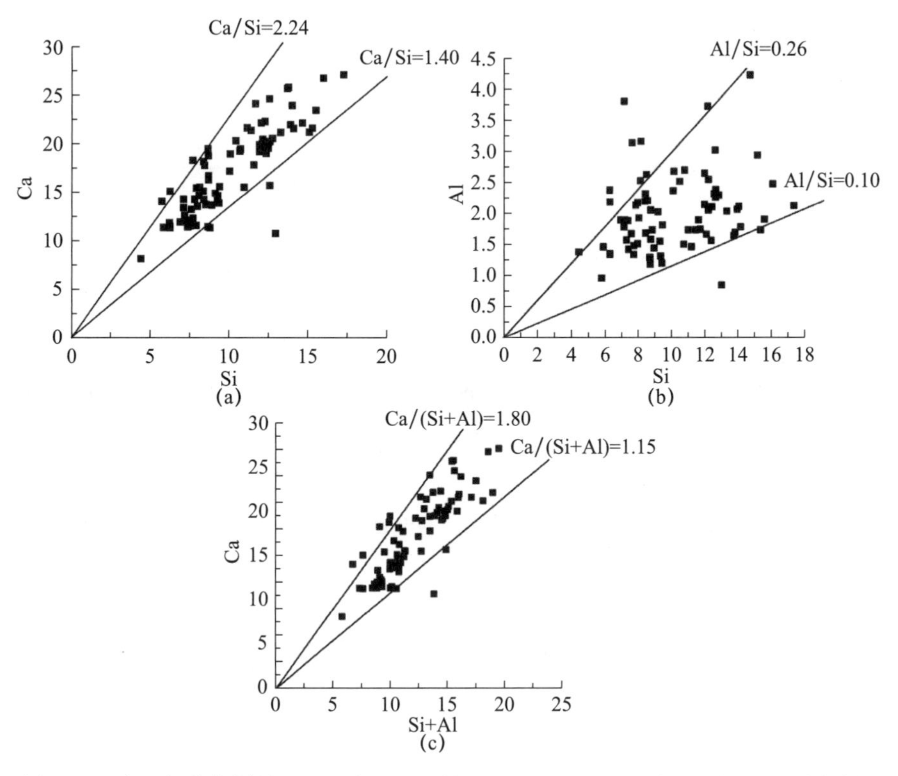

图 4.37 在 5 年龄期样品 CSS30 中 C-S-H 的 Ca/Si 比、Al/Si 比和 Ca/(Al+Si)原子比

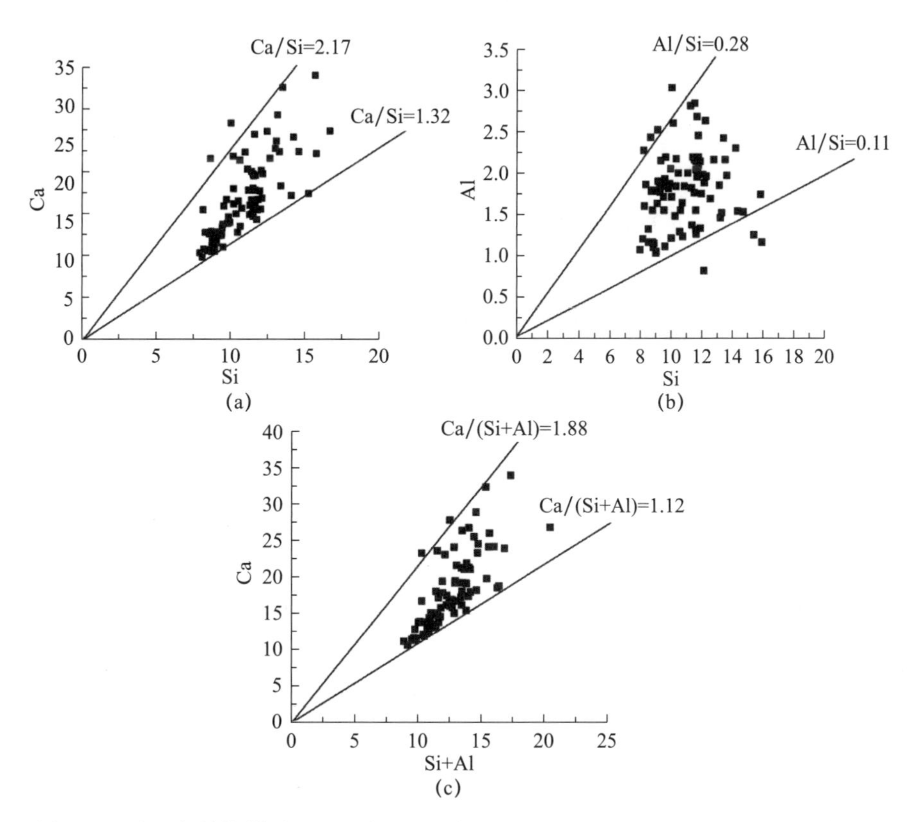

图 4.38 在 5 年龄期样品 CSS45 中 C-S-H 的 Ca/Si 比、Al/Si 比和 Ca/(Al+Si)原子比

参考文献

[1] MASON B. The constitution of some open-heart slag [J]. Iron Steel Inst, 1994, 11: 69-80.

[2] TYDLITÁT V, MATAS T, CERNÝ R. Effect of *w/c* and temperature on the early-stage hydration heat development in Portland-limestone cement [J]. Construction and Building Materials, 2014, 50: 140-147.

[3] TSAKIRIDIS P E, PAPADIMITRIOUS G D, TSIVILIS S, et al. Utilization of steel slag for Portland cement clinker production [J]. Journal of Hazardous Materials, 2008, 152 (2): 805-811.

[4] KNUDSEN T. On particle size distribution in cement hydration [C]. Paris, Proceeding of 7th International Congress on the Chemistry of Cement, 1980, 1: 170.

[5] KOUROUNIS S, TSIVILIS S, TSAKIRIDIS P E, et al. Properties and hydration of blended cements with steelmaking slag [J]. Cement and Concrete Research, 2007, 37 (6): 815-822.

[6] 吴学权. 矿渣水泥水化动力学研究 [J]. 硅酸盐学报, 1988 (5): 423-429.

[7] TSAKIRIDIS P E, PAPADIMITRIOUS G D, TSIVILIS S, et al. Utilization of steel slag for Portland cement clinker production [J]. Journal of hazardous materials, 2008, 152 (2): 805-811.

[8] MONSHI A, ASGARANI M K. Producing Portland cement from iron and steel slags and limestone [J]. Cement and Concrete Research, 1999, 29 (9): 1373-1377.

[9] WU X, ROY D M, LANGTON C A. Early stage hydration of slag-cement [J]. Cement and Concrete Research, 1983, 13 (2): 277-286.

[10] ROY R. Crystal chemistry of non-metallic materials. Lecture Notes for Materials Science, The Pennsylvania State Univarsity, 1981: 249.

[11] WANG Q, YAN P, YANG J, et al. Influence of steel slag on mechanical properties and durability of concrete [J]. Construction and Building Materials, 2013, 47 (C): 1414-1420.

[12] HAN F, YAN P. Hydration characteristics of slag-blended cement at different temperatures [J]. Journal of Sustainable Cement-Based Materials, 2015, 4 (1): 34-43.

[13] HAN F, LIU R, WANG D, et al. Characteristics of the hydration heat evolution of composite binder at different hydrating temperature [J]. Thermochimica Acta, 2014, 586 (8): 52-57.

[14] YAN P, HAN F. Quantitative analysis of hydration degree of composite binder by image analysis and non-evaporable water content [J]. Journal of the Chinese Ce-ramic Society, 2015, 43 (10): 1331-1340.

[15] WANG Q, PEIYU Y, JIANWEI Y, et al. Influence of steel slag on mechanical

properties and durability of concrete [J]. Construction and Building Materials. 2013, 47: 1414-1420.

[16] TAYLOR R, RICHARDSON I G, BRYDSON R M D. Composition and microstructure of 20-year-old ordinary Portland cement-ground granulated blast-furnace slag blends containing 0 to 100% slag [J]. Cement and Concrete Research, 2010, 40: 971-983.

5 磷渣粉

5.1 磷渣粉的基本材料特性

磷渣（PS）是电炉法生产黄磷的副产物。中国和美国每年生产的磷渣分别超过800万t和360万t。磷渣的主要成分是SiO_2和CaO，其总含量通常大于85%。磷渣的玻璃相含量大于90%，说明磷渣具有潜在的反应活性。但由于磷渣的Al_2O_3含量较低，其反应活性低于矿渣粉。同时，磷渣中残留的磷对水泥的早期水化有普遍的延缓作用，人们通过各种方法对含磷渣的复合胶凝材料的反应活性进行了大量的研究，发现用磷渣部分替代水泥可改善新拌混凝土的流动性。磷渣反应消耗$Ca(OH)_2$，产生额外的C-S-H凝胶，可以增加结构密实度，减少有害孔隙数量。结果表明，掺磷渣的混凝土具有良好的抗冻融性能和抗硫酸盐性能。然而，Allahverdi发现，含有高百分比磷渣的混凝土耐久性下降，尽管其后期抗压强度较高。总体来说，这些研究表明，添加适量的磷渣可以改善混凝土的力学性能和耐久性。

本章中所涉及的磷渣粉是粒化电炉磷渣粉（granulated electric furnace phosphorous slag powder），是指用电炉法制备黄磷的过程中所得到的以硅酸钙为主要成分的熔融物，经过淬冷成粒并磨细加工而成的粉末。磷渣的主要化学成分是CaO和SiO_2，还含有少量Al_2O_3、MgO、Fe_2O_3、P_2O_5、F（表5.1），此外磷渣中还含有微量的Na_2O、K_2O、S、TiO_2。

表5.1　全国23家黄磷厂磷渣化学成分统计　　　　%

含量	化学成分						
	CaO	SiO_2	Al_2O_3	Fe_2O_3	MgO	P_2O_5	F
平均值	45.84	39.95	4.03	1.00	2.82	2.41	2.38
均方值	2.41	3.15	1.95	0.85	1.51	1.37	0.21
波动范围	41.15～51.17	35.45～43.05	0.83～9.07	0.23～3.54	0.76～6.00	2.41～1.37	1.92～2.75

磷渣粉的XRD图谱如图5.1所示，很显然，磷渣的主要矿物相是非晶态的玻璃体（漫散峰），磷渣中的晶态相主要包括磷酸钙、原硅酸钙以及钙长石。

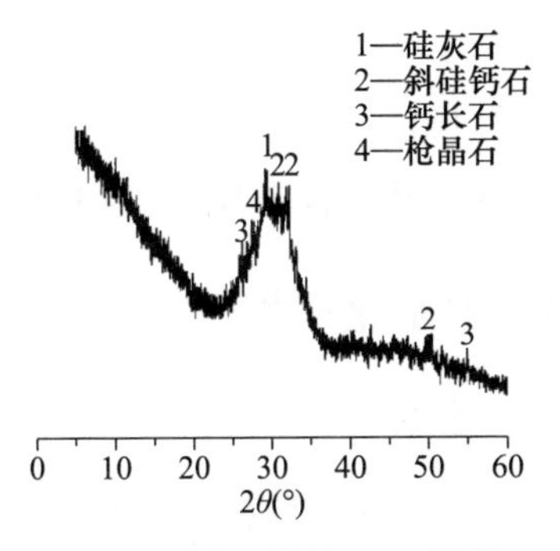

图 5.1 磷渣粉的 XRD 图谱

目前我国已经正式颁布了多部有关磷渣作为混凝土矿物掺和料或水泥混合材的标准，包括《用于水泥中的粒化电炉磷渣》（GB/T 6645）、《用于水泥和混凝土中的粒化电炉磷渣粉》（GB/T 26751）、《混凝土用粒化电炉磷渣粉》（JG/T 317）、《磷渣混凝土应用技术规程》（JGJ/T 308）、《水工混凝土掺用磷渣粉技术规范》（DL/T 5387）[1]。此外，我国还颁布了适用于建筑材料行业用磷渣的《粒化电炉磷渣化学分析方法》（JC/T 1088）。

5.2 磷渣粉在水泥基材料水化过程中的作用机理

为了研究磷渣粉在水泥基材料水化硬化过程中的作用机理，需要详细了解掺磷渣粉的复合水泥基材料的水化产物类型、磷渣粉对复合水泥基材料水化进程的影响以及磷渣粉对硬化浆体微结构的影响。

磷渣粉等辅助性胶凝材料在水泥基材料水化过程中的作用机理可以分为两个方面：化学作用和物理作用[2]。为了更好地区分磷渣粉的化学作用和物理作用，有必要选择与磷渣粉细度相近的惰性材料做对比。本章采用的惰性对比材料为石英粉，磷渣粉与石英粉的粒径分布

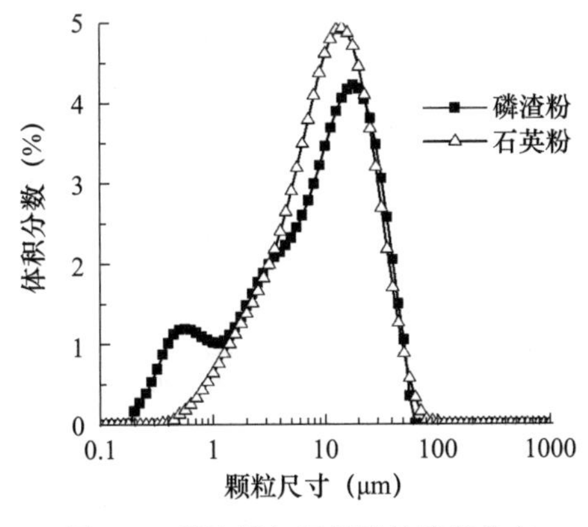

图 5.2 磷渣粉与石英粉的粒径分布

图如图5.2所示，从图5.2中可以看出，磷渣粉与石英粉的粒径分布基本一致，可以认为两种材料在复合胶凝材料水化过程中的物理作用相等[3]；净浆水灰比均为0.4；磷渣粉或石英粉的掺量为0%、15%和30%。

5.2.1 复合胶凝材料的水化产物

复合胶凝材料硬化浆体3d、7d、28d和90d的XRD图谱如图5.3所示。从图5.3中可以看到，与纯水泥试样相比，掺磷渣粉的复合胶凝材料硬化浆体中并没有新的晶体衍射峰出现，说明磷渣粉的掺入并不会产生新的晶态产物。但是掺磷渣的硬化浆体中$Ca(OH)_2$的衍射峰低于纯水泥试样，尤其是在磷渣掺量较大的条件下，含磷渣的硬化浆体$Ca(OH)_2$衍射峰明显降低。这是因为，在早期，磷渣会抑制水泥的水化，降低水泥的水化速率，减小水泥的水化程度，从而降低体系内$Ca(OH)_2$的含量；在后期，磷渣的火山灰反应会消耗$Ca(OH)_2$，降低体系中$Ca(OH)_2$的含量。

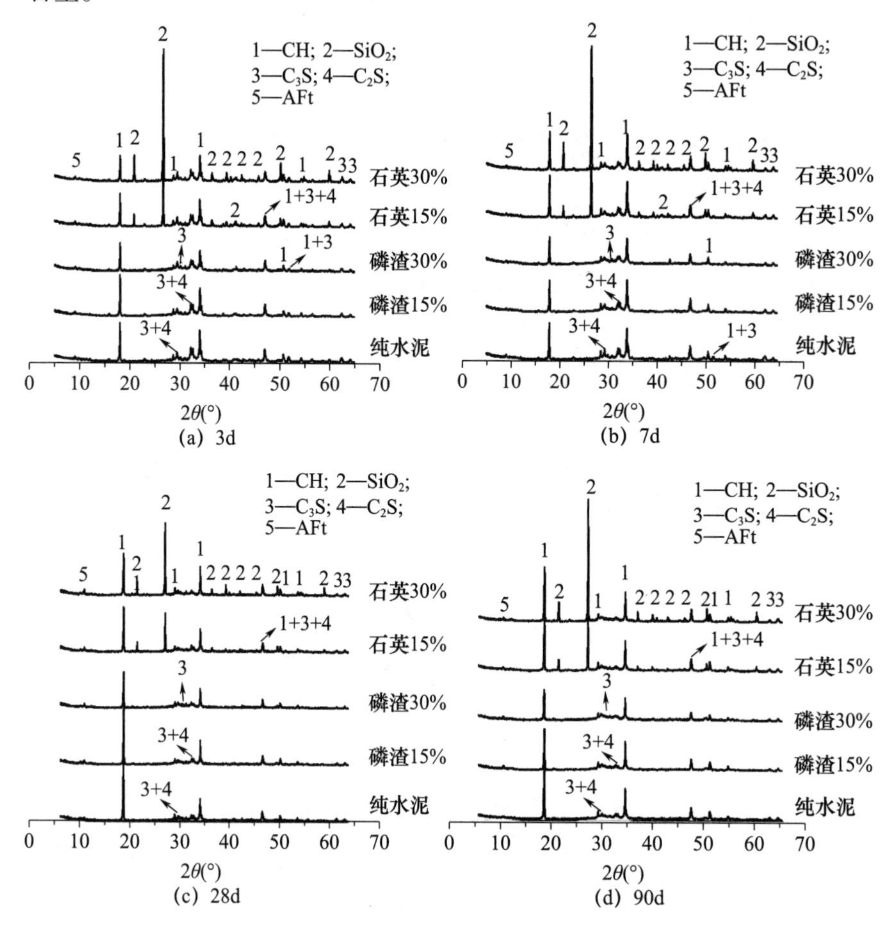

图5.3 复合胶凝材料硬化浆体XRD图谱

热重分析（TGA）能够精确地计算复合胶凝材料硬化浆体中的 $Ca(OH)_2$含量，$Ca(OH)_2$含量的变化有助于印证并定量表征磷渣的火山灰活性。图 5.4 是复合胶凝材料硬化浆体的 TG/DTC 曲线。从图 5.4 中可以看到，样品在 400～500℃之间有明显的受热分解失重，该热失重区间对应着 $Ca(OH)_2$的受热分解。此外，在 600～800℃之间还存在一个较小的受热分解失重峰，该失重峰主要对应着 $CaCO_3$的受热分解[4]。根据 TG/DTC 曲线可以计算得到硬化浆体中 $Ca(OH)_2$的含量，如图 5.5 所示。从图 5.5 中可以看出，掺磷渣粉和石英粉的硬化浆体中 $Ca(OH)_2$的含量明显低于纯水泥组，为了能够更清晰地对比磷渣粉和石英粉对 $Ca(OH)_2$含量的影响，图中标出了纯水泥样品 $Ca(OH)_2$含量的 85% 和 70% 刻度线（对应着磷渣粉或石英粉的掺量为 15% 和 30%）。对比含石英粉的硬化浆体与修正后的纯水泥硬化浆体的 $Ca(OH)_2$含量可以发现，无论是 3d 还是 28d，含石英粉硬化浆体中的 $Ca(OH)_2$含量明显高于纯水泥试样。这主要是因为细石英粉有成核作用，促进水泥的早期水化；石英粉对水泥的稀释作用，一定程度上增大了实际水灰比以及水化产物生长空间。由于磷渣粉和石英粉粒度相近，上述石英粉的物理作用可以近似地表征

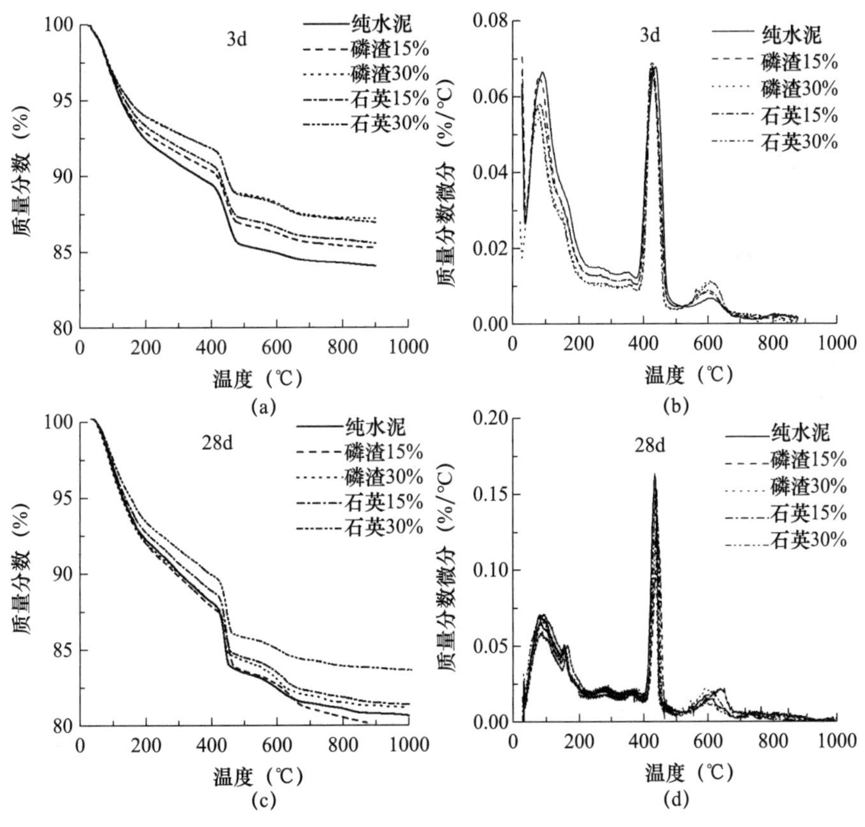

图 5.4　复合胶凝材料硬化浆体 TG/DTG 曲线

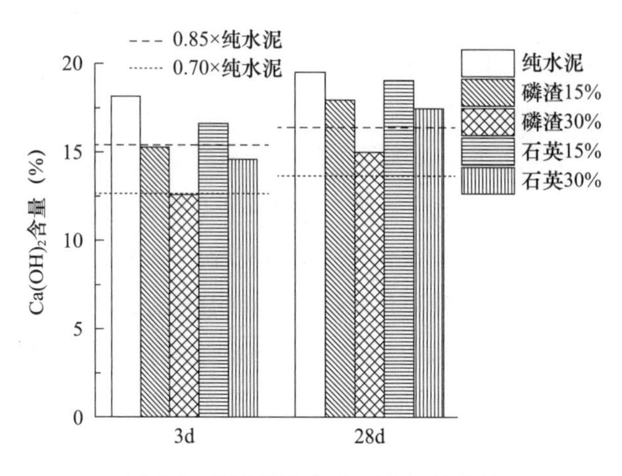

图 5.5　硬化浆体中 $Ca(OH)_2$ 的含量

磷渣粉对水泥水化的物理影响。但是，从图 5.5 中可以看到，含磷渣粉的硬化浆体 3d 的 $Ca(OH)_2$ 的含量略低于修正后的纯水泥试样，这是因为磷渣在早期具有延缓水泥水化的作用，具体机理详见 5.2.2 小节。在养护 28d 后，含磷渣粉的硬化浆体中 $Ca(OH)_2$ 含量虽然高于修正后的纯水泥试样，但仍然比同样掺量石英粉的硬化浆体低。在后期，磷渣粉对水泥水化的延缓作用减弱，但磷渣自身的火山灰反应消耗 $Ca(OH)_2$，降低了体系中的 $Ca(OH)_2$ 含量（相比于石英组）。

图 5.6 是 1 年龄期的含 30% 磷渣粉的复合胶凝材料硬化浆体微观形貌及 EDS 图谱，从图中可以看出，一年龄期时，硬化浆体的微观结构已经非常致密。硬化浆体中仍存在一些未反应的颗粒，经 EDS 分析，为磷渣。磷渣颗粒周围分布着致密的 C-S-H 凝胶，磷渣颗粒与周围结构紧密地黏结在一起，部分轮廓已无法清晰辨认。

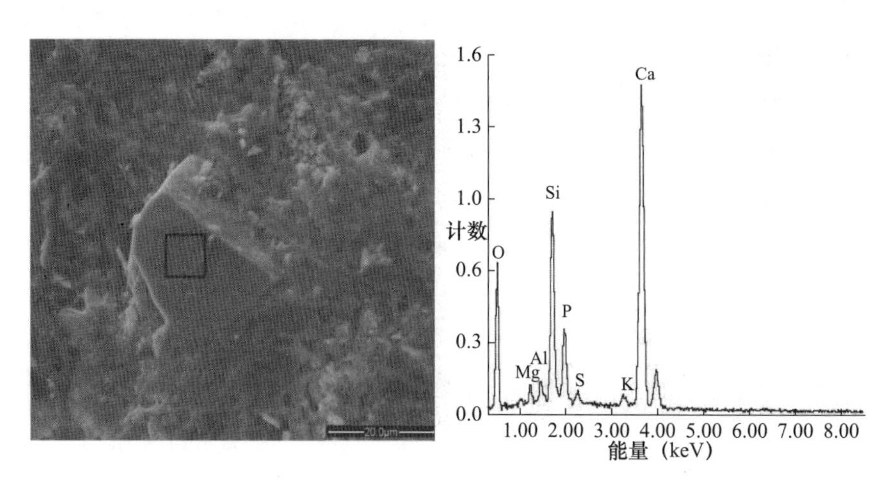

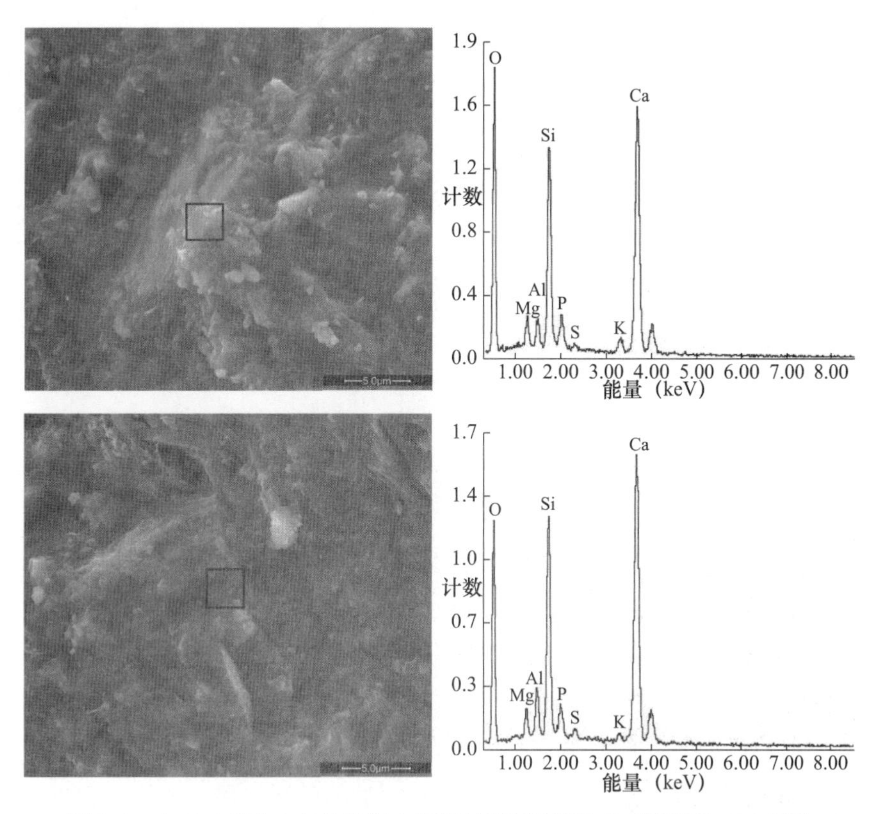

图 5.6 含 30% 磷渣 1 年龄期复合胶凝材料硬化浆体微观形貌及 EDS 图谱

纯水泥、含 15% 磷渣以及含 30% 磷渣的硬化浆体 1 年龄期时的 C-S-H 凝胶的钙硅比如图 5.7 所示。纯水泥试样中的 C-S-H 凝胶的钙硅比的范围为 1.66 ~ 2.78，平均钙硅比为 2.21；含 15% 磷渣粉的试样中的 C-S-H 凝胶的钙硅比的范围为 1.54 ~ 2.50，平均钙硅比为 1.94；含 30% 磷渣粉的试样中的 C-S-H 凝胶的钙硅比的范围为 1.50 ~ 2.36，平均钙硅比为 1.88。随着磷渣掺量增加，硬化浆体中 C-S-H 凝胶的钙硅比逐渐降低，说明磷渣水化产生了低钙硅比的 C-S-H 凝胶，这与矿渣、粉煤灰等火山灰材料是一致的[5,6]。这主要是由于，水泥原材料中的钙硅比（Ca/Si）为 3.09，而磷渣原材料中的 Ca/Si 比仅有 1.21，明显低于水泥。

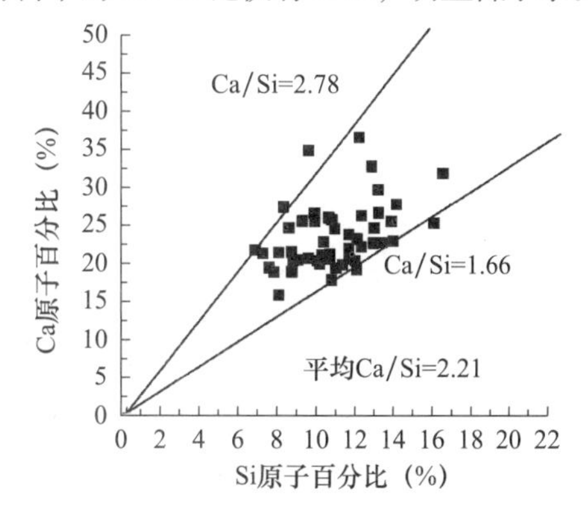

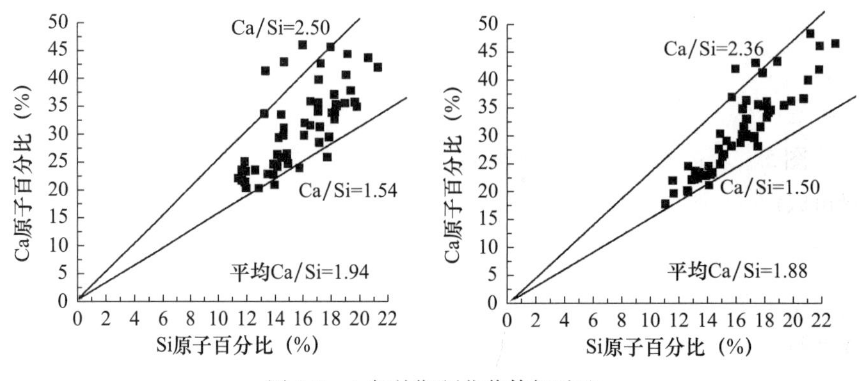

图 5.7　1 年龄期硬化浆体钙硅比

5.2.2　复合胶凝材料的水化过程

复合胶凝材料的水化放热速率和累积放热量如图 5.8 所示。从图 5.8 中可以看到，因为水泥含量的减少，掺磷渣或者石英粉的复合胶凝材料的水化放热峰和累积放热量降低。但是，石英粉的掺入使得复合胶凝材料的水化放热加速期稍微提前，进一步证明了细石英粉的成核作用促进了早期水泥水化。但含磷渣粉的复合胶凝材料的第二放热峰却明显延后，表明磷渣粉对水泥的早期水化具有明显的延缓作用。很多研究也表明[7,8]，磷渣的掺入会明显降低胶凝材料水化放热，但磷渣对水泥早期水化的延缓机理尚未有统一的理论。关于磷渣延缓水泥水化的作用机理主要有以下几种：磷渣中磷元素的溶出与 Ca^{2+}、OH^- 生成了氟羟基磷灰石和磷酸钙，覆盖在 C_3A 的表面从而抑制了其水化，导致缓凝；液相中的 $[PO_4]^{3-}$ 等磷酸根离子的存在限制了 AFt 的形成，而 $[SO_4]^{2-}$ 又阻碍了六方水化物向 C_3AH_6 转化，当可溶性磷与石膏同时存在时，它们的复合作用延缓了 C_3A 的整个水化过程，即 C_3A 的水化停留在生成六方水化物层阶段既没有 AFt 生成，也无 C_3AH_6 生成[9,10]；磷渣颗粒吸附在硅

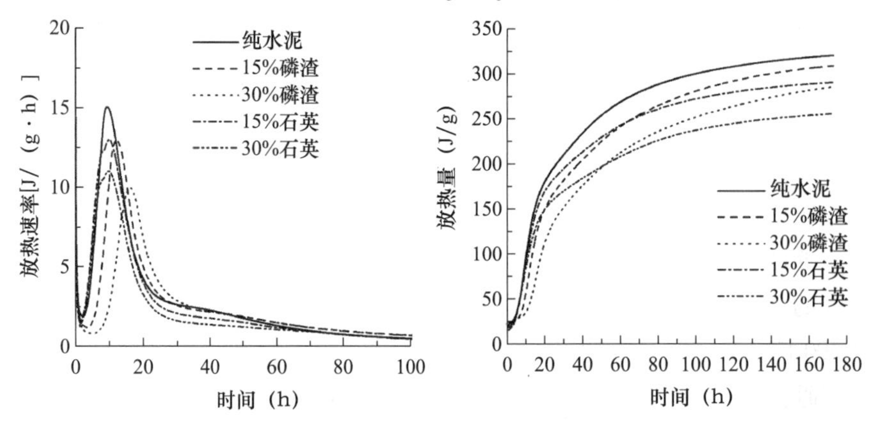

图 5.8　复合胶凝材料水化放热速率与累积放热量曲线

酸盐水泥水化初期形成的半透水性水化产物薄膜上，使这层 C-S-H 半透性薄膜的致密性增加，延长了胶凝材料水化诱导期[7,8,11,12]。到目前为止，有关磷渣缓凝的作用机理尚需要更多直接的证据来佐证。

图 5.9 是复合胶凝材料硬化浆体中化学结合水的含量，化学结合水含量可以定性表征硬化浆体中水化产物的多少。从图 5.9 中可以看出，含磷渣粉和石英粉的硬化浆体中化学结合水的含量均略低于纯水泥试样，这主要是由水泥含量的降低引起的。为了能够更好地表征磷渣和石英对复合胶凝材料化学结合水含量的影响，同样对纯水泥试样的化学结合水进行了修正，分别乘以系数 0.85 和 0.70（对应着磷渣或石英掺量为 15% 和 30%）。可以发现，含磷渣或石英的硬化浆体中化学结合水含量均明显高于修正后的纯水泥试样。在 5.2.1 小节中提到，细石英粉自身的成核作用和对水泥的稀释作用分别能够促进水泥的早期和后期水化程度，增加水化产物含量，进而增加硬化浆体中的化学结合水含量。掺磷渣的硬化浆体化学结合水含量在 3d 龄期时略高于掺石英的硬化浆体，而在后期则明显高于掺石英的硬化浆体。这种长龄期含磷渣粉和含石英粉的硬化浆体化学结合水含量的差异在较大掺量的情况下尤为明显。由于化学结合水最早从 3d 开始测量，磷渣对水泥水化的延缓作用已经较弱，而磷渣自身的火山灰反应能够提供额外的水化产物，增加化学结合水含量。磷渣火山灰反应对化学结合水含量的贡献随着龄期的增长和掺量的增加而增大。

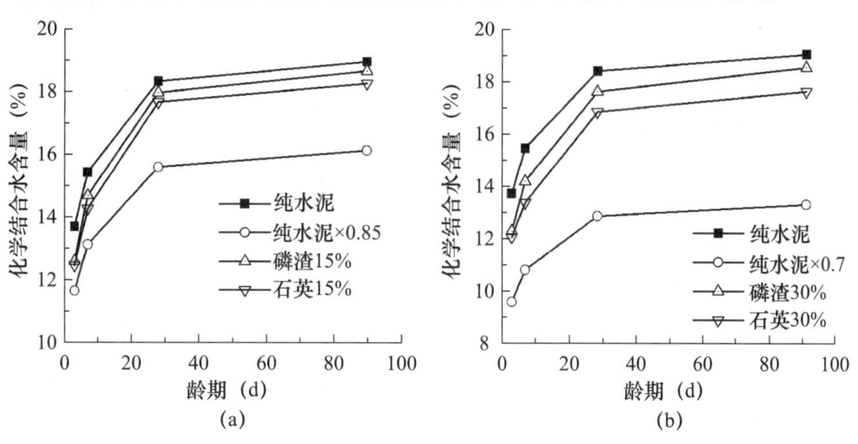

图 5.9 复合胶凝材料硬化浆体中化学结合水含量

通过图像处理法可以精确测量硬化浆体中各组分的反应程度。将 3d、28d、90d 的硬化浆体镶嵌在环氧树脂中，先后用粒径为 9μm、3μm 和 1μm 的金刚石抛光粉抛光，在背散射电子显微镜（BSE）下得到样品放大到 500 倍的 BSE 图像。通过对图像像素的统计，得到各物相的体积分数，进而通过对比原始配合比，得到各组分特定龄期的反应程度。典型的 BSE 图像以及 BSE 图像对应的灰度分布分别如图 5.10 和图 5.11 所示。

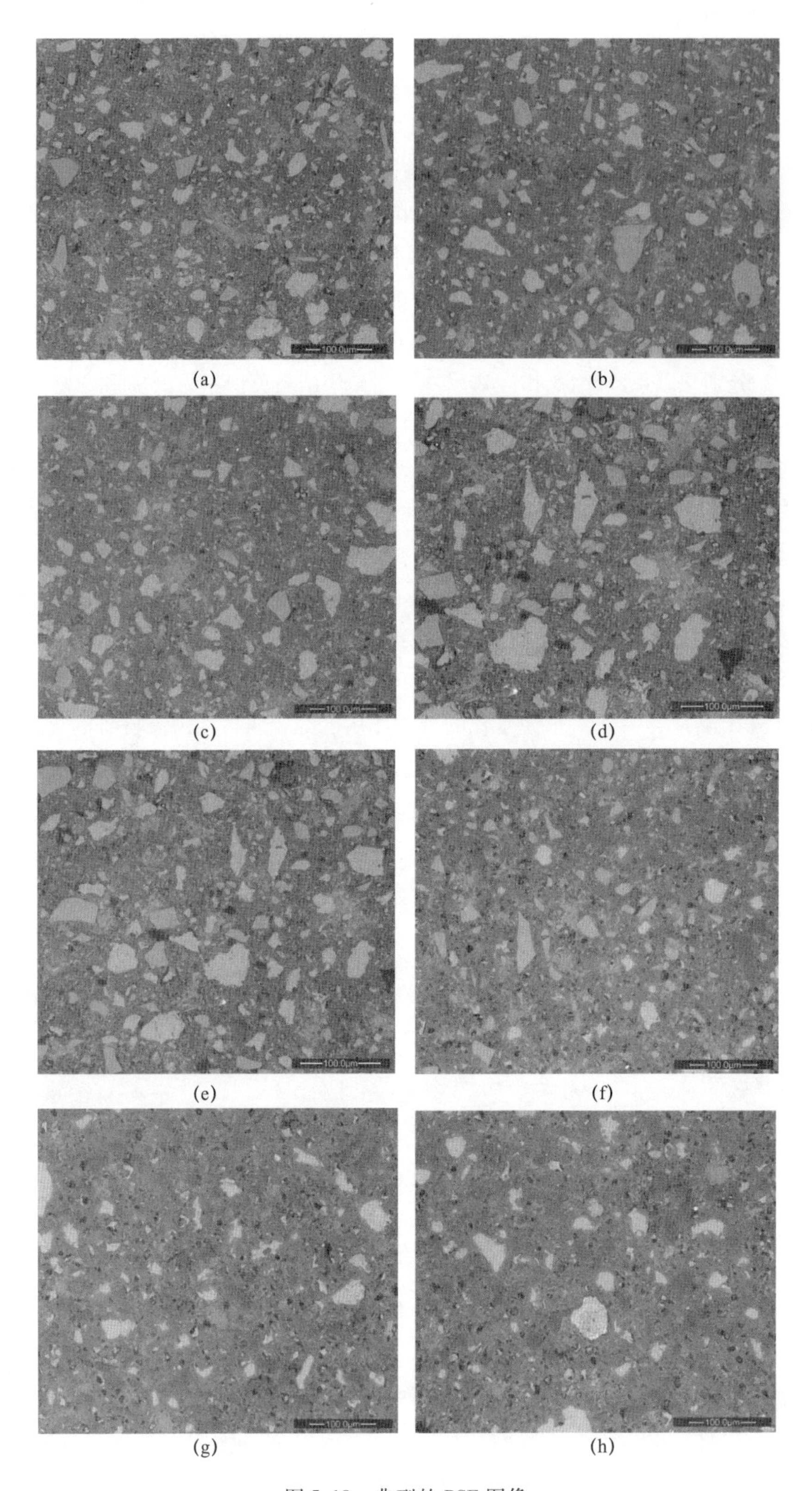

图 5.10　典型的 BSE 图像

注：（a）~（f）含磷渣的硬化浆体；（g）~（h）含石英的硬化浆体

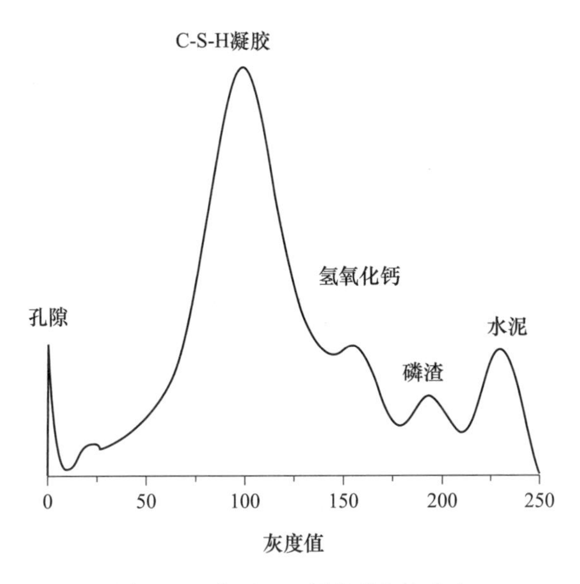

图 5.11 典型 BSE 图像的灰度分布

通过图像处理法得到的复合胶凝材料硬化浆体中水泥和磷渣的反应程度如图 5.12 所示。从图中可以看到，掺石英粉的硬化浆体中水泥的反应程度始终高于纯水泥试样，且随着石英掺量的增加，这种趋势更加明显，进一步证明了石英自身的成核作用以及石英对水泥的稀释作用能够促进水泥的水化。但是，含磷渣粉的硬化浆体中水泥 3d 的水化程度明显低于纯水泥试样，这主要是因为磷渣对水泥早期水化的延缓作用，这种延缓作用随着磷渣掺量的增加而增大。随着养护龄期的延长，在 28d 之后，含磷渣粉的硬化浆体中水泥的水化程度超过纯水泥试样，甚至高于含石英粉的试样。这是因为磷渣与石英粒度相近，二者对水泥水

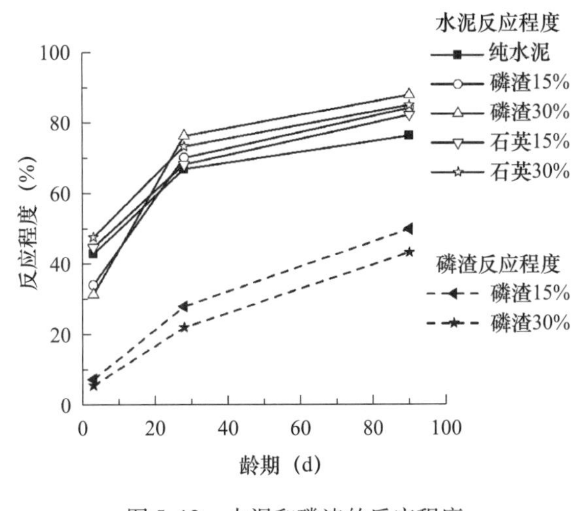

图 5.12 水泥和磷渣的反应程度

化的物理作用相似，但在中后期，磷渣的缓凝作用不再起作用，相反，磷渣的火山灰活性消耗 $Ca(OH)_2$，进一步促进了水泥的水化。磷渣的反应程度随掺量的增加而降低，15% 和 30% 掺量的磷渣在 90d 的反应程度能够达到 40% ~50%。

5.2.3 硬化浆体孔结构

图 5.13 是复合胶凝材料硬化浆体的累积孔隙分布图。从图中可以看到，含石英粉的硬化浆体 3d 的累积孔隙明显高于纯水泥组，但多出的这部分孔隙主要是孔径小于 100nm 的孔。水泥含量的降低使得孔隙率增大，但石英粉的填充作用细化了硬化浆体的孔结构。掺磷渣的硬化浆体 3d 的累积孔隙同样高于纯水泥组，且多出的这部分孔隙的孔径在 100 ~200nm。磷渣对水泥水化的延缓作用使得体系中 100 ~200nm 的孔隙不能够被水化产物很好地填充。在养护 28d 之后，所有样品的累积孔体积都有所降低，尤其是含磷渣的硬化浆体。尽管含磷渣硬化浆体的累积孔体积仍然略高于纯水泥试样，多出的这部分孔隙主要是孔径小于 50nm 的

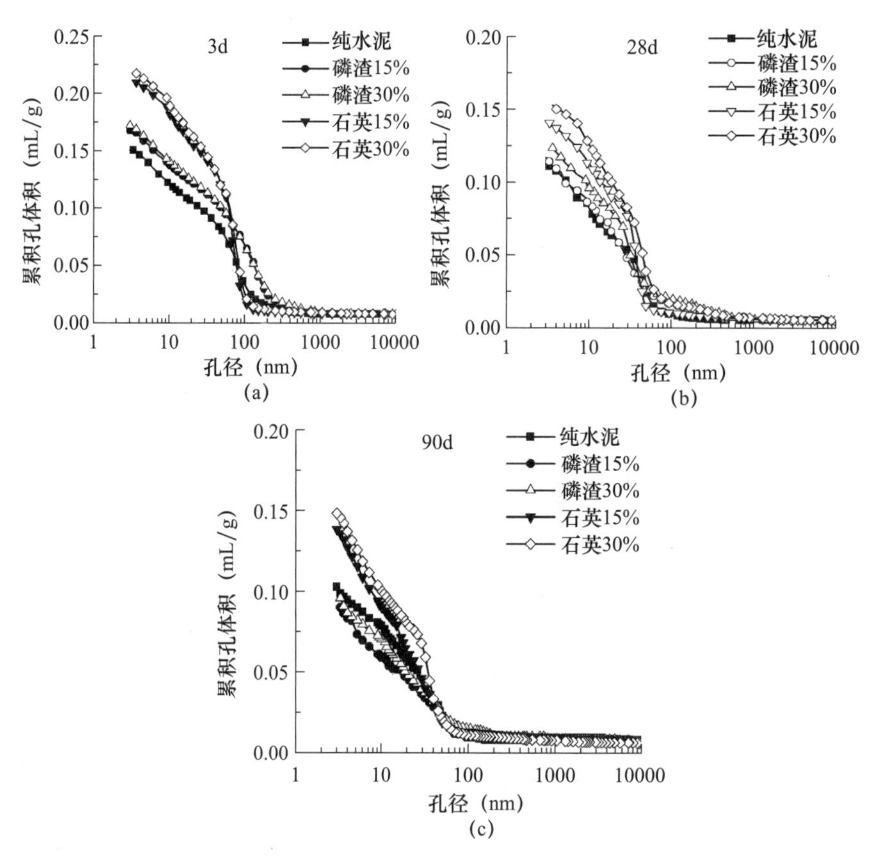

图 5.13 复合胶凝材料硬化浆体累积孔隙分布图

小孔。相比于28d的累积孔体积，纯水泥试样和含石英的硬化浆体90d的累积孔体积变化较小，说明28d后由于水泥水化带来的硬化浆体孔结构的改善已经不明显。但含磷渣的硬化浆体孔结构在后期仍然有较大的改善，90d龄期时含磷渣的硬化浆体的累积孔体积已经小于纯水泥试样。这主要是因为磷渣后期的火山灰活性，生成了额外的水化产物，填充孔隙，细化了孔结构。

5.2.4 高温养护对复合胶凝材料水化性能的影响

胶凝材料水化是放热反应，实际混凝土结构中的温度要高于实验室标准养护温度，高温下磷渣在复合胶凝材料中的作用机理也将有所不同。60℃条件下复合胶凝材料的水化放热曲线如图5.14所示，早期60℃蒸养7d的硬化浆体的TG/DTG曲线、$Ca(OH)_2$含量、化学结合水含量、反应程度、累积孔体积分别如图5.15～图5.19所示。从图5.14可以看出，高温条件下磷渣仍然具有延缓水泥水化的作用，但这种对水泥早期水化的抑制作用明显减弱。与常温养护不同，在28d龄期时，含磷渣的硬化浆体中的$Ca(OH)_2$含量要明显低于修正后的纯水泥样品（图5.16），这说明高温条件激发了磷渣的火山灰活性，磷渣较强的火山灰反应消耗较多的$Ca(OH)_2$量。与常温养护相似，含磷渣或石英粉的硬化浆体高温养护条件下的化学结合水含量高于修正后的纯水泥试样（图5.17）。此外，高温养护条件下含磷渣的硬化浆体的化学结合水含量在3d龄期开始就明显高于含石英粉的硬化浆体，这与常温养护有明显区别。化学结合水含量的改变进一步证明高温养护提高了磷渣火山灰反应活性，使磷渣的火山灰反应起作用的时间明显提前。高温对磷渣反应活性的激发作用能够从水泥和磷渣的反应程度上更直观地体现出来（图5.18）；高温养护条件下磷渣3d的反应程度已经达到12%，常温养护条件下仅为5%～8%；高温养护条件下磷渣90d的反应程度能够达到60%左右，明显高于常温养护条件。图5.19显示高温养护条件下含磷渣的硬化浆体3d的孔体积仍然高于纯水泥试样，但含磷渣的硬化浆体中孔径在100nm以上的大孔的体积与纯水泥试样区别较小，这与常温养护有明显区别。这是因为高温条件下磷渣的反应活性被激发，磷渣火山灰反应对孔结构的改善作用在较早龄期便体现出来。此外，高温养护条件下，含石英粉的硬化浆体中100～300nm的大孔体积在3d和90d均高于纯水泥试样，这与常温条件下石英粉对硬化浆体孔结构的细化作用相反。这是因为高温条件下，水泥反应速率较快，在水泥颗粒表面快速生成一层致密的水化产物层，水化产物难以渗透该产物层到达石英颗粒附近，石英粉附近的大孔隙不能被充分填充。

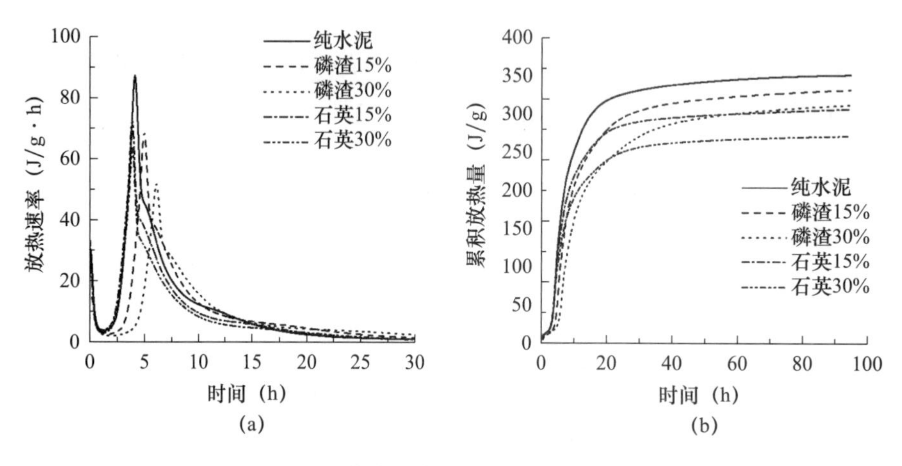

图 5.14　60℃条件下复合胶凝材料水化放热曲线

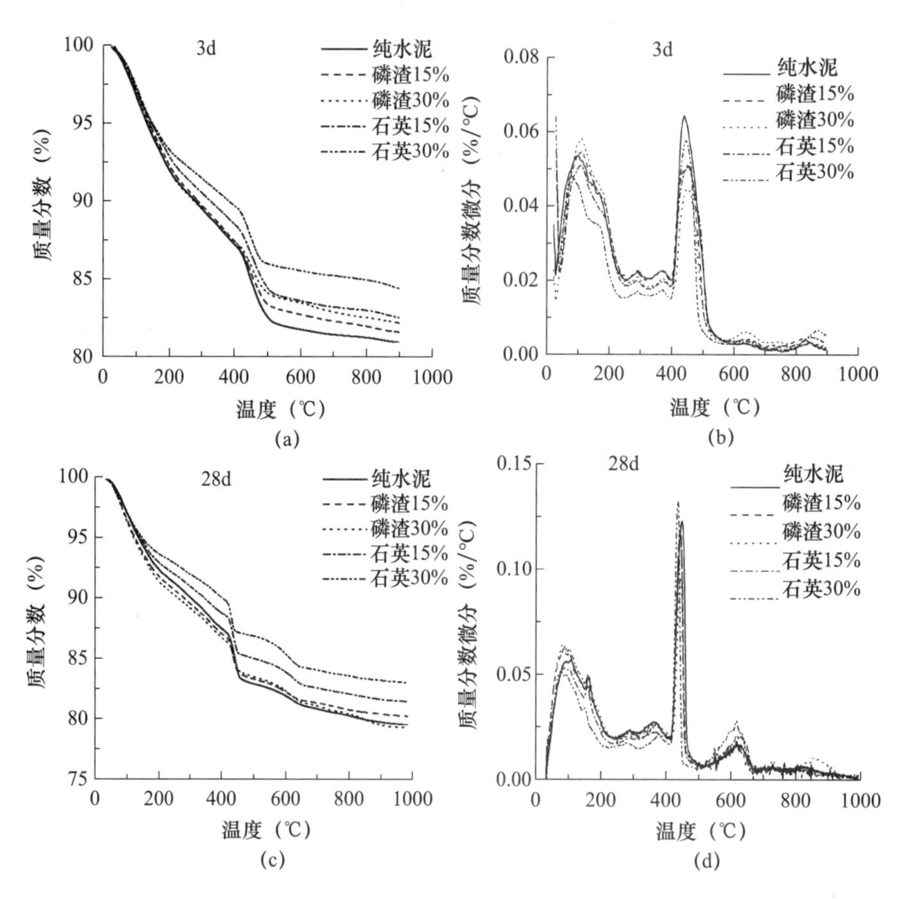

图 5.15　60℃条件下硬化浆体的 TG/DTG 曲线

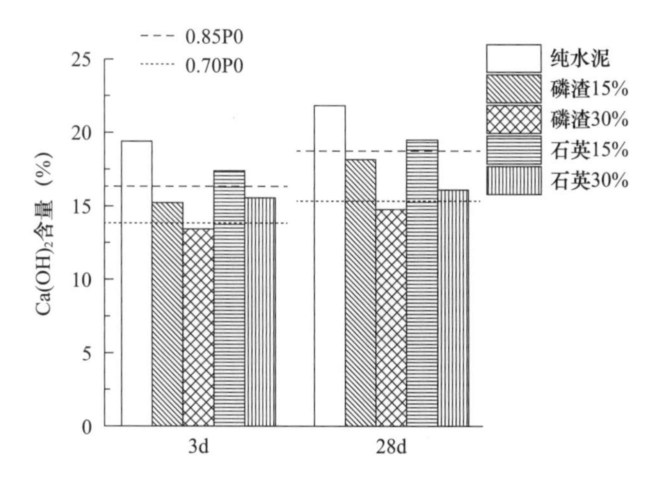

图 5.16　60℃条件下硬化浆体中 $Ca(OH)_2$ 含量

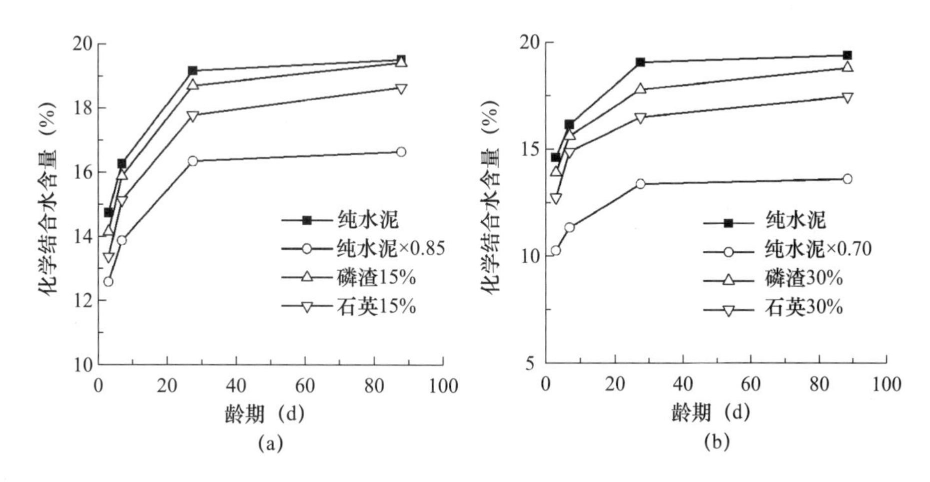

图 5.17　60℃条件下硬化浆体化学结合水含量

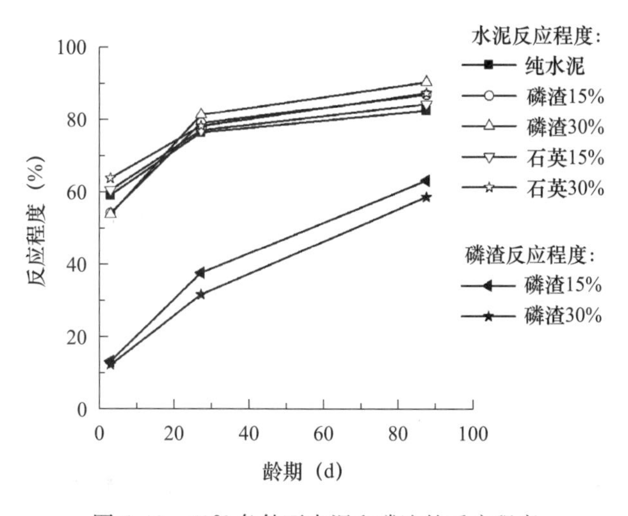

图 5.18　60℃条件下水泥和磷渣的反应程度

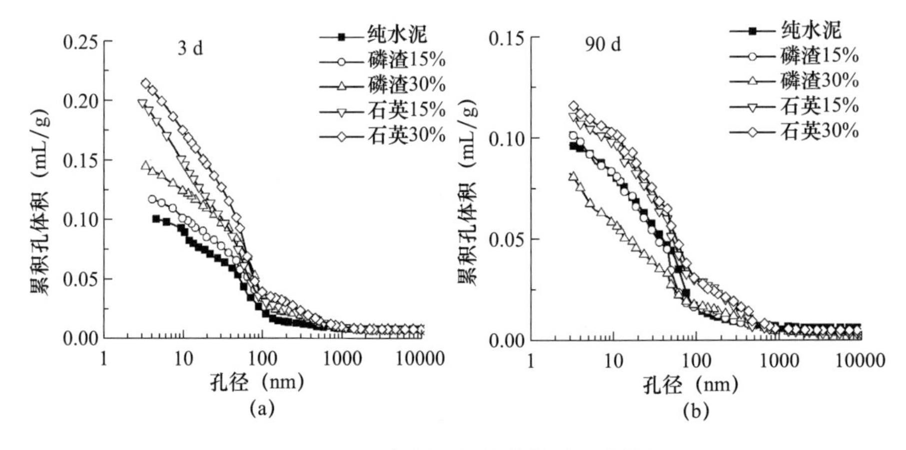

图 5.19　60℃条件下硬化浆体累积孔体积

5.3　磷渣粉对砂浆性能的影响

5.3.1　砂浆抗压强度的影响

图 5.20 是复合胶凝材料砂浆 3d、7d、28d 和 90d 的抗压强度。从图 5.20 中可以看到，掺石英粉的砂浆抗压强度始终低于纯水泥砂浆，但掺磷渣粉的砂浆抗压强度只在早期低于纯水泥砂浆。常温养护条件下，含磷渣粉的砂浆的抗压强度在 28d 时已经接近纯水泥砂浆，并随着养护时间的延长逐渐反超。而在高温养护条件下，含磷渣粉的砂浆抗压强度在 7d 龄期已经明显超过纯水泥砂浆。不难理解，含石英粉的砂浆由于水泥含量的降低而使强度发展受限，早期磷渣的低活性属性以及磷渣对水泥早期水化的延缓作用使含磷渣粉的砂浆强度低于纯水泥。但随着养护时间的延长，磷渣对水泥水化的延缓作用减弱，其自身的火山灰

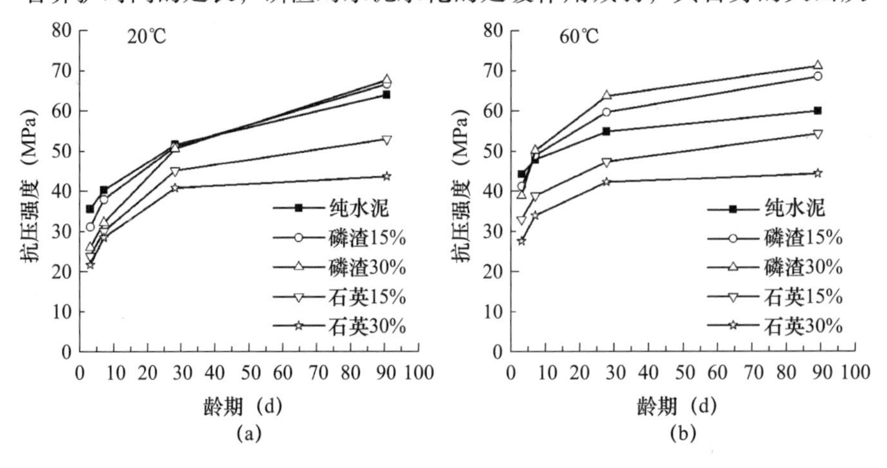

图 5.20　复合胶凝材料砂浆的抗压强度

反应活性被激发，持续进行的火山灰反应为中后期砂浆抗压强度的增长作出额外的贡献。高温条件进一步削弱了磷渣对水泥水化的抑制作用，同时进一步激发了磷渣的火山灰活性，使磷渣火山灰反应对砂浆抗压强度增长的贡献更加明显。

5.3.2 工作性

本小节选取 4 种不同细度的磷渣（P1 ~ P4），研究磷渣粉对水泥基材料新拌浆体工作性的影响，磷渣粉的掺量为 30%，磷渣粉与水泥的粒径分布如图 5.21 所示。

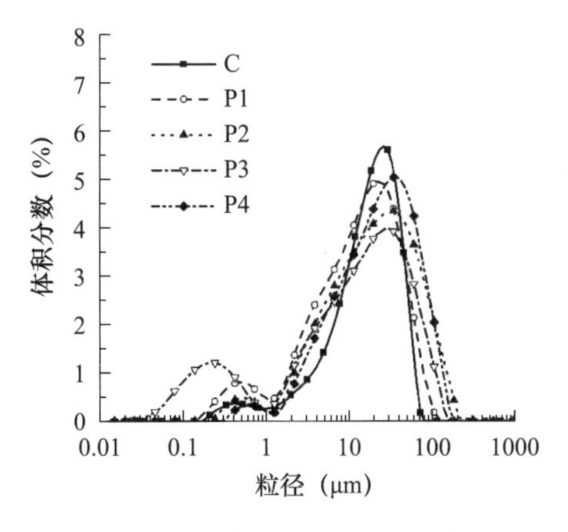

图 5.21 磷渣、水泥粒径分布

含磷渣粉新拌浆体剪切应力与剪切速率的关系如图 5.22 所示，根据宾汉塑性流体模型对图 5.22 的数据进行线性拟合，计算得到新拌浆体的屈服应力和塑性黏度见表 5.2。从表 5.2 中可以看到，除磷渣 P3 外，掺其他磷渣的新拌浆体屈服应力或塑性黏度均低于纯水泥组，这说明磷渣粉的掺入能够增大新拌浆体的流变性能。从图 5.21 中可以看到，磷渣 P3 含有较多粒径大小在 0.01μm 到 1μm 之间的细颗粒，较多的细小颗粒增大了磷

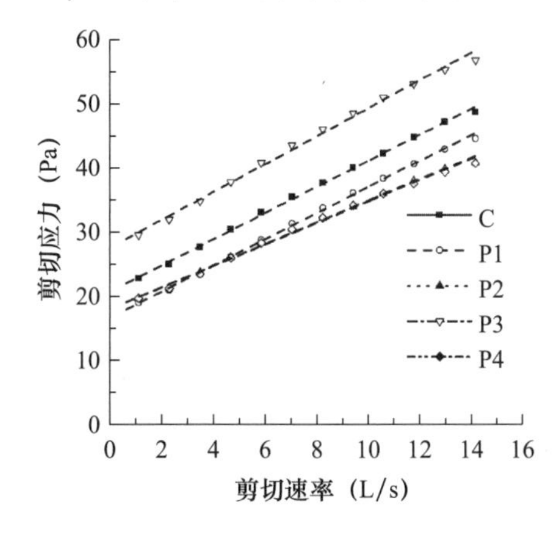

图 5.22 含磷渣粉新拌浆体剪切应力与剪切速率关系

渣粉的比表面积，进而增加了磷渣表面吸附水膜的体积，降低了新拌浆体中自由水的含量，最终导致掺磷渣 P3 的新拌浆体流变性能变差。

表 5.2　含磷渣新拌浆体的屈服应力和塑性黏度

编号	屈服应力（Pa）	塑性黏度（Pa·s）
C	20.84	2.04
P1	16.75	2.04
P2	18.11	1.69
P3	27.67	2.18
P4	18.11	1.67

参考文献

[1] 中华人民共和国国家发展和改革委员会．水工混凝土掺用磷渣粉技术规范：DL/T 5387—2007 [S]．北京：中国电力出版社，2007.

[2] 张增起．水泥-矿渣复合胶凝材料水化动力学模型研究 [D]．北京：清华大学，2018.

[3] 韩方晖．复合胶凝材料水化特性及动力学研究 [D]．北京：中国矿业大学（北京），2015.

[4] 史才军，元强．水泥基材料测试分析方法 [M]．北京：中国建筑工业出版社，2018.

[5] 孙海燕，何真，龚爱民，等．粉煤灰对水泥水化浆体微结构的影响 [J]．混凝土，2011（12）：79-82.

[6] 刘仍光，阎培渝．水泥-矿渣复合胶凝材料中矿渣的水化特性 [J]．硅酸盐学报，2012，40（8）：1112-1118.

[7] CHEN X，FANG K，YANG H，et al. Hydration kinetics of phosphorus slag-cement paste [J]. Journal of Wuhan University of Technology（Materials Science Edition），2011，26（1）：142-146.

[8] CHEN X，ZENG L，FANG K. Anti-crack performance of phosphorus slag concrete [J]. Wuhan University Journal of Natural Sciences，2009，14（1）：80-86.

[9] 王绍东，赵镇浩．新型磷渣硅酸盐水泥的水化特性 [J]．硅酸盐学报，1990，18（4）：379-384.

[10] 冷发光，包春霞．磷渣掺合料对水泥混凝土需水性与凝结时间影响的试验研究 [J]．混凝土与水泥制品，1998（2）：18-21.

[11] 程麟，盛广宏，皮艳灵，等．磷渣对硅酸盐水泥的缓凝机理 [J]．硅酸盐通报，2005，24（4）：40-45.

[12] 盛广宏．磷渣活性的激发及对硅酸盐水泥的缓凝机理 [D]．南京：南京工业大学，2004.

6 镍铁渣粉

6.1 概述

镍铁渣（Ferronickel slag）是高温熔炼过程中从镍铁矿石中提取镍和铁后，通过水淬产生的一种工业固体废弃物，生产 1t 镍铁，约产生 14t 镍铁渣。近年来，我国已经生产了超过 1 亿 t 镍铁渣，约占冶金矿渣总量的 20%，大量的镍铁渣只能储存在垃圾填埋场，占用了大量的土地，并造成严重的环境破坏，因此，迫切需要找到方法来提高镍铁矿渣的利用率。

按照工艺和设备的不同，镍铁渣可分为电炉镍铁渣（EFFS）和高炉镍铁渣（BFFS），这两种类型的镍铁渣的化学和矿物成分也不相同。电炉镍铁渣主要包括 SiO_2、MgO 和 CaO，并含有许多结晶矿物，而高炉镍铁渣的化学成分主要是 SiO_2、Al_2O_3、CaO 和 MgO，并含有大量的无定形相。两类镍铁渣典型的形貌分别如图 6.1 和图 6.2 所示，其中电炉镍铁渣一般呈绿色，而高炉镍铁渣则大多呈灰白色。

图 6.1　电炉镍铁渣粉的外观

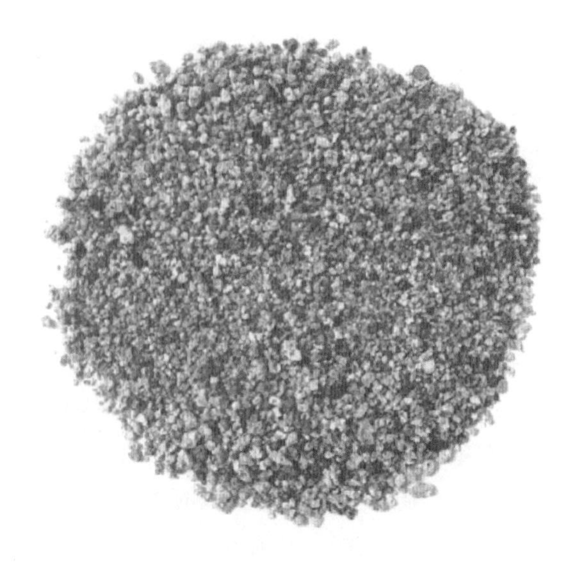

图 6.2　高炉镍铁渣粉的外观

电炉镍铁渣的特性已被广泛研究，大多数研究侧重于使用电炉镍铁渣作为混凝土细集料。Saha 等人[1,2]发现由于含有无定形二氧化硅，电炉镍铁渣细集料的碱-硅反应导致了膨胀，然而粉煤灰的加入可以有效抑制这种膨胀，此外，使用电炉镍铁渣作为集料对砂浆的抗硫酸盐性能几乎没有影响；Sakoi 等人[3]发现电炉镍铁渣集料具有较高的硬度和密度，但吸水率低；Sun 等人[4]发现加入电炉镍铁渣或高炉镍铁渣降低了混凝土的工作性，含有高炉镍铁渣集料的混凝土具有更高的力学强度和更好的耐久性。由于磨碎的镍铁渣中含有大量的无定形二氧化硅，具备反应活性，因此可以作为混凝土的辅助性胶凝材料，或作为碱激发材料的前驱体。Rahman 等人[5]发现，电炉镍铁渣中高含量的镁并没有导致膨胀，需水量和凝结时间也与其他矿物掺和料相似；Huang 等人[6]发现高炉镍铁渣粉具有较高的火山灰活性，高炉镍铁渣的掺入使复合胶凝材料的水化放热速率和累积水化放热量都有所下降；Kim 等人[7]发现，电炉镍铁渣混凝土早期的抗压强度较低，但其长龄期强度发展满足硅酸盐水泥混凝土的要求；Sun 等人[8]发现高温养护改善了高炉镍铁渣的火山灰活性，并显著提高了含高炉镍铁渣复合胶凝材料的水化放热速率，早期蒸汽养护提高了含有电炉镍铁渣砂浆的抗硫酸盐侵蚀能力；Lemonis 等人[9]发现，镍铁渣可以和天然沸石一起作为水泥的替代品使用，这些混合物满足了 42.5 级水泥的性能要求；Wang 等人[10]发现与含有粉煤灰的混凝土相比，含有电炉镍铁渣和磷渣的混凝土表现出更高的力学性能，高炉镍铁渣也可以作为生产碱激发材料的前驱体。

早在 20 世纪 80 年代初期，日本、苏联、希腊等国家就开始进行镍铁渣资源化的研究和实践，我国对于镍铁渣及其应用的研究开始得较晚。中国建筑学会在2016年6月发布了团体标准《水泥和混凝土用镍铁渣粉》（T/ASC 01—2016）[11]，针对镍铁渣粉在水泥和混凝土中的使用提出了一些具体的技术指标和性能要求。与电炉镍铁渣粉相比，高炉镍铁渣粉的非晶体相含量较高，更适合作为混凝土的辅助性胶凝材料，因此，了解高炉镍铁渣粉对硅酸盐水泥水化过程和水化机理的影响对其在混凝土中的大规模应用非常重要，本章主要以高炉镍铁渣粉为对象，详细研究掺高炉镍铁渣粉的复合胶凝材料水化机理及性能。

6.2 高炉镍铁渣粉基本性能

6.2.1 高炉镍铁渣粉的组成

本章选择了高炉矿渣、粉煤灰作为对照，研究高炉镍铁渣粉作为辅助性胶凝材料的水化机理。P·I 42.5 硅酸盐水泥和三种矿物掺和料（镍铁渣、矿渣和粉煤灰）的化学成分见表6.1，可以发现镍铁渣含有较高的SiO_2、CaO、Al_2O_3和MgO，高炉镍铁渣粉中Al_2O_3的含量占到20%以上，而MgO的含量则在10%左右。与矿渣相比，镍铁渣含有更多的Al_2O_3和更少的CaO。然而与粉煤灰相比，镍铁渣含有更多的CaO以及更少的SiO_2和Al_2O_3。

表6.1 水泥、镍铁渣、矿渣和粉煤灰的化学成分 %

组成	SiO_2	Al_2O_3	Fe_2O_3	CaO	MgO	SO_3	Na_2O_{eq}	f-CaO	烧失量
水泥	24.32	4.02	2.72	63.88	1.06	2.62	0.42	0.26	0.7
镍铁渣	28.06	21.89	1.49	28.16	11.77	3.34	2.9	—	0.82
矿渣	26.76	15.26	0.77	45.92	6.3	1.16	0.79	—	0.7
粉煤灰	51.12	32.94	5.96	3.49	1.04	0.65	2.11	—	0.43

高炉镍铁渣粉以非晶态组分为主，主要的晶态矿物成分是尖晶石（$MgAl_2O_4$），部分高炉镍铁渣中含有少量的Ca_2SiO_4和$MgSiO_3$晶体。

6.2.2 高炉镍铁渣粉的细度与形貌

图6.3显示了镍铁渣、矿渣和粉煤灰的粒径分布，很明显，在所研究的矿物掺和料中，镍铁渣的颗粒是最细的。高炉镍铁渣粉典型的微观形貌如图6.4所示，其颗粒在微观上呈现为大小不等、形状不规则的多面体。

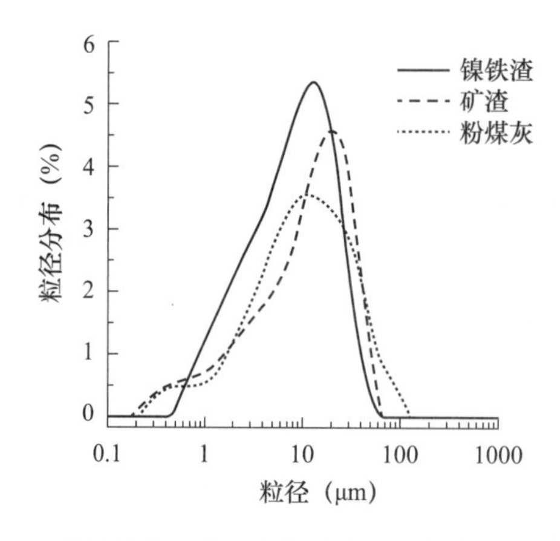

图6.3　高炉镍铁渣粉、高炉矿渣和粉煤灰的粒径分布

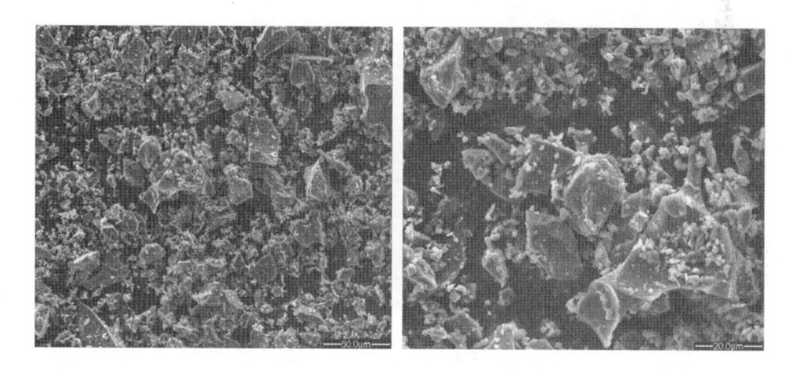

图6.4　高炉镍铁渣粉的微观形貌

6.2.3　安定性与浸出毒性

按照30%的掺量，分别用两种高炉镍铁渣粉制备了水泥胶砂试件，依据国家标准《水泥压蒸安定性试验方法》（GB/T 750—1992）开展压蒸安定性试验研究。试验结果显示，试件压蒸后的膨胀率不足0.5‰，远小于0.80%的限值，安定性合格。

依据国家标准《水泥胶砂中可浸出重金属的测定方法》（GB/T 30810—2014），测定试件的重金属浸出毒性，发现Cr的浸出浓度不足0.05mg/L，远小于0.2mg/L的限值，浸出毒性合格。

6.2.4　流动度比

参照《水泥砂浆和混凝土用天然火山灰质材料》（JG/T 315—2011）附录A中的规定进行流动度比测试，结果表明，镍铁渣粉的流动度比>100%，掺入高炉镍铁渣粉可增加水泥混凝土的工作性。

6.3 含高炉镍铁渣粉复合胶凝材料的水化机理

6.3.1 水化放热特性

表6.2为水泥净浆的配合比，水胶比为0.4。高炉镍铁渣粉替代水泥的比例为0%、15%、30%、50%和70%。以含有50%矿渣或粉煤灰的样品（SL50和FA50）作为对照组，对样品NS50的水化热和动力学进行了比较分析。

表6.2 水泥净浆配合比

样品	水胶比	质量分数（%）			
		水泥	镍铁渣	矿渣	粉煤灰
NS0	0.4	100	0	0	0
NS15		85	15	0	0
NS30		70	30	0	0
NS50		50	50	0	0
NS70		30	70	0	0
SL50		50	0	50	0
FA50		50	0	0	50

采用TAM Air等温量热仪在恒温25℃、45℃和60℃条件下测定含有高炉镍铁渣、矿渣或粉煤灰的复合胶凝材料的水化放热速率和累积放热量，为了保持新拌浆体与环境之间处于相同温度，在制备浆体之前，将原材料和去离子水的温度保持在接近试验温度的水平上，制备好的浆体后立即放入等温量热仪中，然后连续测量水化放热速率和累积水化放热量。

（1）纯高炉镍铁渣粉在不同溶液中的水化放热

图6.5显示了高炉镍铁渣粉在不同碱性溶液中的水化热。如图6.5（a）所示，高炉镍铁渣粉在纯水溶液或pH值为13的NaOH溶液中的水化放热速率可以忽略不计，但当NaOH溶液的pH值从13提升到13.5时，高炉镍铁渣粉浆体的水化放热速率明显增加，强碱性溶液明显地促进了高炉镍铁渣粉的化学反应。高炉镍铁渣粉的水化放热过程与硅酸盐水泥的水化放热过程相似，呈现为五个阶段。如图6.5（b）所示，高炉镍铁渣粉与pH值为13的NaOH溶液混合浆体的累积水化放热量略高于高炉镍铁渣粉与纯水的混合浆体。然而当NaOH溶液的pH值增加到13.5时，高炉镍铁渣粉浆体的累积水化放热量显著增加，表明高炉镍铁渣粉的快速反应释放了大量热量。高炉镍铁渣粉含有一定量的无定形相，当

OH^-浓度足够高时，无定形相被分解从而发生反应。经过一段时间的水泥水化，硅酸盐水泥浆体的孔溶液 pH 值可在短时间内高于 13，从而激发高炉镍铁渣粉的反应活性，进一步促进高炉镍铁渣粉的化学反应。

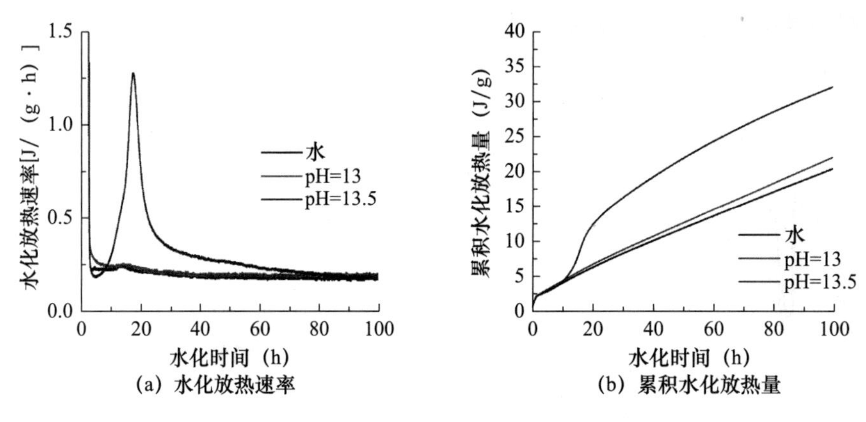

图 6.5　25℃时不同碱度下高炉镍铁渣粉的水化热

（2）不同温度、掺量条件下含高炉镍铁渣粉复合胶凝材料的水化热

图 6.6～图 6.8 分别显示了含有高炉镍铁渣粉的复合胶凝材料在 25℃、45℃和 60℃时的水化热。如 6.6（a）所示，高炉镍铁渣粉掺量的增加延长了水化诱导期，并降低了复合胶凝材料水化放热速率的第二放热峰峰值，这与硅酸盐水泥用量的减少有关，水化产物达到过饱和状态所需的时间随着高炉镍铁渣粉含量的增加而延长。高炉镍铁渣粉的水化放热速率明显比硅酸盐水泥低［图 6.5（a）和图 6.6（a）］，导致复合胶凝材料的整体水化放热速率降低。值得注意的是，在水化放热速率曲线上发现了第三放热峰，且第三放热峰在含有大量高炉镍铁渣粉的复合胶凝材料中尤为明显，这可能与高炉镍铁渣粉的反应有关。这些结果与含有高炉矿渣复合胶凝材料的水化热结果相似。但是第三放热峰的出现时间随着高炉镍铁渣粉含量的增加而增加，这与含有高炉矿渣复合胶凝材料的第三放热峰趋势相反，高炉镍铁渣粉的 CaO 含量和反应活性均比高炉矿渣低，因此高炉镍铁渣粉开始参与反应的时间较晚。高炉镍铁渣粉含量的增加降低了复合胶凝材料的累积水化放热量［图 6.6（b）］，掺入 15% 的高炉镍铁渣粉对复合胶凝材料的累积水化放热量影响较小，然而当高炉镍铁渣粉的掺量为 70% 时，累积水化放热量急剧下降。

如图 6.7（a）所示，将温度从 25℃提高到 45℃显著增加了含有高炉镍铁渣粉复合胶凝材料的水化放热速率，在 45℃时诱导期的结束时间和第二放热峰的出现时间明显缩短，第三放热峰的峰值明显大于第二放热峰的峰值。这表明高温极大地促进了含有高炉镍铁渣粉复合胶凝材料的水化。如图 6.7（b）所示，在早期含有高炉镍铁渣粉复合胶凝材料的累积水化放热量比硅酸盐水泥的累积水化放热量低，但样品 NS15 和 NS30 的累积水化放热量在大约 70h 时略微超过硅酸盐水泥（样品 NS0）。在 45℃时，样品 NS50 或 NS70 与样品 NS0 的累积水化放热量之间仍有差距。

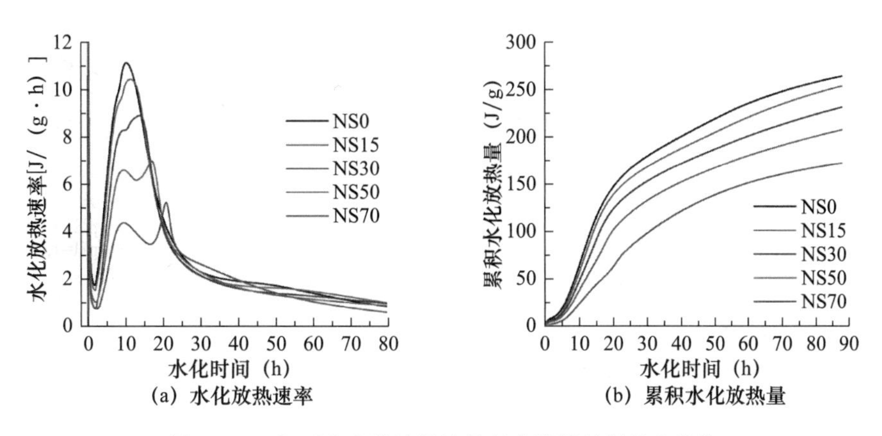

(a) 水化放热速率　　(b) 累积水化放热量

图 6.6　25℃时含高炉镍铁渣粉复合胶凝材料的水化热

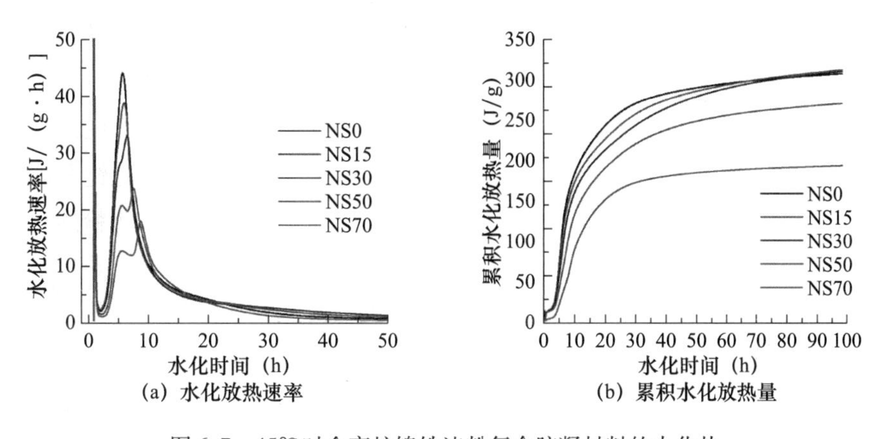

(a) 水化放热速率　　(b) 累积水化放热量

图 6.7　45℃时含高炉镍铁渣粉复合胶凝材料的水化热

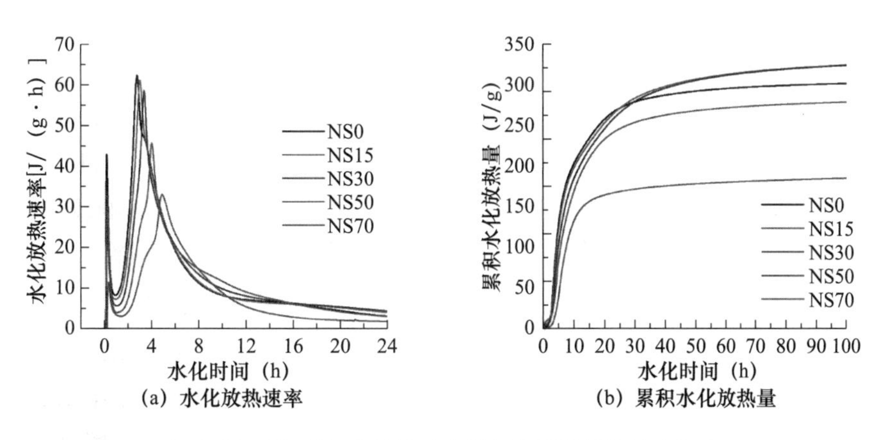

(a) 水化放热速率　　(b) 累积水化放热量

图 6.8　60℃时含高炉镍铁渣粉复合胶凝材料的水化热

当温度进一步上升到60℃时，水化放热速率也进一步增加，诱导期的结束时间和放热峰的出现时间进一步缩短，含有高炉镍铁渣粉复合胶凝材料在60℃时发生剧烈水化，导致在水化放热速率曲线上无法找到第三放热峰，水泥的水化和高炉镍铁渣粉的反应在60℃时大大加快。如图6.8（b）显示，在60℃时样品NS15和NS30的累积水化放热量与硅酸盐水泥相比明显偏高，而样品NS50和硅酸盐水泥的累积水化放热量差异明显减少。由于样品NS70中硅酸盐水泥的含量较低，提高温度并不会导致累积水化放热量显著增加，但当高炉镍铁渣粉的掺量不超过30%时，水化放热速率在高温下会明显提高。

（3）含高炉镍铁渣粉复合胶凝材料与含高炉矿渣或粉煤灰复合胶凝材料的水化热比较研究

图6.9～图6.11显示了在25℃、45℃和60℃时，含有50%的高炉镍铁渣粉、高炉矿渣或粉煤灰复合胶凝材料的水化热。如图6.9（a）所示，在25℃时样品NS50的水化放热速率明显低于SL50样品；与样品FA50相比，样品NS50在加速期显示出几乎相同的水化放热速率，但在减速期和稳定期水化放热速率较高。在25℃时，样品NS50的累积水化放热量低于样品SL50，但高于样品FA50［图6.9（b）］，样品SL50的水化速率最快，其次是样品NS50和样品FA50。高炉矿渣主要由无定形相组成，然而粉煤灰含有部分结晶相，尽管高炉镍铁渣粉也含有相对大量的结晶相，但高炉镍铁渣粉的CaO含量明显高于粉煤灰，而且高炉镍铁渣粉的粒径比粉煤灰小，这就导致高炉镍铁渣粉的活性更高。

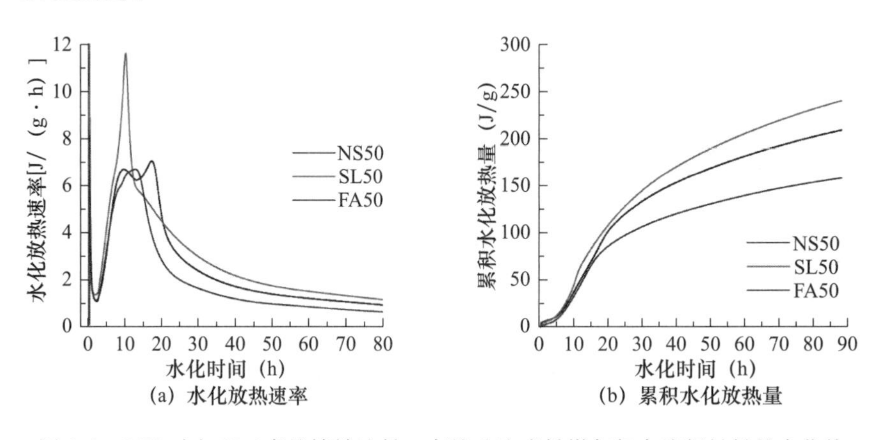

（a）水化放热速率　（b）累积水化放热量

图6.9　25℃时含50%高炉镍铁渣粉、高炉矿渣或粉煤灰复合胶凝材料的水化热

图6.10（a）显示，高温大大促进了所有复合胶凝材料的水化，这种促进作用对含高炉矿渣复合胶凝材料的水化最为显著，样品FA50在加速期显示出比样品NS50略高的水化放热速率，在45℃时与样品NS50相

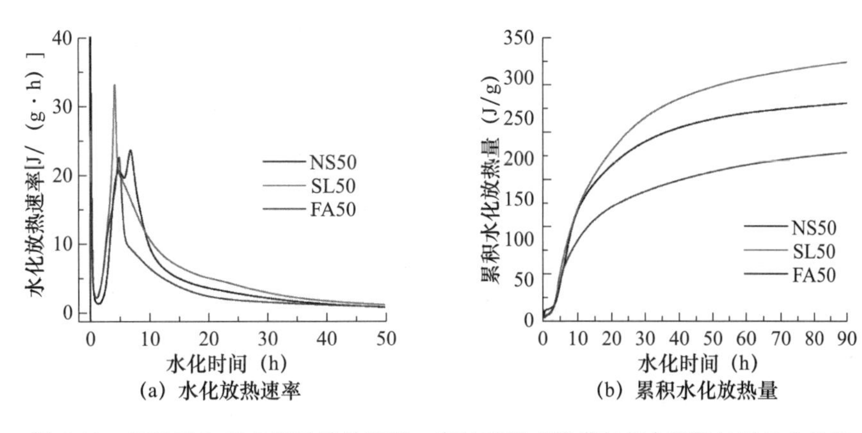

图6.10　45℃时含50%高炉镍铁渣粉、高炉矿渣或粉煤灰复合胶凝材料的水化热

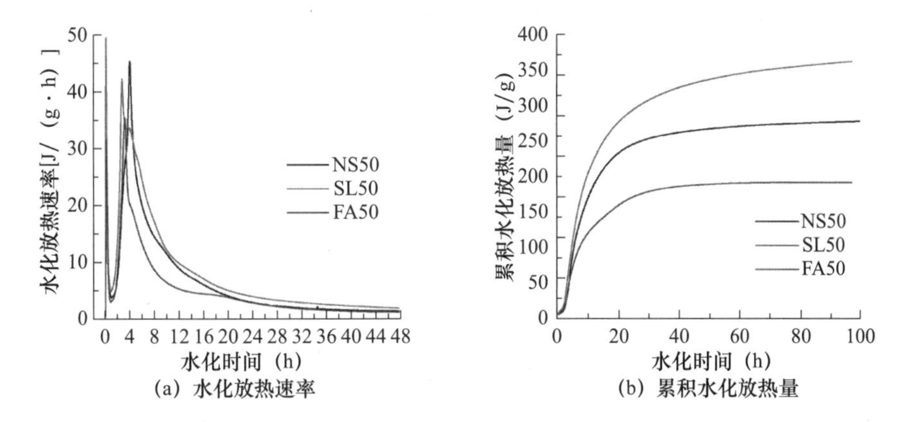

图6.11　60℃时含50%高炉镍铁渣粉、高炉矿渣或粉煤灰复合胶凝材料的水化热

比，其放热率急剧下降，在减速期明显变低。在45℃下含有不同矿物掺和料的复合胶凝材料的累积水化放热量变化规律与25℃时相同［图6.9（b）和图6.10（b）］。然而，在高温下样品NS50和SL50之间的累积水化放热量差异有所增加，与含有等量高炉矿渣的复合胶凝材料相比，高温对含有高炉镍铁渣粉复合胶凝材料水化的促进作用较弱。当温度上升到60℃时，所有样品的水化放热速率都急剧增加［图6.11（a）］。样品SL50或FA50的第二放热峰的出现时间更早。然而，样品FA50的水化放热速率在峰值过后明显下降，样品NS50的第二放热峰的峰值较大，但在第二放热峰后，其放热速率低于样品SL50。复合胶凝材料的累积水化放热量在60℃时的变化趋势与45℃和25℃时相同［图6.9（b），图6.10（b）和图6.11（b）］，但是在60℃时，样品之间的累积水化放热量差异进一步增加。从上述结果可以看出，含高炉矿渣复合胶凝材料对温度最敏感，其次是含高炉镍铁渣粉复合胶凝材料，最后是含粉煤灰复合胶凝材料。

6.3.2 水化动力学过程

（1）不同温度下含高炉镍铁渣粉复合胶凝材料的水化动力学过程

图6.12～图6.14分别显示了含有高炉镍铁渣粉复合胶凝材料在25℃、45℃和60℃时的水化动力学过程，F_1（α），F_2（α）和F_3（α）分别代表成核与晶体生长（NG），相边界反应（I）和扩散（D）。如图6.12（a）～（e）所示，含高炉镍铁渣粉复合胶凝材料的实际水化率可由F_1（α）、F_2（α）和F_3（α）分段模拟，在25℃时所有样品的水化动力学过程都是NG→I→D，很明显F_1（α）曲线与含有高炉镍铁渣粉复合胶凝材料的实际水化率曲线相吻合，这表明模拟的NG过程是非常准确的。由于高炉镍铁渣粉活性低，在早期几乎没有反应，由于高炉镍铁渣粉的稀释作用和成核作用，高炉镍铁渣粉只是加速了硅酸盐水泥的水化速率。因此，硅酸盐水泥只在NG过程中发生反应并获得良好的模拟结果，模拟误差在I和D过程中略有增加。此外高替代率的高炉镍铁渣粉导致模拟误差稍大。孔隙溶液的碱度随着硅酸盐水泥的水化而逐渐增加，在强碱性条件下，高炉镍铁渣粉开始参与反应，随着高炉镍铁渣粉含量的增加，复合胶凝材料的整个水化过程得到加强，这也增加了后期的模拟误差。

在45℃时含高炉镍铁渣粉复合胶凝材料的水化动力学过程仍为NG→I→D。在高温下含高炉镍铁渣粉复合胶凝材料的早期水化仍由NG过程控制。高温提供了额外的驱动力来促进水化产物的成核和生长。复合胶凝材料的水化导致这种快速反应迅速被I过程控制。与25℃相比，45℃的水化时间缩短了（图6.12和图6.13）。高炉镍铁渣粉含量的增加延长了I过程的控制时间。含有大量高炉镍铁渣粉的浆体具有更松散的结构，延迟了离子浓度达到临界值所需的时间。在45℃下含高炉镍铁渣粉复合胶凝材料由I过程控制的水化时间仍然很长。然后，水化是由D过程控制的。在45℃的D过程中，所有的样品都有一个小的模拟误差。如图6.14所示，当温度增加到60℃时含高炉镍铁渣粉复合胶凝材料的水化过程变成了NG→D，温度的进一步提高会显著加快复合胶凝材料的水化进程。在很短的时间内水化产物的快速成核和生长形成了复合胶凝材料的致密结构。含镍铁渣粉复合胶凝材料的水化是由NG过程后的D过程直接控制的。

（2）含高炉镍铁渣粉复合胶凝材料与含高炉矿渣或粉煤灰复合胶凝材料之间水化动力学过程比较研究

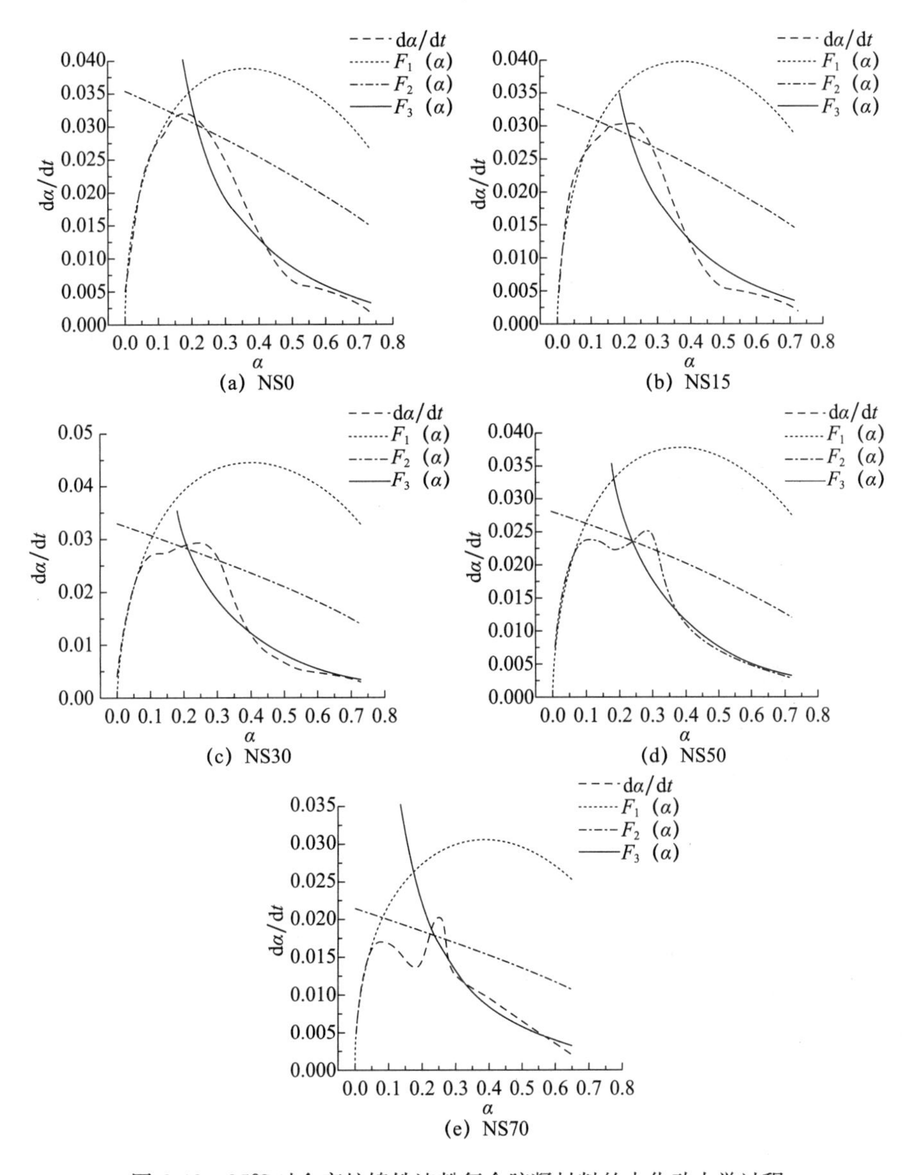

图 6.12 25℃时含高炉镍铁渣粉复合胶凝材料的水化动力学过程

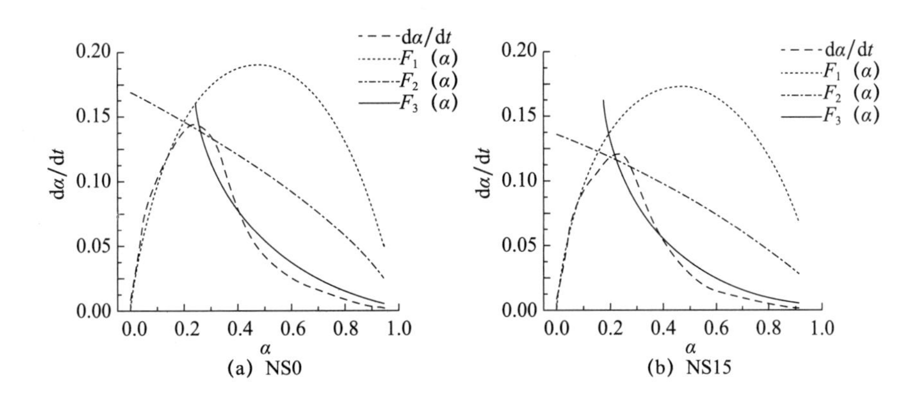

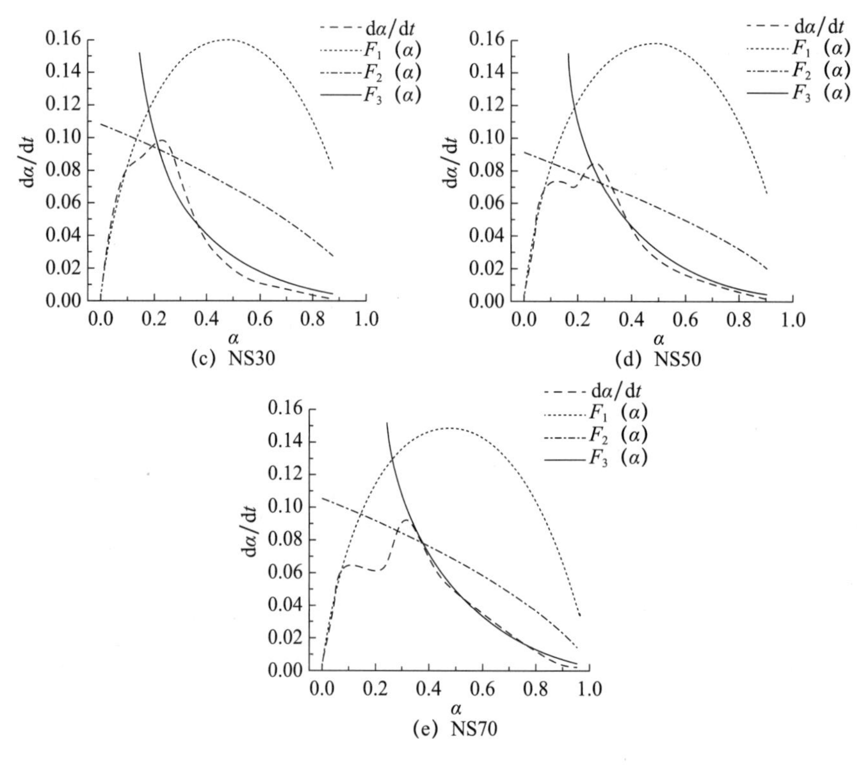

图 6.13　45℃时含高炉镍铁渣粉复合胶凝材料的水化动力学过程

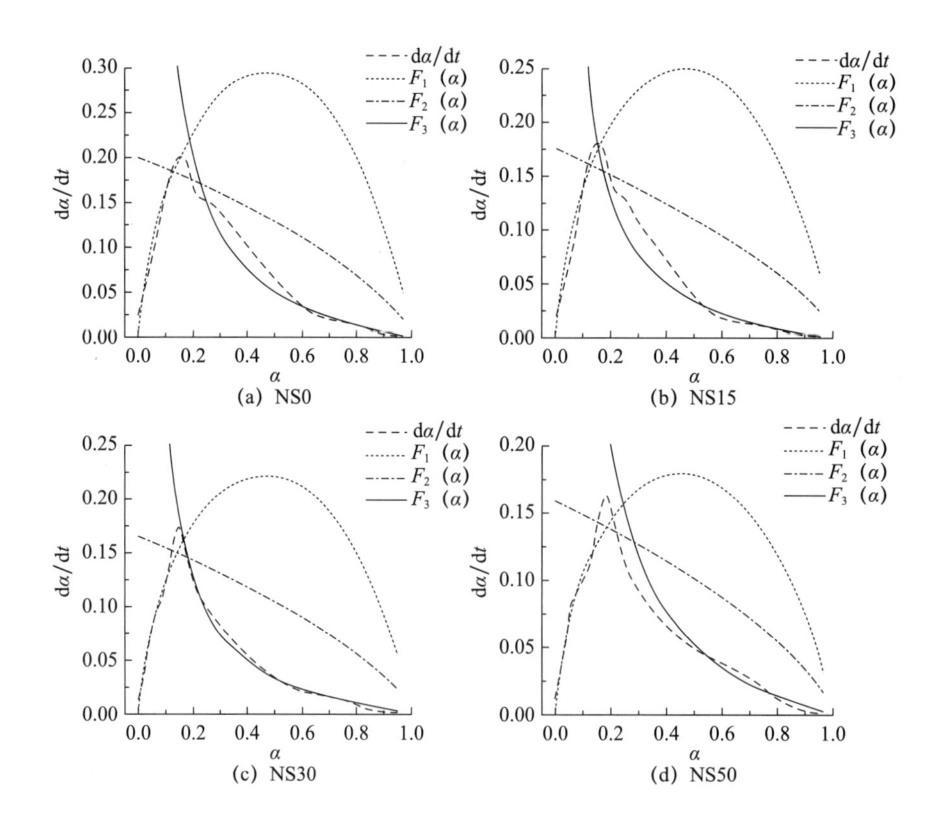

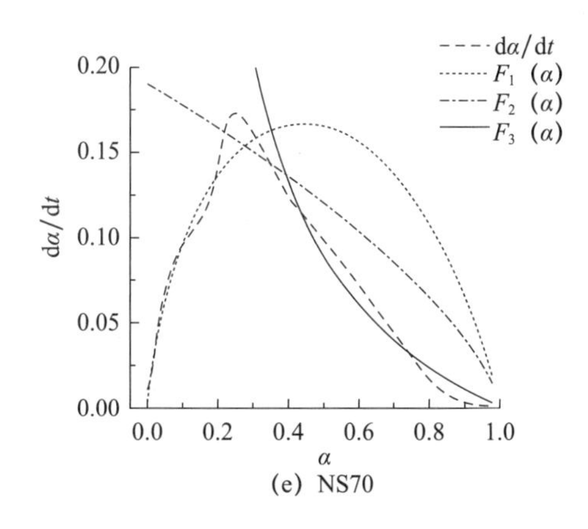

(e) NS70

图 6.14　60℃时含高炉镍铁渣粉复合胶凝材料的水化动力学过程

图 6.15～图 6.17 显示了在 25℃、45℃和 60℃下分别含 50% 高炉矿渣或粉煤灰复合胶凝材料的水化动力学过程。如图 6.15 所示，在 25℃时样品 SL50 和 FA50 的水化动力学过程也是 NG→I→D，但样品 SL50 的水化速率比样品 NS50 的快［图 6.12（d）和图 6.9（a）］，这进一步证实了高炉镍铁渣粉的活性比高炉矿渣低。NS50 的反应控制机制的转变比 SL50 要平缓［图 6.12（d）和图 6.15（a）］，样品 FA50 也显示出反应控制机制的平缓转变，但它的水化速率比样品 NS50 高。

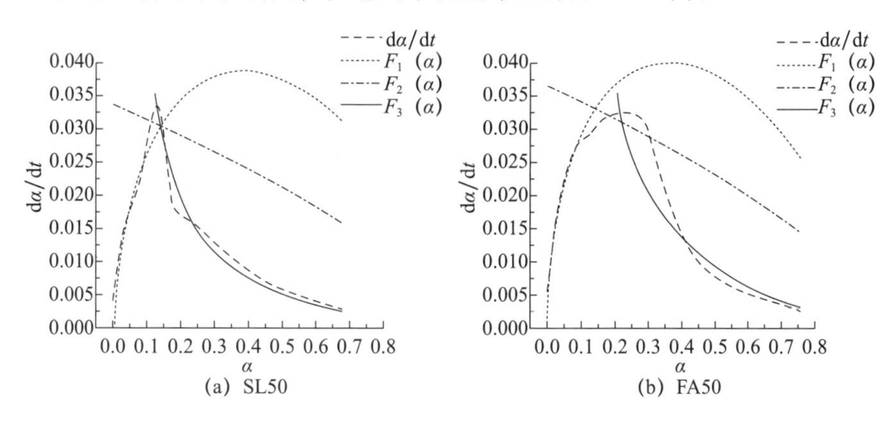

(a) SL50　　(b) FA50

图 6.15　25℃时含 50% 高炉矿渣或粉煤灰复合胶凝材料的水化动力学过程

当温度上升到 45℃时，样品 SL50 和 FA50 的水化动力学过程是 NG→D，这与样品 NS50 的水化动力学过程不同。在 45℃时样品 NS50 的水化过程仍然有一个过程 I 的控制机制，在高温下样品 SL50 的快速反应使微结构在短时间内变得更密实，在 45℃时样品 SL50 的水化作用迅速被 D 过程控制；在 45℃时粉煤灰的反应程度仍然很低，但是有效水灰比的提高和温度的升高大大增加了样品 FA 中硅酸盐水泥的反应程度，这使得样品 FA50 的结构更加密实，因此在 45℃下样品 FA50 的反应在由 NG 过程控制后由 D 过程直接控制。温度为 45℃时，高炉镍铁渣粉的反应产生

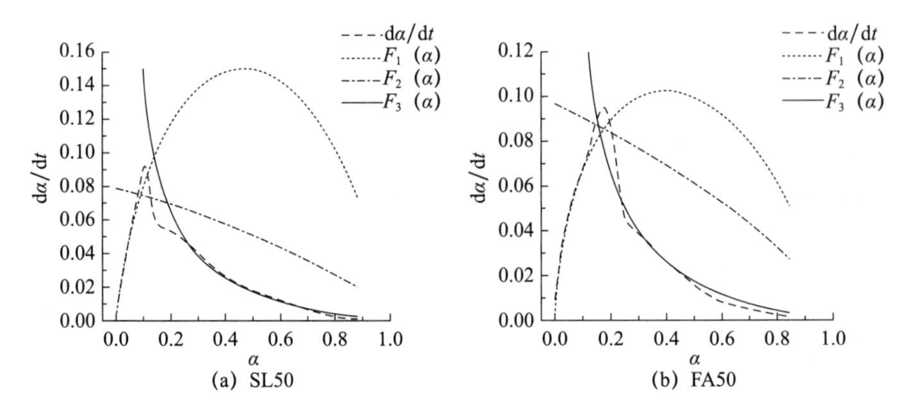

图 6.16　45℃时含 50% 高炉矿渣或粉煤灰复合胶凝材料的水化动力学过程

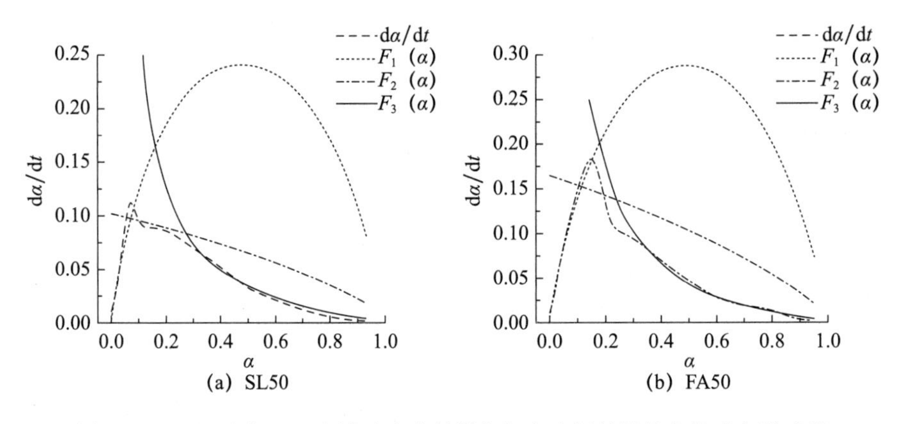

图 6.17　60℃时含 50% 高炉矿渣或粉煤灰复合胶凝材料的水化动力学过程

了第三放热峰，并导致复合胶凝材料的水化仍由 I 过程控制。如图 6.17 所示，在 60℃时样品 SL50 和 FA50 的水化动力学过程为 NG→D，这与样品 NS50 的水化动力学过程是一致的，足够高的温度极大地加速了复合胶凝材料的水化，促进了控制机制的快速转变。

6.3.3　水化动力学参数

（1）不同温度下含高炉镍铁渣粉复合胶凝材料的水化动力学参数

含高炉镍铁渣粉复合胶凝材料的水化动力学参数见表 6.3，在 25℃时，随着高炉镍铁渣粉用量的增加，n 值先增加后下降，但在高温下其呈现出下降趋势，且在 45℃或 60℃时 n 值比 25℃时大。这些结果表明高炉镍铁渣粉的掺量和水化温度极大地影响了水化产物的几何晶体生长。正如预期的那样，在 NG 过程中的水化放热速率最大，而 D 过程中的水化速率最低，在三种水化控制过程中高温使含有高炉镍铁渣粉复合胶凝材料的水化速率都有所增加。在 25℃时，当高炉镍铁渣粉的替代率不超过 30% 时，K'_1 值随着高炉镍铁渣粉含量的增加而增加，但当高炉镍铁渣粉的掺量超过 30%，K'_1值随高炉镍铁渣粉含量的增加而下降。加入少量的高炉镍铁渣粉可以提高有效水灰比并且促进水化产物的成核，同时这也增加了 NG 过程中的水化放热速率。然而加入大量的高炉镍铁渣粉会导致复合胶凝材料中硅酸盐水泥的含量低，硅酸盐水泥的显著减少导致了复合胶凝材料的低活性，因此 NS50 和 NS70 样品的水化放热速率较低。在 25℃时，K'_2和K'_3值随着高炉镍铁渣粉含量的增加而减少，硅酸盐水泥的低含量导致了水化产物达到过饱和状态所需的时间更长，此外孔隙溶液的低碱度不能完全激发高炉镍铁渣粉的活性，因此在 I 过程中含有较多高炉镍铁渣粉复合胶凝材料的水化速率较低。孔溶液中钙浓度较低，通过扩散到达高炉镍铁渣粉表面的氢氧根离子的数量对于含大量高炉镍铁渣粉的复合胶凝材料来说是大大减少的，因此随着高炉镍铁渣粉数量的增加，水化速率也会下降。

表 6.3　含高炉镍铁渣粉复合胶凝材料的水化动力学参数

温度	试样	n	K'_1	K'_2	K'_3	水化机理
25℃	NS0	1. 80833	0. 04775	0. 01172	0. 00179	NG-I-D
	NS15	1. 86037	0. 04786	0. 01100	0. 00176	NG-I-D
	NS30	2. 06125	0. 05031	0. 01079	0. 00169	NG-I-D
	NS50	1. 92820	0. 04467	0. 00925	0. 00164	NG-I-D
	NS70	1. 88892	0. 03664	0. 00703	0. 00120	NG-I-D
45℃	NS0	2. 82618	0. 16748	0. 05560	0. 01123	NG-I-D
	NS15	2. 72694	0. 15711	0. 04473	0. 00742	NG-I-D
	NS30	2. 71586	0. 14611	0. 03555	0. 00565	NG-I-D
	NS50	2. 81741	0. 14098	0. 02995	0. 00636	NG-I-D
	NS70	2. 74544	0. 13495	0. 03431	0. 01031	NG-I-D
60℃	NS0	2. 70751	0. 27282	—	0. 01107	NG-D
	NS15	2. 62880	0. 23631	—	0. 00727	NG-D
	NS30	2. 60505	0. 21049	—	0. 00706	NG-D
	NS50	2. 51523	0. 17591	—	0. 01100	NG-D
	NS70	2. 40392	0. 16802	—	0. 01934	NG-D

当温度上升到 45℃或 60℃时，K'_1值随着高炉镍铁渣粉的增加而下降，在 NG 过程中高温主要促进了硅酸盐水泥的水化，硅酸盐水泥的数量决定了 NG 过程中的整体水化速率，因此复合胶凝材料中较多的硅酸盐水泥会导致K'_1值更大。在 45℃的条件下，当替代率不超过 50%时，K'_2值随高炉镍铁渣粉掺量的增加而减少；样品 NS70 的K'_2值比 NS50 大，这是由于在 45℃时，样品 NS70 中的高炉镍铁渣粉明显发生了反应。当高炉镍铁渣粉取代率不超过 50%时，在 45℃或 60℃下K'_3值随着高炉

镍铁渣粉量的增加而减小；然而样品 NS50 和 NS70 显示出较大的 K'_3 值。高温下快速反应在未水化的颗粒周围形成一层厚厚的水化产物，这种现象在含有大量高炉镍铁渣粉的浆体中更明显，会导致含有大量高炉镍铁渣粉的浆体结构疏松，故扩散阻力减少，K'_3 值增加。

表 6.4 显示了含高炉镍铁渣粉复合胶凝材料的表观活化能。很明显可以看出，随着高炉镍铁渣粉替代率的增加，复合胶凝材料的表观活化能先减少后增加。当高炉镍铁渣粉的替代率不超过 30% 时，高炉镍铁渣粉的稀释效应和成核效应促进了硅酸盐水泥的水化，此外复合胶凝材料中硅酸盐水泥的质量分数仍然很高，孔溶液的强碱性也促进了高炉镍铁渣粉的反应，故在低表观活化能时复合胶凝材料很容易发生整体反应。但是，当高炉镍铁渣粉的取代率增加到 50% 和 70% 时，复合胶凝材料的表观活化能明显增加，这是由于硅酸盐水泥的用量很小，而高炉镍铁渣粉的反应程度很低，含大量高炉镍铁渣粉复合胶凝材料的反应是困难的，体系需要更多的能量来促进其反应。高的表观活化能导致含有 50% 或 70% 高炉镍铁渣粉的复合胶凝材料的温度敏感性很高。

表 6.4　含高炉镍铁渣粉复合胶凝材料的表观活化能

试样	水胶比	温度范围（℃）	活化能（kJ/mol）
NS0	0.4	25～60	50.05
NS15	0.4	25～60	43.54
NS30	0.4	25～60	41.99
NS50	0.4	25～60	52.77
NS70	0.4	25～60	57.49

（2）含高炉镍铁渣粉的复合胶凝材料与含高炉矿渣的复合胶凝材料的水化动力学参数的比较研究

表 6.5 为含高炉镍铁渣粉、高炉矿渣或粉煤灰复合胶凝材料的水化动力学参数。样品 NS50 的 n 值与 SL50 和 FA50 的 n 值不同，这表明掺加不同矿物掺和料对水化产物的几何晶体生长有不同的影响，在 25℃ 时，样品 NS50 的 K'_1 值与样品 SL50 的 K'_1 值相似，然而样品 FA50 的 K'_1 值较大。粉煤灰的粒径比高炉镍铁渣粉和高炉矿渣的大，较大的颗粒尺寸导致粉煤灰的需水量比高炉镍铁渣粉和高炉矿渣低，高炉镍铁渣粉、高炉矿渣和粉煤灰的反应在 NG 过程中可以忽略不计，在 NG 过程中为硅酸盐水泥的水化提供了更多的水，提高了样品 FA50 的水化速率。三个研究样品的 K'_2 值呈现出与 K'_1 值相同的变化趋势。一些高炉镍铁渣粉颗粒和高炉矿渣颗粒在 I 过程中参与了反应，这减少了水化产物的生长空间，粉煤灰的减水效应和分散效应加速了复合胶凝材料的相边界反

应。样品 NS50 的 K'_3 值比样品 SL50 的 K'_3 值大，但低于 FA50 样品。高炉矿渣的活性是最高的，样品 SL50 的结构在 D 过程中是最密实的，导致水和离子的扩散阻力大大增加，因此降低了扩散过程中的水化速率。高炉镍铁渣粉的显著反应增加了硬化浆体的密实度，粉煤灰在 25℃时几乎没有反应，样品 FA50 的松散结构导致其水化率比样品 NS50 高。

表 6.5 含高炉镍铁渣粉、高炉矿渣或粉煤灰复合胶凝材料的水化动力学参数

温度	试样	n	K'_1	K'_2	K'_3	水化机理
25℃	NS50	1.92820	0.04467	0.01125	0.00164	NG-I-D
	SL50	2.01525	0.04464	0.00925	0.00108	NG-I-D
	FA50	1.82367	0.04909	0.01204	0.00202	NG-I-D
45℃	NS50	2.81741	0.14098	0.02995	0.00636	NG-I-D
	SL50	2.67864	0.13998	—	0.00354	NG-D
	FA50	2.04094	0.14741	—	0.00374	NG-D
60℃	NS50	2.51523	0.17591	—	0.01100	NG-D
	SL50	2.79119	0.21673	—	0.00708	NG-D
	FA50	3.06510	0.23997	—	0.00941	NG-D

温度的升高显著提高了三个过程中复合胶凝材料的水化速率。45℃时 K'_1 值的变化趋势与 25℃时相同。在 45℃时，K'_1 值与 25℃时的 K'_1 值相同，请注意在 45℃时，样品 NS50 的 K'_3 值是三个样品中最大的。高炉镍铁渣粉的水化反应增加了 D 过程中复合胶凝材料的整体水化速率，当温度上升到 60℃时，样品 NS50 的 K'_1 值略低于样品 SL50，这可能是由于高炉镍铁渣粉的颗粒较细，具有较高的需水量。在 60℃时三个样品的 K'_3 值显示出与 45℃时相同的变化规律，硅酸盐水泥水化产生的第二放热峰与第三放热峰重合，与 60℃时高炉镍铁渣粉反应产生的第三放热峰重叠［图 6.8（a）］。正如上面所解释的，在 60℃时 D 过程中高炉镍铁渣粉的水化反应导致样品 NS50 的总体水化速率较大，粉煤灰的反应程度在 45℃和 60℃时仍然很低。样品 FA50 的温度敏感性是最低的，这主要是由于硅酸盐水泥在整个反应过程中的水化作用，因此样品 FA50 的 K'_1 和 K'_3 值比 SL50 的大。需要注意的本章中样品 SL50 和 FA50 的水化热特性、水化动力学过程以及水化动力学参数与文献中的报道略有不同，这是由于本章研究中使用的硅酸盐水泥的颗粒较细，硅酸盐水泥的比表面积为 $386m^2/kg$，比以前研究中硅酸盐比表面积要高。较细的硅酸盐水泥颗粒的快速水化促进了高炉矿渣和粉煤灰的反应，然后导致复合胶凝材料的水化热和水化动力学不同。

表 6.6 为含高炉镍铁渣粉、高炉矿渣或粉煤灰复合胶凝材料的表观

活化能，样品 NS50 的表观活化能低于样品 SL50 的表观活化能，但比样品 FA50 的表观活化能高。这是由高炉镍铁渣粉、高炉矿渣和粉煤灰的活性不同造成的。含高炉矿渣复合胶凝材料的水化对温度最敏感，其次是含高炉镍铁渣粉复合胶凝材料，含粉煤灰复合胶凝材料的水化对温度敏感性最低。表观活化能的结果与复合胶凝材料的水化热结果是一致的［图 6.9（a）~图 6.11（b）］。

表 6.6　含高炉镍铁渣粉、高炉矿渣或粉煤灰复合胶凝材料的表观活化能

试样	水胶比	温度范围（℃）	活化能（kJ/mol）
NS50	0.4	25 ~ 60	52.77
SL50	0.4	25 ~ 60	56.63
FA50	0.4	25 ~ 60	45.88

6.3.4　水化产物和微结构

选定 2 种高炉镍铁渣粉，按照 30% 掺量制备水泥净浆，研究高炉镍铁渣粉复合水泥基材料的水化产物和微结构。

（1）化学结合水含量

图 6.18 和图 6.19 分别显示了水胶比为 0.4 和 0.3 的净浆试样在各个龄期的化学结合水含量。相比于纯水泥浆体，掺入高炉镍铁渣粉胶凝体系的化学结合水在 28d 以内增长更慢，但是在 28d 龄期以后，其化学结合水含量的增长则高于纯水泥组，这说明掺高炉镍铁渣粉的复合胶凝材料早期水化较慢，而长龄期持续水化会生成较多水化产物。

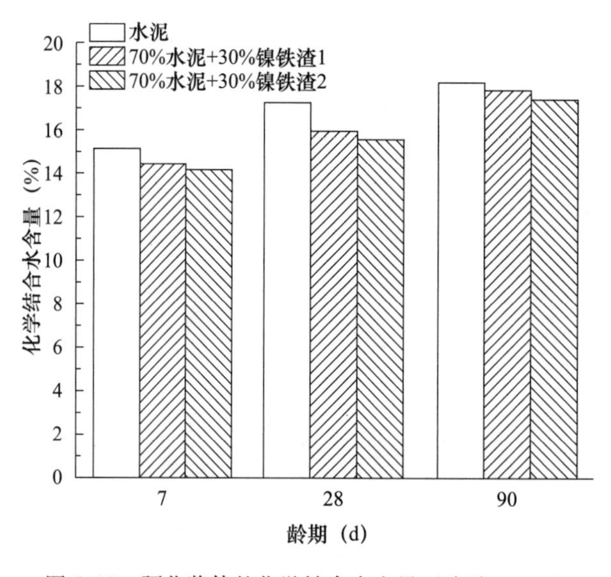

图 6.18　硬化浆体的化学结合水含量（水胶比 0.4）

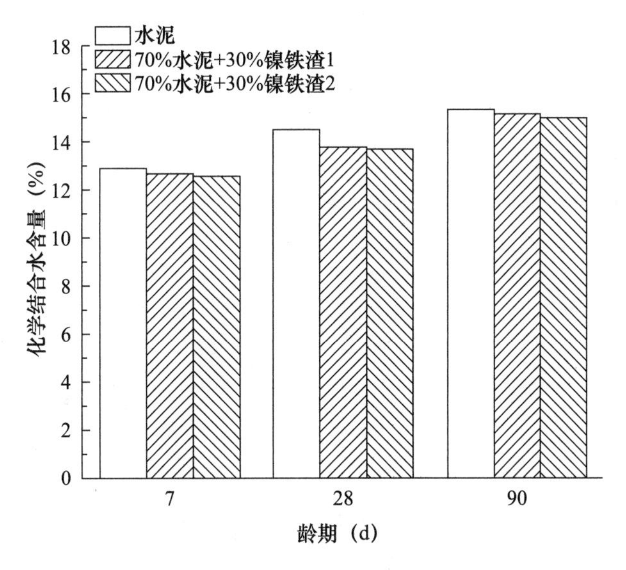

图 6.19　硬化浆体的化学结合水含量（水胶比 0.3）

对比图 6.18 和图 6.19 可知，无论是在 0.4 水胶比还是 0.3 水胶比条件下，掺 30% 高炉镍铁渣粉组的水化程度都较高，尤其是在后期，掺高炉镍铁渣粉胶凝体系的化学结合水含量与纯水泥组已经比较接近。

（2）热重分析

图 6.20 显示了各组硬化浆体在 90d 龄期时的热重曲线。掺入高炉镍铁渣粉的硬化浆体 $Ca(OH)_2$ 的吸热峰明显更低一些，但硬化浆体整体的热失重高于纯水泥组，尤其在 400℃ 以下，这说明掺入高炉镍铁渣粉会在降低 $Ca(OH)_2$ 的同时生成更多的胶凝产物。

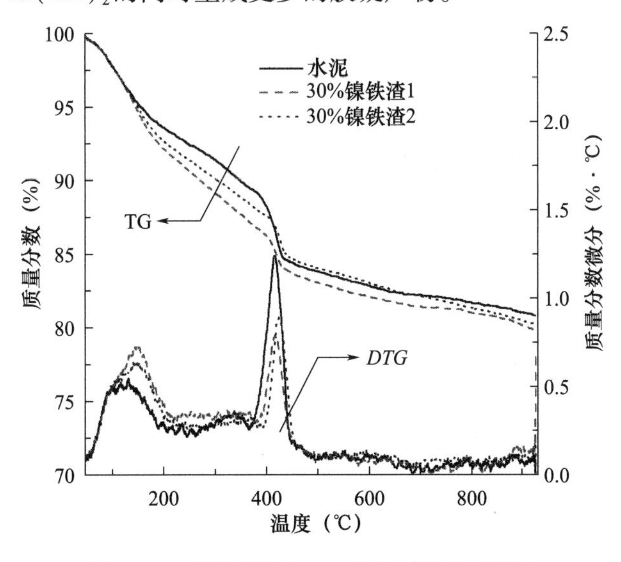

图 6.20　硬化浆体在 90d 龄期时的热重曲线

通过计算得到纯水泥浆体中 $Ca(OH)_2$ 的含量为 22%，掺入 30% 高炉镍铁渣粉 1 号、高炉镍铁渣粉 2 号的三个组，$Ca(OH)_2$ 的含量分别为 12.8% 和 13.3%，对比 400℃以下的胶凝产物热分解失重比率可知，高炉镍铁渣粉在复合胶凝体系中发生了火山灰反应。高炉镍铁渣粉中 CaO 和 Al_2O_3 等活性组分的含量较高，而 MgO 和 Fe_2O_3 等非活性组分的含量较低，因此其火山灰活性明显较高。

（3）孔结构

我国著名材料学家吴中伟院士在 1973 年提出将混凝土中的孔隙按其对混凝土性能的影响程度划分为无害孔（<20nm）、少害孔（20～50nm）、有害孔（50～200nm）和多害孔（>200nm）。通过压汞测定各组硬化浆体在 90d 龄期时的累积孔体积，其分布如图 6.21 所示。从图中可以看出，掺入 30% 高炉镍铁渣粉不会造成硬化浆体总孔隙率的明显上升。相反，高炉镍铁渣粉显著降低了硬化浆体中有害孔和多害孔的数量，增加了少害孔和无害孔的比率。这表明在水泥中掺入高炉镍铁渣粉不仅不会对浆体孔结构产生不利影响，反而可能有助于改善其微结构。由此可以推断，含高炉镍铁渣粉的硬化浆体在后期有比较多的反应产物生成，填充了其中的毛细孔，另外，高炉镍铁渣粉的火山灰反应可以消耗一定量的 $Ca(OH)_2$，从而改善浆体的微观结构。

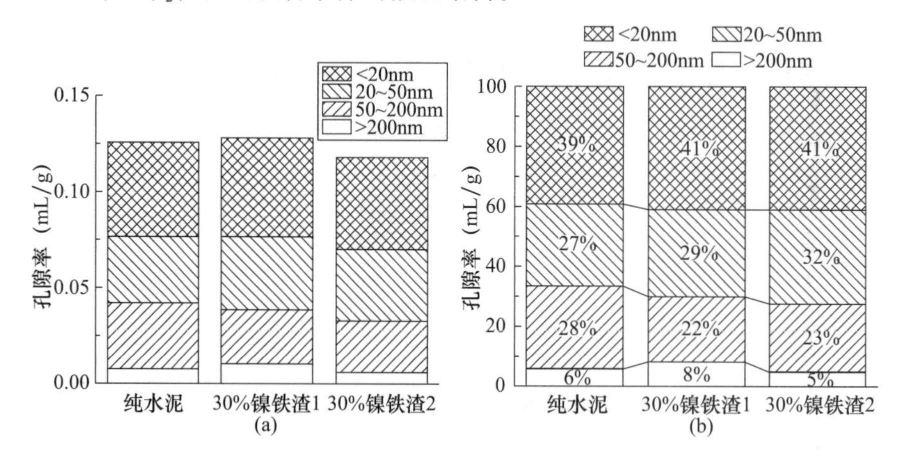

图 6.21　硬化浆体在 90d 龄期时的累计孔体积（水胶比 0.4，标准养护）

6.4　砂浆抗压强度

选择 2 种高炉镍铁渣粉，掺量 30%，以纯水泥组为对照，分析镍铁渣粉对不同水胶比（0.3、0.4 和 0.5）砂浆强度的影响规律，胶砂比为 1∶3。

图 6.22、图 6.23 和图 6.24 分别为水胶比 0.5、0.4 和 0.3 的砂浆抗压强度。在 7d 龄期时，掺高炉镍铁渣粉的砂浆的抗压强度比纯水泥组

要低。由此可见，在早期，高炉镍铁渣粉其反应程度比水泥低，生成的反应产物并不能弥补由于其替代水泥所导致的水化产物减少的量，从而导致砂浆强度的降低。

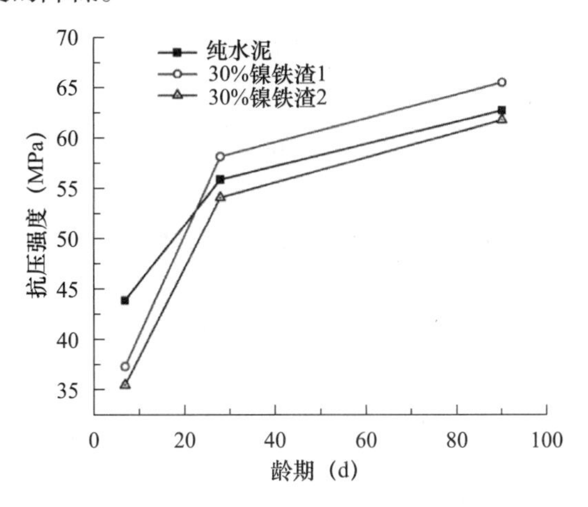

图 6.22　水胶比 0.5 的砂浆抗压强度

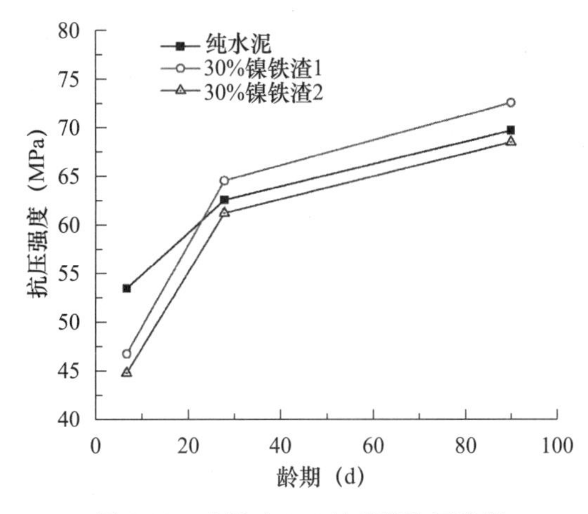

图 6.23　水胶比 0.4 的砂浆抗压强度

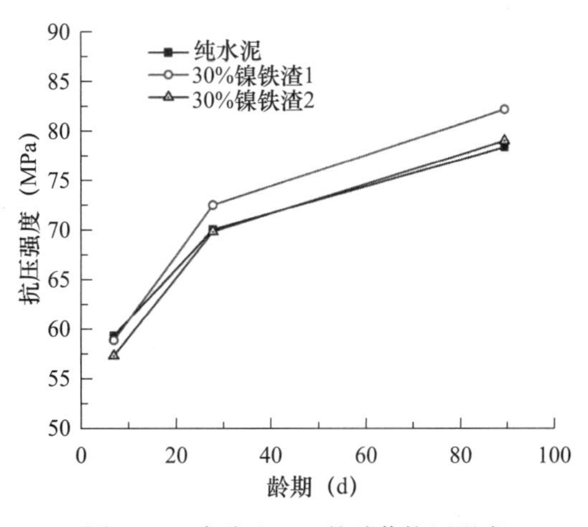

图 6.24　水胶比 0.3 的砂浆抗压强度

随着龄期的增长，高炉镍铁渣粉的火山灰反应产生越来越多的产物，同时消耗水泥水化产生的 $Ca(OH)_2$，改善过渡区微结构，所以到 28d 和 90d 龄期时，掺高炉镍铁渣粉砂浆的强度与纯水泥组非常接近，掺高炉镍铁渣粉 1 号的砂浆的强度甚至还稍高于纯水泥砂浆组。在低水胶比条件下，高炉镍铁渣粉的长期作用效果更明显。

通过计算高炉镍铁渣粉的活性指数可知，高水胶比条件下 7d 的活性指数超过 80%，28d 后活性指数接近甚至超过 100%，而在低水胶比条件下，高炉镍铁渣 7d 的活性指数已经接近 100%，28d 后的活性指数与高水胶比条件相差不大。

6.5 混凝土强度

选择 2 种高炉镍铁渣粉，掺量 30%，以纯水泥组为对照，分析镍铁渣粉对不同水胶比（0.3、0.4 和 0.5）混凝土强度的影响规律。图 6.25、图 6.26 和图 6.27 分别显示了不同水胶比的混凝土抗压强度。在 7d 和 28d 龄期时，掺 30% 高炉镍铁渣粉的混凝土的抗压强度低于纯水泥混凝土，不过在 28d 龄期时两者的差距已经很小。到 90d 龄期时，掺高炉镍铁渣粉混凝土的强度与纯水泥组非常接近，掺高炉镍铁渣粉 1 号的混凝土的抗压强度甚至略高于纯水泥组。掺高炉镍铁渣粉 1 号的混凝土相比于掺高炉镍铁渣粉 2 号的组拥有更高的抗压强度，这与微观性能的分析结果都是相符的。

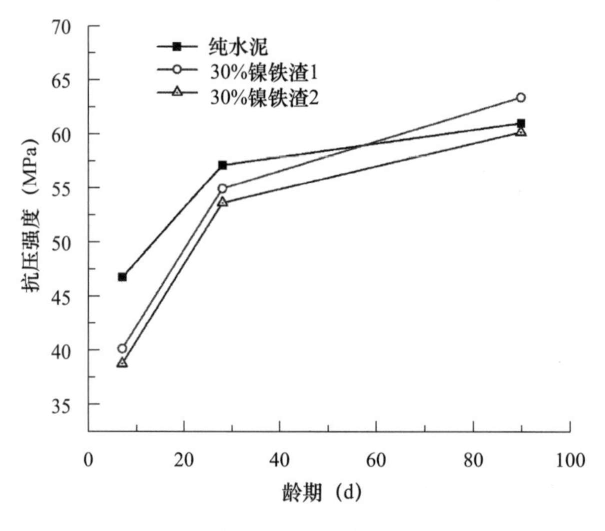

图 6.25　水胶比 0.5 时混凝土的抗压强度

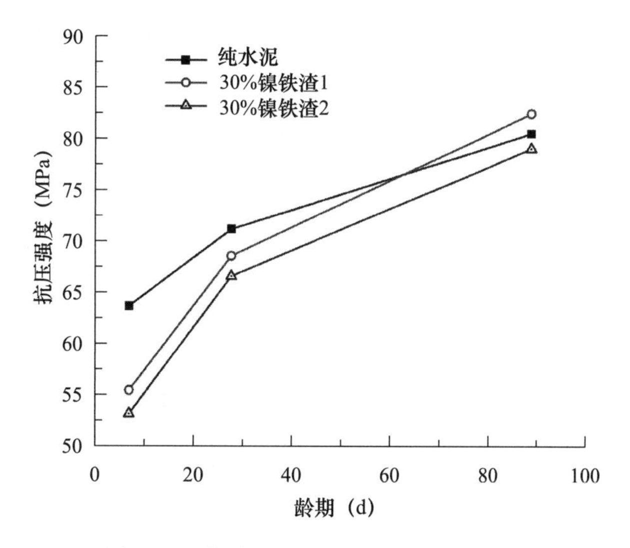

图 6.26　水胶比 0.4 时混凝土的抗压强度

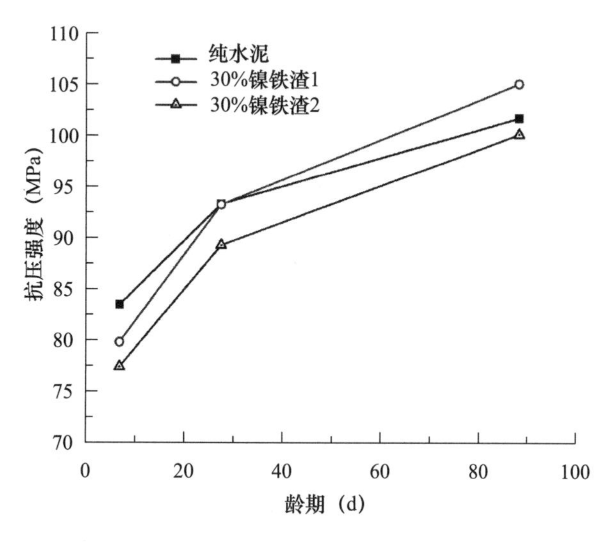

图 6.27　水胶比 0.3 时混凝土的抗压强度

不同水胶比条件下高炉镍铁渣粉在混凝土中强度活性指数之间的关系与在砂浆中的情况类似（表 6.7）。但是，高炉镍铁渣粉在砂浆中的强度活性指数相比于在混凝土中发展更快。在 28d 龄期时，高炉镍铁渣粉在砂浆中的活性指数已经接近或超过 100%，并且之后到 90d 龄期几乎没有变化；而在混凝土中，虽然高炉镍铁渣粉的活性指数在 90d 龄期时也能达到 100% 左右，但是在 28d 龄期时却小于其在砂浆中的活性指数，推测主要是因为砂浆中界面过渡区的体积相比于混凝土中更小一些，当高炉镍铁渣粉的反应程度相同时，它对砂浆界面过渡区的改善作用更加明显，因此高炉镍铁渣粉在砂浆中的强度活性指数相比于在混凝土中发展更快。

表 6.7　不同龄期时高炉镍铁渣粉在混凝土中的强度活性指数　　%

水胶比	镍铁渣粉种类	7d 龄期	28d 龄期	90d 龄期
0.5	高炉镍铁渣粉 1 号	85.8	96.2	103.9
	高炉镍铁渣粉 2 号	82.8	93.8	98.6
0.4	高炉镍铁渣粉 1 号	86.9	96.3	102.4
	高炉镍铁渣粉 2 号	83.2	93.5	98.2
0.3	高炉镍铁渣粉 1 号	95.5	99.9	103.3
	高炉镍铁渣粉 2 号	92.6	95.6	98.4

参考文献

[1] SAHA A K, SARKER P K. Expansion due to alkali-silica reaction of ferronickel slag fine aggregate in OPC and blended cement mortars [J]. Construction and Building Materials, 2016, 123: 135-142.

[2] SAHA A K, SARKER P K. Effect of sulphate exposure on mortar consisting of ferronickel slag aggregate and supplementary cementitious materials [J]. Journal of Building Engineering, 2020, 28: 101012.

[3] SAKOI Y, ABA M, TSUKINAGA Y, et al. Properties of concrete used in ferronickel slag aggregate [C]. Proceedings of the 3rd International Conference on Sustainable Construction Materials and Technologies, Tokyo, Japan, 2013: 1-6.

[4] SUN J, FENG J, CHEN Z. Effect of ferronickel slag as fine aggregate on properties of concrete [J]. Construction and Building Materials, 2019, 206: 201-209.

[5] RAHMAN M A, SARKER P K, SHAIKH F U A, et al. Soundness and compressive strength of Portland cement blended with ground granulated ferronickel slag [J]. Construction and Building Materials, 2017, 140: 194-202.

[6] HUANG Y, WANG Q, SHI M. Characteristics and reactivity of ferronickel slag powder [J]. Construction and Building Materials, 2017, 156: 773-789.

[7] KIM H, LEE C H, ANN K Y. Feasibility of ferronickel slag powder for cementitious binder in concrete mix [J]. Construction and Building Materials, 2019, 207: 693-705.

[8] SUN J, WANG Z, CHEN Z. Hydration mechanism of composite binders containing blast furnace ferronickel slag at different curing temperatures [J]. Journal of Thermal Analysis and Calorimetry, 2018, 131 (3): 2291-2301.

[9] LEMONIS N, TSAKIRIDIS P E, KATSIOTIS N S, et al. Hydration study of ternary blended cements containing for ferronickel slag and natural pozzolan [J]. Construction and Building Materials, 2015, 81: 130-139.

[10] WANG Q, HUANG Z, WANG D. Influence of high-volume electric furnace nickel slag and phosphorous slag on the properties of massive concrete [J]. Journal of Thermal Analysis and Calorimetry, 2018, 131 (2): 873-885.
[11] 中国建筑学会. 水泥和混凝土用镍铁渣粉: T/ASC 01—2016 [S].

7 铁尾矿粉

7.1 概述

铁尾矿是在生产铁精矿时产生的一种固体废弃物[1]。由 2017 年统计数据可知，我国已经开发了 8000 多座矿山，累计生产尾矿数量多达 60 亿 t，铁尾矿的数量占尾矿总量约 1/3[2-3]。目前的处理方式主要为堆存或填埋，这样造成了矿产资源和土地资源的巨大浪费，也给环境带来了巨大压力[4-5]。

这几年来，国家出台了多项政策都围绕着推动节能环保，提倡绿色建筑展开，铁尾矿的综合利用受到广泛关注。很多矿山企业与高校、研究所等单位加强合作，对铁尾矿的综合利用进行研究探索，虽然起步较晚，但是已经取得了一些实用的成果[6]。目前尾矿的综合利用途径主要包括再选有价成分、充填尾矿的采空区、生产某些建筑材料、作为水泥原料、作为混凝土集料、用作混凝土中的矿物掺和料等[7-10]。

外加剂可以通过降低水胶比提高混凝土的强度，因此现代混凝土对胶凝材料活性的依赖显著降低，为非活性掺和料的应用提供了条件。有研究得出，掺和料的化学成分和活性指数对混凝土的性能有很大影响，另外掺和料的物理性质也会对混凝土的性能有很大影响。改变水泥和掺和料的粒径分布，使其紧密堆积，可以对混凝土的强度起到促进作用。因此优选或处理低活性或非活性的掺和料，可发挥其物理填充作用，增大混凝土密实度，进而提高混凝土强度[11]。目前石灰石粉的应用已经很广泛，相应标准、规程已经制定并实施，很多学者已经对石灰石粉应用到混凝土中作了深入的研究。研究表明，将石灰石粉磨细到一定细度，表面能较低，分散性好，微集料效应好，并且会产生少量的化学活性。减水剂存在时，石灰石粉可以对水泥颗粒起到分散、填充作用。另外石灰石粉还有较好的减水效应，可以促进水泥水化。惰性材料石英粉应用到混凝土时，主要起到微集料填充作用。那么作为低活性掺和料或惰性材料，铁尾矿微粉理论上可以起到微集料填充效应和形态效应，其作用机理的研究可参照石灰石粉与石英粉进行研究。结合石灰石粉和石英粉的应用来看，从技术层面上来说，将铁尾矿微粉作为矿物掺和料应用于混凝土中是可行的。大量应用铁尾矿微粉是低碳混凝土技术的发展途径之一。

环保和可持续发展是当今世界共同面对的重大问题。作为可以大量回收利用的废弃资源，尾矿的综合利用已经受到各个国家的重视[12]。大量应用铁尾矿，有利于资源可持续利用。近些年来，我国对于尾矿资源的回收利用非常重视，并制定了政策、规定，以此规范企业对于尾矿处理的行为，也为尾矿的回收利用提供了政策支持[13]。

近些年来，钢铁工业发展迅速，因此铁尾矿的堆存量越来越大[14-15]。因此，将铁尾矿大量应用到实际工程中，实现变废为宝，带来极大的经济效益，对环保及资源可持续利用有重要意义。数据统计得出，我国尾矿的综合利用率平均不到10%，大大低于其他固体废弃物。铁尾矿的大量堆积给生态环境和人类生活带来很大危害，不仅占用大量土地，还增大了尾矿处理的维护管理费用。据有关部门统计，我国每1t尾矿需要耗费4~8元[16]。除此之外尾矿的堆存还存在很大的安全隐患，对于过高的尾矿库，可能会发生垮坝事故，带来巨大的损失[1]。采取合适的措施处理大量的铁尾矿是目前亟待解决的问题。

把铁尾矿磨细，作为矿物掺和料应用到混凝土中是处理大量尾矿资源的新方式。《混凝土用复合掺合料》（JG/T 486—2015）中表明，矿物掺和料发展的必然趋势是复合化，这样既能解决优质矿物掺和料供应不足的问题，又能提高矿物掺和料的应用水平[17]。传统的矿物掺和料（如粉煤灰和矿渣粉）由于地域分布不均匀，在许多地区供应不足，此时急需开发新的矿物掺和料应用到混凝土中。因此将磨细的铁尾矿微粉代替传统的矿物掺和料应用于混凝土中，不仅可以解决固体废弃物处理和回收利用的难题，还能够缓解全国大部分地区传统矿物掺加料资源供应不足的困境。

近年来很多关于非活性掺和料的标准相继编制并实施，在福建、北京、广西、四川、宁夏、湖南等越来越多的地区，含有石粉、铁尾矿粉、建筑垃圾微粉的复合掺和料开始实现产业化，并在建设工程中应用。例如，2014年福建省出台了地方标准《用于水泥和混凝土中的铅锌铁尾矿微粉》（DB35/T 1467—2014）。需要注意的是近些年来，非活性掺和料复合胶凝材料的生产和应用已经走到了基础理论研究的前面，若科学依据和相关科学问题不能明确，就可能发生技术层面导向错误，引发质量问题。因此开展铁尾矿微粉作为掺和料的基础理论研究必不可少。

铁尾矿的化学成分与建筑材料有很多类似的部分，所以将铁尾矿应用于混凝土的思路受到很多人的关注。经过多年的试验研究，尾矿应用于混凝土主要包括以下几个方面：铁尾矿石、砂分别替代粗、细集料，铁尾矿砂石或机制砂混合掺入到普通混凝土，铁尾矿粉作为细集料[18]。目前我国铁矿资源趋于杂、贫、细，很多企业为了选出更多的铁精矿，增大铁矿石的粉磨程度，得到的铁尾矿也越来越细，这些过细的尾矿已经不适合作为建筑用砂应用到混凝土中了[19]。所以将这些铁尾矿微粉当作矿物掺和料应用到混凝土中成为处理铁尾矿的又一重要方法。

目前关于铁尾矿微粉的研究主要集中在铁尾矿微粉的特性、粉磨方式、活性激发及其应用在混凝土中强度、耐久性等宏观性能的研究。王安岭[20]等人对河北迁安及北京密云的高硅型铁尾矿进行原材料分析，得出其 SiO_2 含量高达60%以上，主要矿物组分均为石英。而且铁尾矿微粉并不具有火山灰活性，但是具有潜在水硬性。将铁尾矿粉磨细后对活性指数的提高幅度非常有限。陈梦义[21]等人研究得出，铁尾矿微粉的矿物组成和化学成分会因为铁尾矿的来源不同在性能上存在着很大的差异，比如易磨性、化学活性，其对混凝土强度的贡献等方面。他提出，在日后对铁尾矿的应用性研究的过程中，要注意铁尾矿来源对其物理化学性能的影响，不能以偏概全，得出错误的结论。

有些学者通过采取物理、化学等方式来激发铁尾矿微粉的反应活性。蒙朝美[22]等人采用机械力活化的方式将没有火山灰活性的铁尾矿微粉进行3.5h的粉磨，最终得到28d活性指数为82%的铁尾矿微粉，并作为辅助胶凝材料应用在混凝土中。李北星等人采取梯级粉磨的方式对铁尾矿进行处理，采用梯级粉磨方式得到的铁尾矿微粉的性能优于单独粉磨和混合粉磨，并与矿渣复合，制备出28d抗压强度为97MPa的高强砂浆[23-25]。李北星等人采用不同养护方式激发铁尾矿微粉的活性，他们提出将铁尾矿微粉磨细对其活性提高不显著，采取蒸压养护的方式能够大大激发铁尾矿微粉的火山灰活性，并且能够细化孔结构[25]。查进[26]等人提出，采取蒸压养护的方式，铁尾矿微粉的比表面积为 $500m^2/kg$，掺量为20%时综合来看最为合适，将铁尾矿微粉应用到预应力高强混凝土管桩在技术上是可行的。易忠来[27]等人采用热活化的手段来提高铁尾矿的胶凝活性，得出在700℃热活化处理时可以得到胶凝活性最好的铁尾矿。

把铁尾矿微粉作为一种矿物掺和料应用到混凝土和砂浆中的宏观性能的研究有很多。马雪英[28]等人将铁尾矿微粉和矿渣粉复合双掺，对复掺混凝土的性能进行了试验研究，得出在低水胶比条件下，在混凝土中掺加铁尾矿粉作矿物掺和料从技术层面说是可行的。张肖艳[29]等人对水泥中掺加铁尾矿微粉的混凝土性能进行了研究，得到铁尾矿粉掺量为23%时，其28d强度比纯水泥空白对照组增长29%，且掺加铁尾矿微粉混凝土的抗冻性和抗渗性有一定的提高。刘娟红[30]等人分别用改性铁尾矿微粉和粉煤灰配制 C20 ~ C60 的大流态混凝土，试验表明改性铁尾矿微粉能够改善和易性。与粉煤灰混凝土相比，掺加改性铁尾矿微粉的混凝土的强度有明显提高，且对混凝土耐久性影响不大。王宏霞[31]等人通过试验表明，适量掺加铁尾矿微粉对混凝土的强度不会降低。当铁尾矿粉替代胶凝材料 30% 时，可达到 C60 混凝土的强度等级。铁尾矿微粉掺量为 40% 时，也可达到 C50 混凝土的强度等级。蔡基伟[32]等人通过试验得出，将铁尾矿粉应用于中低强度混凝土中，改变水粉比，达到最佳水粉比时，混凝土的微细级配得到完善，这样不仅可以改善工作性，还可以通过微级配效应和细颗粒的火山灰质组分的活性效应，起到增大强度的目的。宋少民等人研究表明铁尾矿微粉与矿渣粉复掺时，对混凝土长期强度发展有利[33]。

本章主要对铁尾矿微粉在净浆、砂浆、混凝土三种硬化体系中的强度发展规律，水泥-铁尾矿微粉二元体系的流变性、水化特性、微结构进行研究。

7.2 铁尾矿粉的基本材料特性

（1）化学成分

采用 XRF 荧光分析图谱得到铁尾矿微粉主要化学成分见表 7.1。

表 7.1 铁尾矿微粉主要化学成分 质量百分比，%

组成	CaO	SiO_2	Al_2O_3	Fe_2O_3	MgO	SO_3	K_2O	P_2O_5	TiO_2	MnO_2	Na_2O
含量	5.85	61.7	9.09	14.8	3.52	0.71	2.08	0.52	0.53	0.24	0.65

（2）各项性能指标

本书中采用机械粉磨时间不同的两种细度的铁尾矿微粉进行试验。铁尾矿微粉的主要技术指标分别列入表 7.2、表 7.3。以下将粗铁尾矿微粉简称为 TP，将细铁尾矿微粉简称为 FTP。

表 7.2 铁尾矿微粉（粗）主要技术指标

细度（45μm 筛筛余%）	比表面积（m^2/kg）	烧失量（%）	需水量比（%）	MB 值	密度（g/cm^3）
4.95	420	3.65	104	1.00	2.73

表 7.3 铁尾矿微粉（细）主要技术指标

细度（45μm 筛筛余%）	比表面积（m^2/kg）	烧失量（%）	需水量比（%）	MB 值	密度（g/cm^3）
1.05	600	3.65	106	1.00	2.73

采用 Maxsizer 干法粒度分析仪测定铁尾矿微粉的粒度分布，得到粗铁尾矿微粉的粒度分布为 $D_v(10)=1.23\mu m$, $D_v(50)=16.4\mu m$, $D_v(90)=98\mu m$，细铁尾矿微粉的粒度分布为 $D_v(10)=1.05\mu m$, $D_v(50)=10.9\mu m$, $D_v(90)=76.5\mu m$。水泥和两种细度的铁尾矿微粉的粒径分布如图 7.1 所示。

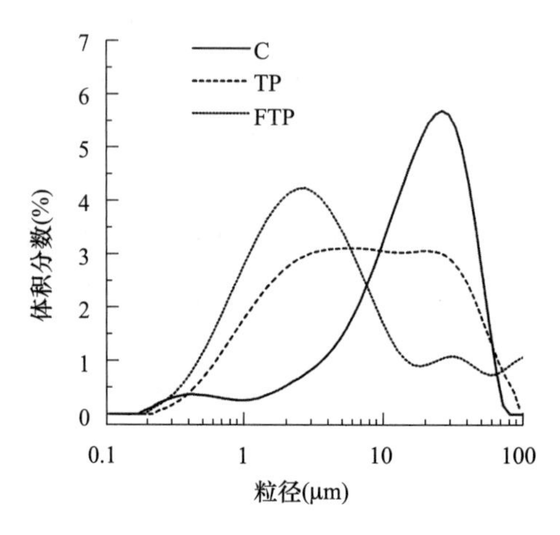

图 7.1　粉体粒径分布曲线

注：图中 C 代表水泥，TP 代表粗磨尾矿微粉，FTP 代表细磨尾矿微粉。

（3）矿物组成

铁尾矿微粉的 XRD 分析图谱如图 7.2 所示，其主要晶体组成为 SiO_2。

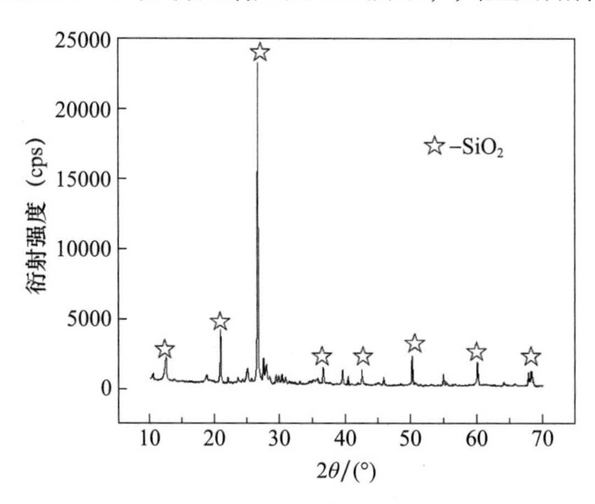

图 7.2　铁尾矿微粉的 XRD 图谱

7.3　铁尾矿微粉对净浆、砂浆、混凝土抗压强度的影响

净浆试验采用了 0.3 和 0.4 两种水胶比。在等水胶比条件下，用铁

尾矿微粉等质量取代10%、20%、30%、40%和50%的基准水泥，并将纯水泥组作为空白对照组。减水剂的用量根据净浆流动度作调整，保证各组流动性基本相同。所有试块均在温度为（20±2）℃，湿度≥95%的标准养护室中养护。

胶砂试验采用了0.3、0.4两种水胶比。在等水胶比条件下，分别用粗磨铁尾矿微粉TP、细铁尾矿微粉FTP等质量取代10%、20%、30%、40%和50%的基准水泥，以纯水泥组作为对照组。减水剂的用量根据砂浆流动度作调整，基本上保证各组流动性相同。所有试块均在温度为（20±2）℃，湿度≥95%的标准养护室中养护。

混凝土试验采用了0.3、0.4两种水胶比（*W/B*）。在等水胶比条件下，用铁尾矿微粉取代20%、50%的基准水泥（等质量取代），并以纯基准水泥作为对照组。所有试块均在温度为（20±2）℃，湿度≥95%的标准养护室中养护。混凝土配合比如表7.4所示。

表7.4　混凝土配合比

编号	水胶比	尾矿掺量（%）	水泥（kg/m^3）	铁尾矿微粉（kg/m^3）	砂（kg/m^3）	石（kg/m^3）	水（kg/m^3）	砂率（%）
C1	0.4	0	380	0	825	1093	152	43
C2	0.4	20	304	76	825	1093	152	43
C3	0.4	50	190	190	825	1093	152	43
CC1	0.3	0	450	0	802	1063	135	43
CC2	0.3	20	360	90	802	1063	135	43
CC3	0.3	50	225	225	802	1063	135	43

注：减水剂用量根据混凝土工作性状态调试，一般掺量为0.8%左右。

7.3.1　龄期对水泥-铁尾矿微粉体系抗压强度的影响

为了研究铁尾矿微粉对净浆、砂浆、混凝土三种硬化体系强度发展规律的差异，本章对不同水胶比（0.3和0.4）、不同养护龄期、不同铁尾矿微粉掺量的体系进行强度分析。净浆抗压强度发展见表7.5，砂浆抗压强度见表7.6，混凝土抗压强度见表7.7。

表7.5　净浆抗压强度

编号	TP掺量（%）	水胶比	3d（MPa）	7d（MPa）	28d（MPa）	90d（MPa）
P0-1	0	0.3	62.3	64.0	69.2	96
P1-1	10	0.3	61.2	62.8	63.9	83.5
P2-1	20	0.3	51.2	55.8	58.5	78.8

续表

编号	TP 掺量（%）	水胶比	3d（MPa）	7d（MPa）	28d（MPa）	90d（MPa）
P3-1	30	0.3	48.5	50.1	57	71.5
P4-1	40	0.3	39.7	49.3	53	70
P5-1	50	0.3	27.8	33.3	43	58.3
P0-2	0	0.4	30.5	42.2	49.3	64.7
P1-2	10	0.4	27.3	36.5	42.3	52.3
P2-2	20	0.4	26.2	31.3	39.3	53.2
P3-2	30	0.4	26	29.7	37.8	42
P4-2	40	0.4	16.2	30.2	30.7	37.4
P5-2	50	0.4	14	19.7	25.3	32.8

表 7.6　砂浆抗压强度

编号	TP 掺量（%）	水胶比	3d（MPa）	7d（MPa）	28d（MPa）	90d（MPa）
M0-1	0	0.3	35.7	48	49.3	58.8
M1-1	10	0.3	34.2	46.7	49	59.8
M2-1	20	0.3	32	40.3	45.2	51.7
M3-1	30	0.3	28.3	35.9	40.2	46.8
M4-1	40	0.3	26.8	32.7	35	42
M5-1	50	0.3	23	31.8	32.2	36
M0-2	0	0.4	32.8	40.7	44.7	51.8
M1-2	10	0.4	30	37.3	44.2	52.3
M2-2	20	0.4	29.8	38.4	41.3	44.2
M3-2	30	0.4	28	35.7	39.3	40
M4-2	40	0.4	23.3	29.7	31.3	34
M5-2	50	0.4	19	27.9	31.2	32

表 7.7　混凝土抗压强度　　MPa

编号	TP 掺量（%）	水胶比	3d（MPa）	7d（MPa）	28d（MPa）	90d（MPa）
CC1	0	0.3	51	60.2	71.3	74.1
CC2	20	0.3	47.9	61.2	74.3	76.3
CC3	50	0.3	26	35.4	45	53.2
C1	0	0.4	36.3	42.4	56.8	60.0
C2	20	0.4	34	44.4	57.8	61.2
C3	50	0.4	18.9	24.5	32.6	42.3

为了更好地表征在三种不同硬化体系中强度随龄期增长变化趋势，以90d强度为基准，用各龄期强度与90d强度比值来表示强度发展程度。结果见表7.8。

表7.8 水胶比为0.3时强度发展程度比值 %

硬化体系	铁尾矿微粉的掺量								
	0			20			50		
	3d	28d	90d	3d	28d	90d	3d	28d	90d
净浆	65	72	100	65	74	100	48	74	100
砂浆	61	84	100	62	87	100	64	89	100
混凝土	69	96	100	64	97	100	54	85	100

由表7.8可以看出，铁尾矿微粉掺量相同时，随着龄期的增长，净浆强度不断增加，且在任何龄期，掺加铁尾矿微粉越多则强度越低。3d到28d之间，铁尾矿微粉掺量越大时，强度增长幅度越大。28d到90d之间，铁尾矿微粉掺量越大时，强度增长幅度越小。28d时，发展程度比值为74%左右，则对于净浆来说，28d以后强度仍有一定增幅。由表7.8可以看出，与净浆强度发展类似，随着水化龄期的增长，砂浆强度呈上升趋势。对于砂浆来说，各龄期增幅受铁尾矿微粉掺量影响不大。在任意水化龄期时，掺加铁尾矿微粉10%时较对照组强度降低不大。

由表7.8可以看出，在水化龄期达到3d及以后，铁尾矿微粉掺量为20%时强度略高于对照组；铁尾矿微粉掺量为50%时强度下降很大。混凝土强度在28d时强度已经很高，后期增幅很小，当铁尾矿微粉掺量较大时，后期强度仍有一定增长。水胶比为0.3时，TP掺量为20%时，28d时混凝土强度基本达到90d强度的97%，后期强度基本没有增长。TP掺量为50%时，28d强度达到90d强度的85%，后期仍有强度增长空间。

综上所述，水胶比为0.3时，随着龄期的增长，净浆、砂浆、混凝土的强度均呈增加趋势，且在砂浆和混凝土中，铁尾矿微粉掺量较小时（不大于20%），强度较空白组相差不大，但在水化中后期，强度略微反超。

与水胶比为0.3相同，为了更好地表征三种硬化体系的强度随龄期增长变化趋势，以90d强度为基准，各个龄期强度与90d强度比值来表示强度发展程度，见表7.9。

表 7.9　水胶比为 0.4 时强度发展程度比值　　%

硬化体系	铁尾矿微粉的掺量								
	0			20			50		
	3d	28d	90d	3d	28d	90d	3d	28d	90d
净浆	47	76	100	49	74	100	43	77	100
砂浆	63	86	100	67	93	100	59	98	100
混凝土	60	95	100	56	94	100	45	82	100

由表 7.9 可知，水胶比为 0.4 时强度随龄期增长规律同水胶比为 0.3 组类似，铁尾矿微粉掺量为 20% 时，28d 时混凝土抗压强度基本达到 90d 强度的 94%，后期强度增长很少。铁尾矿微粉掺量为 50% 时，28d 强度增幅为 82%，后期仍有强度增长空间。另外，3d 到 28d 混凝土抗压强度增幅随铁尾矿微粉掺量的增加先增大后减小。

综上所述，随着龄期的增长，净浆、砂浆、混凝土强度均呈增加趋势。在水化中后期，TP 掺量为 10% 时，砂浆的强度略高于空白对照组。铁尾矿微粉对不同硬化体系各龄期强度增长幅度不完全相同。铁尾矿微粉的掺量对不同龄期强度增长幅度有影响。较低水胶比下，对于净浆体系，铁尾矿微粉掺量增大时，净浆中期强度增幅变大，后期强度增幅减小。这是因为净浆的强度取决于水泥水化程度和水化产物的数量。水化龄期在 28d 以前，由于在低水胶比下，铁尾矿微粉的稀释效应对水泥水化有一定的促进作用，从而强度增长幅度随着 TP 掺量增加而增大。龄期在 28d 以后，此时水化较充分，加速水化作用下降，铁尾矿微粉的掺量越大，水泥数量越少，强度增长幅度越小，但仍有一定增幅。对于砂浆体系，和净浆类似，随着铁尾矿微粉掺量增加，后期强度增幅减小。对于混凝土体系来说，掺加铁尾矿微粉后，相较于净浆和砂浆，由于较细的铁尾矿微粉有致密填充作用，对于 TP 含量高的混凝土来说，水泥后期（28d 以后）水化数量虽然少，但是和铁尾矿微粉协同作用，后期强度仍有较大增幅。从试验数据可以看出，当 TP 掺量为 50% 时与低掺量或不掺加相比，混凝土抗压强度 28d 以后增长幅度较大。

7.3.2　铁尾矿微粉强度影响因子

为了便于分析铁尾矿微粉对抗压强度的影响规律，定义强度影响因子为 M，即

$$M = \frac{A - A_0}{A_0} \times 100\% \tag{7.1}$$

式中，A 为掺加铁尾矿微粉时净浆、砂浆、混凝土试块的强度；A_0 为纯

水泥试件的强度。

M 大于 0 时，则表示掺加铁尾矿微粉强度增大，*M* 小于 0 时，表示掺加铁尾矿微粉强度降低。*M* 绝对值的大小则代表铁尾矿微粉对强度影响程度的大小。选取铁尾矿微粉掺量为 20%，50% 组三种硬化体系的强度影响因子见表 7.10 ~ 表 7.12。

表 7.10　3d 强度影响因子　　%

硬化体系	铁尾矿微粉掺量			
	20		50	
	$W/B=0.3$	$W/B=0.4$	$W/B=0.3$	$W/B=0.4$
净浆	-17.8	-14.1	-55.4	-54.1
砂浆	-10.4	-9.1	-35.6	-42.1
混凝土	-6.1	-6.3	-49	-47.9

表 7.11　28d 强度影响因子　　%

硬化体系	TP 掺量			
	20		50	
	$W/B=0.3$	$W/B=0.4$	$W/B=0.3$	$W/B=0.4$
净浆	-15.5	-20.3	-37.9	-48.7
砂浆	-8.3	-7.6	-34.7	-30.2
混凝土	4.2	1.8	-36.9	-42.6

表 7.12　90d 强度影响因子　　%

硬化体系	TP 掺量			
	20		50	
	$W/B=0.3$	$W/B=0.4$	$W/B=0.3$	$W/B=0.4$
净浆	-17.9	-17.8	-39.3	-49.3
砂浆	-12.1	-14.7	-38.8	-38.2
混凝土	3	2	-28.2	-29.5

由表 7.10 可以看出，铁尾矿微粉掺量为 20% 时，净浆、砂浆、混凝土的强度影响因子均为负值，即掺加铁尾矿微粉后强度均下降。但是 *M* 绝对值均小于相应铁尾矿微粉的掺量 20%。值得关注的是，对于混凝土的 3d 强度影响较小。铁尾矿微粉掺量为 50% 时，对于强度的影响显著，砂浆和混凝土组 *M* 的绝对值均小于 50%。

可以看出，掺加铁尾矿微粉后净浆、砂浆、混凝土的早期强度均比空白组要低。这是因为铁尾矿微粉的掺加降低了水泥数量，从而减少了水化产物的数量，试块强度下降，体现了铁尾矿微粉的稀释效应。但是强度影响因子的绝对值基本都小于相应铁尾矿微粉掺量，说明铁尾矿微粉对强度有一定的积极作用。铁尾矿微粉在 0.2mol/L 的 NaOH 溶液中水化 72h 的放热量仅有 2.5J/g，可以说明本试验所用铁尾矿微粉在水化早期不反应，对硬化体强度的积极作用为物理填充作用和加速水化作用。

水胶比为 0.3 时，铁尾矿微粉掺量不大于 20% 时，*M* 的绝对值大小为：净浆 > 砂浆 > 混凝土；在铁尾矿微粉掺量大于 20% 时，*M* 的绝对值大小为：净浆 > 混凝土 > 砂浆。即在低水胶比下，铁尾矿微粉掺量不大时，铁尾矿微粉对混凝土早期强度积极作用最大，对砂浆次之，对净浆最小；铁尾矿微粉掺量大时，铁尾矿微粉对砂浆强度的积极作用最大，对混凝土次之，对净浆作用仍然最小。水胶比为 0.4 时，强度影响规律与 0.3 水胶比基本相同。

分析其原因可知，对于净浆来说，净浆的强度主要来源于水化产物的数量，增大铁尾矿微粉的掺量会导致水泥数量的减少。铁尾矿微粉对净浆的填充作用表现为对水泥浆基体孔隙的填充，填充效果不明显。砂浆和净浆浆体孔隙相差不大，但是在砂浆中存在砂与浆体的界面。由表 7.10 可知，铁尾矿微粉对砂浆强度的积极作用大于净浆，可以看出铁尾矿微粉对砂浆的填充作用不可忽视。与砂浆相比，混凝土的内部界面更为复杂，包括砂与浆体的界面以及石子与浆体的界面。在铁尾矿微粉掺量较少时，铁尾矿微粉对混凝土的积极影响大于砂浆，说明此时铁尾矿微粉的填充作用最显著。但是当铁尾矿微粉掺量增大时，由于水泥数量大量减少，水化产物较少，此时形成的水化产物不足以黏结混凝土中粗细集料与浆体的界面，孔隙很大，则铁尾矿微粉的填充作用大幅度下降。

由表 7.11 可以看出，水化 28d 时，净浆及砂浆的强度影响因子均为负值，且均低于相应铁尾矿微粉的掺量。混凝土的强度影响因子在铁尾矿微粉掺量为 20% 时为正值，掺量增大时强度降低。水胶比为 0.3 时，情况与 3d 类似，TP 掺量为 20% 时，铁尾矿微粉对混凝土的积极作用最大，对净浆最小。TP 掺量为 50% 时，铁尾矿微粉对砂浆的积极作用最大，对净浆最小。在水胶比为 0.4 时，TP 掺量为 20% 时，铁尾矿微粉对混凝土的积极作用最大，这一结论对于选择铁尾矿微粉在混凝土胶凝材料中的掺量具有重要的参考价值。TP 掺量为 50% 时，铁尾矿微粉对混凝土的影响也很显著，但是在低水胶比下强度的降低幅度要低些。

综上所述，在低水胶比时，28d 水化龄期时铁尾矿微粉对三种硬化体系强度影响规律与 3d 类似，表现为在铁尾矿微粉掺量较低时，铁尾矿微粉对混凝土强度的积极作用最大，对净浆积极作用最小，此时铁尾矿微粉的填充作用在混凝土中表现最明显。当铁尾矿微粉掺量增大时，此时由于水泥数量少，水化产物不足，体系孔隙率较大，又由于混凝土中界面结构复杂，使填充作用对混凝土的积极作用不如砂浆的大，但后期对混凝土强度的影响与砂浆相当，且比高水胶比时强度降低幅度低。

在较高水胶比 0.4 时，情况与 3d 时不完全相同。水化龄期为 3d 时，水化程度低，体系致密度低，铁尾矿微粉的填充作用发挥不明显，此时主要体现为水化加速作用，所以铁尾矿微粉对净浆的积极作用最大。但是随着水化进行，水化 28d 时，体系密实度远远高于 3d 水化龄期时，此时填充作用的积极影响增大，在混凝土与砂浆中的铁尾矿微粉的填充作用不容忽视。但是在高水胶比下，需要更多的水化产物来增大硬化体系的密实度，这时铁尾矿微粉的填充作用相对贡献较小。尤其是当铁尾矿微粉掺量很大时，填充效果更弱。此时铁尾矿微粉的填充作用在小掺量时相对显著。

由表 7.12 可以看出，两种水胶比时，强度影响因子绝对值大部分低于相应铁尾矿微粉掺量。只有 TP 掺量为 20%、水胶比为 0.4 的净浆的强度影响因子大于铁尾矿微粉掺量。水胶比为 0.3 时，铁尾矿微粉对混凝土 90d 强度积极作用最大，对净浆最小。水胶比为 0.4 时，铁尾矿微粉对三种硬化体系的强度影响规律类似，都表现为对混凝土的积极影响最大，对净浆最小。

综合来看，铁尾矿微粉对水泥基材料的作用是稀释效应、填充效应、加速效应的叠加。在任何龄期，大体上强度随着铁尾矿微粉掺量的增加呈下降趋势，即铁尾矿微粉对水泥基材料的强度总体上是负面影响。但是作为没有水化活性的惰性掺和料掺加到水泥浆体中，强度影响因子均小于相应组的铁尾矿微粉的掺量，可以说明铁尾矿微粉对强度有一定积极作用。值得引起重视的是铁尾矿微粉在 20% 掺量时，混凝土 28d 和更长龄期的强度没有降低，说明在掺量适当的条件下，铁尾矿微粉作为掺和料对于混凝土强度是没有负面影响的。

随着铁尾矿微粉掺量的增加，三种硬化体系强度基本呈下降趋势，这点体现了铁尾矿微粉的稀释效应。填充作用在体系结构相对密实时发挥充分。因此水化早期，铁尾矿微粉掺量增大，或水胶比高时，体系密实度低，铁尾矿微粉对混凝土的积极作用较小。但是对于混凝土来说，铁尾矿微粉掺量不变时，随着龄期的增长，铁尾矿微粉对混凝土强度的积极作用越来越明显。此时铁尾矿微粉主要起的就是惰性掺和料的填充作用，填充作用在低水胶比时更明显。对于净浆来说，铁尾矿微粉的积极作用较小，此时铁尾矿微粉主要起水化加速效应，该效应相对于稀释效应和填充作用影响较小。因此得出结论，比水泥颗粒细的铁尾矿微粉对水泥-铁尾矿微粉的浆体硬化体的强度有一定的积极作用，但不大，且对水胶比的影响不大。

7.4 铁尾矿微粉对复合水泥基材料流变性能的影响

流变性能可以表征新拌混凝土的工作性，其中胶凝材料浆体的流动性对新拌混凝土的工作性影响很大。良好的新拌水泥浆体的流变性影响着混凝土的工作性，同时也会影响到硬化浆体的力学性能及耐久性。目前关于将铁尾矿微粉掺入水泥中形成水泥-铁尾矿微粉的复合浆体体系的流变性能研究很少。

已有研究得出，矿物掺和料（石灰石粉和粉煤灰等）的颗粒形态效应对胶凝材料浆体的流变参数有很大的影响。因此本章对净浆流动度，以及对水泥-铁尾矿微粉复合浆体体系的屈服应力、塑性黏度等流变参数进行研究，重在探究在低水胶比、有减水剂掺加的情况下，铁尾矿微粉对水泥基材料流变性能的影响。

7.4.1 铁尾矿微粉对净浆流动度的影响

试验主要研究铁尾矿微粉的掺量对净浆流动度的影响。采用粗磨铁尾矿微粉 TP 进行试验。分别用铁尾矿微粉替代 10%、20%、30%、40%、50% 的基准水泥进行试验，水胶比分别为 0.3，0.4。试验结果如图 7.3 所示。

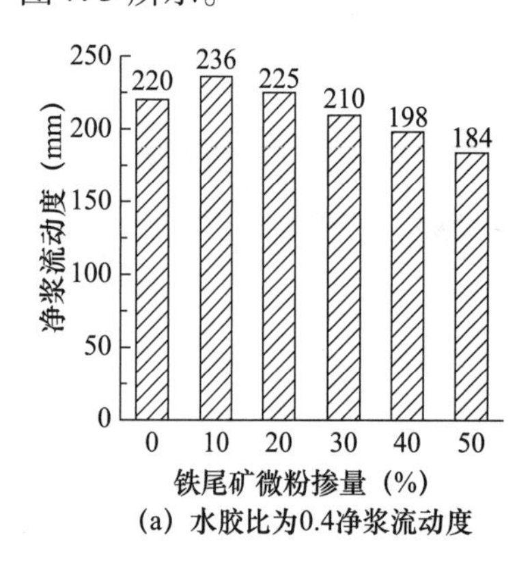

(a) 水胶比为0.4净浆流动度

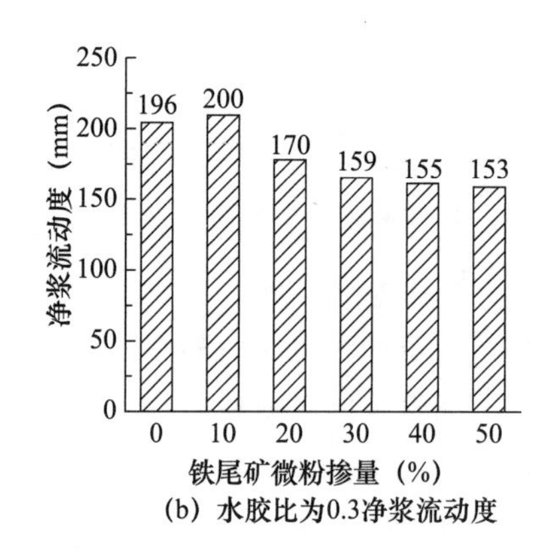

(b) 水胶比为0.3净浆流动度

图 7.3 净浆流动度

可以看出，在有减水剂存在的情况下，随着铁尾矿微粉掺量的增加，掺量较低时，净浆流动度并未发生明显变化；掺量较高时，净浆流动度开始降低。具体来看，当水胶比为 0.4 时，铁尾矿微粉掺量为 10%、20%

时，流动度超过对照组，其余组均小于对照组。水胶比为0.3时，只有铁尾矿微粉掺量为10%时流动度超过对照组。

分析原因可知，铁尾矿微粉颗粒较水泥细，适量掺加铁尾矿微粉可以改善粉体的颗粒级配，改善浆体流动性。铁尾矿微粉掺量增加时，粉体总比表面积增大，且铁尾矿微粉是不规则颗粒，使需水量增加，水泥净浆流动度下降。总体而言，少量掺加铁尾矿微粉能够适度改善水泥浆体的流动性；掺量较多时，粉体比表面积有所增大，流动性有所降低。

7.4.2 铁尾矿微粉对水泥基材料流变特性影响

试验采用 Brookfield RST-CC 流变仪测定浆体在不同剪切速率下的剪切应力值，并使用 Rheo3000 软件进行数值拟合，得到流变学方程和相应的流变参数。采用 Herschel-Bulkley（H-B）模型来描述铁尾矿微粉-水泥体系的流变性，流变方程为

$$\tau = \tau_0 + K\gamma^n, \ \tau \geqslant \tau_0 \tag{7.2}$$

当剪切应力 τ 超过应力临界值 τ_0 时，浆体开始流动。剪切应力随着 $\tau - \tau_0$ 呈幂律增长趋势。式7.2中，γ 为剪切速率（s^{-1}），τ 为剪切应力（Pa），τ_0 为屈服应力（Pa），K 为稠度系数（$Pa \cdot s^n$），n 为流变特性指数。当 $n=1$，$\tau_0 \neq 0$ 时，H-B 流体为塑性流体；当 $n=1$，$\tau_0=0$ 时，H-B 流体为牛顿流体；当 $\tau_0=0$，$n<1$ 时，H-B 流体为假塑性流体；当 $\tau_0=0$，$n>1$ 时，H-B 流体为胀流型流体。$n>1$ 时，流体发生剪切增稠，此时 n 值越小，则浆体发生剪切增稠的程度越低；$n<1$ 时，流体为假塑性流体，流体发生了剪切变稀，此时 n 值越小，则表示剪切变稀的程度越高。

当浆体的黏度随剪切速率的增大而下降时，浆体即呈现剪切变稀特性，此时虽然拌和物的流动性增大，但在混凝土浇筑过程中容易出现离析泌水的不良情况。当剪切速率不断增大至一定数值时，浆体的黏度随着剪切速率的增加而不断增大时，浆体呈现剪切增稠特性，这将会对混凝土的泵送、搅拌等工艺造成很大的负面影响。

试验选取水胶比0.3，采用铁尾矿微粉 TP 进行试验。铁尾矿掺量分别为0%、5%、10%、15%、20%、30%。减水剂选取聚羧酸类高效减水剂。得到剪切应力随剪切速率的变化（图7.4），塑性黏度随剪切速率的变化（图7.5）。表7.13为由 H-B 模型拟合得到的各组水泥-铁尾矿微粉复合浆体的流变参数。根据 H-B 方程拟合，拟合度均达到0.999以上。

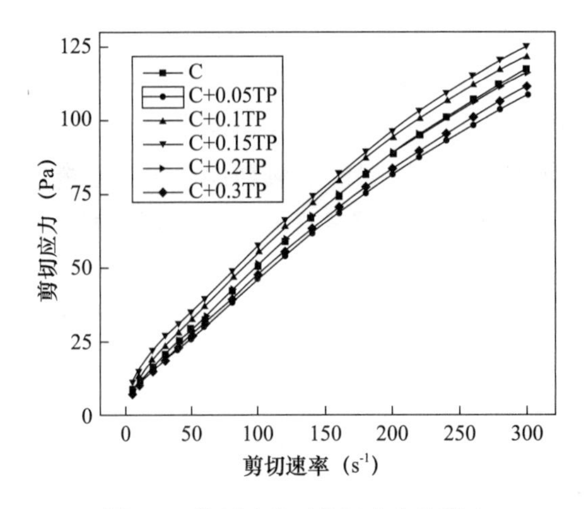

图 7.4 剪切速率对剪切应力的影响

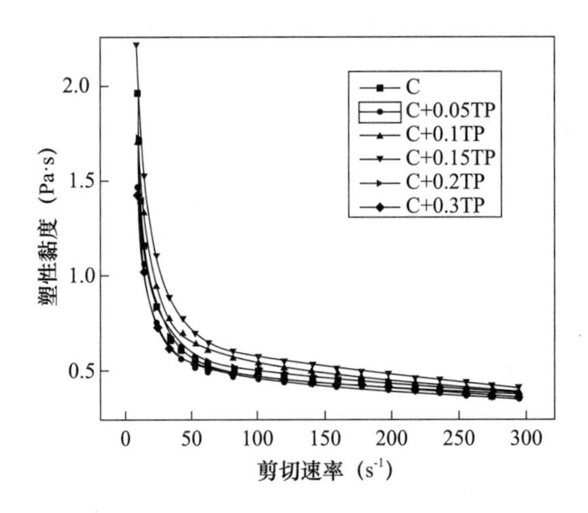

图 7.5 剪切速率对塑性黏度的影响

表 7.13 浆体流变参数

编号	尾矿掺量（%）	屈服应力 τ_0（Pa）	稠度系数 K（Pa・s^n）	流变指数 n
1	0	2.4501	1.0594	0.8236
2	5	2.8149	1.2111	0.8171
3	10	2.9665	1.7447	0.7450
4	15	3.7652	1.5697	0.7632
5	20	2.3117	1.3771	0.7781
6	30	1.8806	1.1423	0.8231

将不同掺量的铁尾矿微粉加入到基准水泥中，流变曲线并未发生明显的变化。随剪切速率增大，水泥-铁尾矿微粉浆体与纯水泥浆体均呈现剪切变稀的特性。塑性黏度在低剪切速率时迅速下降，随着剪切速率的增加，黏度减小幅度变缓，但始终呈下降趋势。

随着铁尾矿微粉掺量增加，流变指数 n 逐渐降低，即在一定掺量范围内，流变指数 n 逐渐降低，铁尾矿微粉掺量为10%时，n 最小，则此时剪切变稀的特性最显著。当铁尾矿微粉掺量达到30%时，剪切变稀的程度下降，与水泥净浆相当。

水泥-铁尾矿微粉复合浆体的屈服应力和稠度系数均随着铁尾矿微粉掺量的增大呈现先增加后降低的趋势。铁尾矿掺量为15%时，浆体屈服应力处于最大值。分析原因可知，铁尾矿微粉分散在水泥颗粒之间，使浆体颗粒间的距离减小，增大了颗粒间的附着力和摩擦力。另外，铁尾矿微粉为表面不规则的颗粒，浆体发生变形时受到的阻力就会增大。由于铁尾矿微粉比水泥颗粒细，浆体总体需水量必然会增大，当保持相同的用水量时，浆体颗粒之间的摩擦力就会更大。所以在宏观上表现为掺加一定量的铁尾矿微粉，浆体的屈服应力随之增大。当铁尾矿微粉掺量大于15%时，屈服应力减小。这是由于胶凝材料水化生成胶凝形状的物质悬浮于水泥浆体中。水泥和铁尾矿微粉颗粒之间因为范德华力和静电作用力相互连接并交织形成絮凝结构。铁尾矿微粉掺量大于15%时，水泥数量过少，没有充足的胶凝材料水化，形成的絮凝体较少，则屈服应力随之减小。

7.5 铁尾矿微粉对水泥水化程度的影响

水泥水化后的两个主要水化产物为C-S-H凝胶和$Ca(OH)_2$，$Ca(OH)_2$为晶体结构，可以定量测量。目前通常采用热重分析和综合热分析法定量测定水泥基材料水化产物的$Ca(OH)_2$含量。本章主要通过差热试验，得到硅酸盐水泥-铁尾矿微粉复合胶凝材料水化后的氢氧化钙含量，以此表征浆体水化程度，从铁尾矿微粉的掺量、细度以及水胶比三个方面分析铁尾矿微粉对水泥水化程度的影响。

差热天平分析方法是指温度不断升高时，对样品质量与温度的关系进行测量。物质质量发生变化的主要原因为物质受热时发生物质分解、水分蒸发、结合水散失等过程。热重曲线（TGA 曲线）即通过差热天平得到样品在加热过程中质量随温度变化的曲线。大量研究得出，某种物质只有在特定的温度范围内才会发生热分解反应，$Ca(OH)_2$在400～500℃热分解，与其他成分的热分解温度范围相对独立，从而有利于进行定量分析。因此本试验采用通过热损失质量计算得到$Ca(OH)_2$的质量分数来表征水泥水化程度。

7.5.1 铁尾矿微粉对早期（3d）水化进程的影响

试验选取水胶比 0.3、0.4；铁尾矿微粉掺量为 0%、20%、30%、50%；比表面积分别为 $420m^2/kg$、$600m^2/kg$ 的两种细度的铁尾矿微粉来分析水胶比、铁尾矿微粉掺量及细度对水泥-铁尾矿微粉体系水化进程的影响。通过计算得到3d 时胶凝体系 $Ca(OH)_2$ 含量，结果见表 7.14。

表 7.14　3d 试样 $Ca(OH)_2$ 含量

水胶比	掺量（%）	比表面积（m^2/kg）	$Ca(OH)_2$ 含量（%）
0.3	0	420	8.43
0.3	20	420	7.52
0.3	30	420	6.62
0.3	50	420	4.11
0.4	0	420	13.24
0.4	20	420	9.46
0.4	30	420	8.76
0.4	50	420	5.06
0.3	20	600	6.70
0.3	30	600	5.71
0.3	50	600	3.33
0.4	20	600	7.48
0.4	30	600	7.32
0.4	50	600	4.52

在相同水胶比下，随着铁尾矿微粉掺量的增加，$Ca(OH)_2$的含量不断降低。因为铁尾矿微粉的掺入取代了水泥，水泥数量下降，这会直接导致水化产物的减少，体现了铁尾矿微粉作为惰性掺和料的稀释效应。水胶比为0.3 时，当铁尾矿微粉掺量为20%和30%时，单位质量水泥对应的 $Ca(OH)_2$含量均高于对照组。这表明在水化早期时，在低水胶比下，一定量的铁尾矿微粉能够促进复合水泥基材料中水泥的水化程度。这体现了铁尾矿微粉对水泥基材料的加速效应。究其原因，一方面是因为铁尾矿微粉的掺加针对水泥而言提高了水灰比，从而促进水化，另一方面是因为铁尾矿微粉的掺加对水泥颗粒有一定的分散作用，改善了水泥颗粒的分布情况，水泥颗粒与水的接触面积增加从而促进了水泥水化程度。

铁尾矿微粉掺量相同时，水胶比为 0.3、0.4 时，掺加超细铁尾矿微粉组的早期 $Ca(OH)_2$ 含量低于掺加粗铁尾矿微粉组。即在相同条件下，铁尾矿微粉越细，早期水化越慢。两种水胶比时，细铁尾矿微粉的水化程度要低于粗铁尾矿微粉组，且均随着铁尾矿微粉掺量的增加，差值逐渐减小。这是因为在较低水胶比时，水泥水化需要大量的水分，超细尾矿微粉的比表面积大，需水量增大，导致水化程度有所下降。然而当铁尾矿微粉掺量较大时，粗、细尾矿组差距减小，主要是因为惰性材料铁尾矿微粉的掺加提高了浆体的有效水胶比，水化程度有所提高，当水胶比为0.4时，铁尾矿微粉掺量为50%时，稀释效应更明显，则超细铁尾矿微粉抑制水化的负面影响被削弱。

7.5.2 铁尾矿微粉对后期（28d）水化进程的影响

对龄期为28d的试样进行差热分析，计算得到$Ca(OH)_2$含量见表7.15。

表7.15 28d试样$Ca(OH)_2$含量

水胶比	掺量（%）	比表面积（m^2/kg）	$Ca(OH)_2$含量（%）
0.3	0	420	11.55
0.3	20	420	8.92
0.3	30	420	8.76
0.3	50	420	6.25
0.4	0	420	19.69
0.4	20	420	10.57
0.4	30	420	9.17
0.4	50	420	6.41
0.3	20	600	8.84
0.3	30	600	8.02
0.3	50	600	5.22
0.4	20	600	11.35
0.4	30	600	9.66
0.4	50	600	6.50

水化28d时，结果和3d类似，在相同水胶比下，随着铁尾矿微粉掺量的增加，$Ca(OH)_2$的含量不断降低。铁尾矿微粉掺量为20%、30%时，$Ca(OH)_2$含量变化幅度不大；当铁尾矿微粉掺量达到50%时，$Ca(OH)_2$含量降低幅度较大。在水化28d时，水胶比的影响大大降低。当铁尾矿微粉掺量不小于30%时，两种水胶比组$Ca(OH)_2$含量基本相同。

水胶比为0.3时，掺加铁尾矿微粉组的单位质量水泥对应的$Ca(OH)_2$含量略高于基准对照组，即在 28d 龄期时，低水胶比下，掺加一定量的铁尾矿微粉能够促进水泥水化程度。随着水化龄期的延长，铁尾矿微粉掺量大时，水胶比对水泥-铁尾矿微粉浆体的水化程度影响减弱。这是因为在水化早期时，水化不充分，此时供水泥水化的用水量相对充足，铁尾矿微粉的稀释效应不明显，水胶比高时 $Ca(OH)_2$含量高，水化程度高。水化进行到 28d 时，水化比较充分，此时随着铁尾矿微粉掺量的增加，稀释效应越来越显著，水灰比变大，促进了水泥水化，尤其在水胶比为 0.3 时更为明显。

随着龄期的增长，铁尾矿微粉的细度对水泥-铁尾矿微粉复合浆体水化程度的影响大大减弱。当水胶比为 0.3，铁尾矿微粉掺量为 20% 时，粗细铁尾矿微粉组 $Ca(OH)_2$含量基本相同。水胶比为 0.4 时，细铁尾矿微粉组 $Ca(OH)_2$含量略高于粗铁尾矿微粉组。不难看出，随着水化龄期的增长，铁尾矿微粉的细度对水泥-铁尾矿微粉复合浆体影响减小。

7.6 铁尾矿微粉对硬化体系孔结构及微观形貌的影响

7.6.1 水泥-铁尾矿微粉浆体硬化体早期（3d）孔结构分析

试验选取水胶比为 0.3，比表面积分别为 420m²/kg、600m²/kg 两种细度的铁尾矿微粉进行压汞试验。铁尾矿微粉的掺量为 0%、20%、50%，测试龄期为 3d。孔径分布及累积进汞体积如图 7.6、图 7.7 所示。将不同孔径区间进汞量加和得到孔径分布见表 7.16。

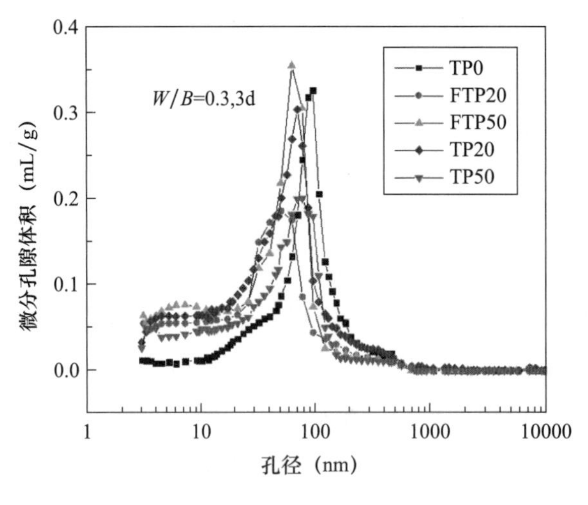

图 7.6 3d 孔径分布

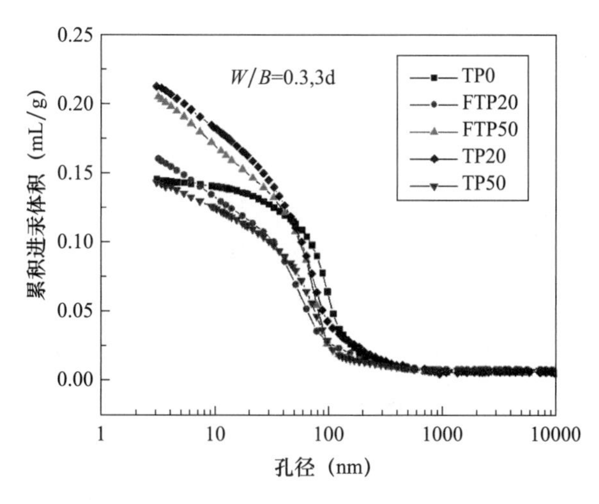

图 7.7　3d 累积进汞体积

注：TP 代表粗铁尾矿微粉，FTP 代表细铁尾矿微粉，数字代表掺量百分数，
TP20 表示粗铁尾矿微粉掺量为 20%，FTP20 代表细铁尾矿微粉掺量为 20%。

表 7.16　3d 不同孔径范围进汞量　　mL/g

编号	最可几孔径（nm）	<4.5nm	4.5～50nm	51～100nm	>100nm
TP0	95	0.052	0.758	1.399	1.173
TP20	68	0.260	2.229	1.360	0.804
TP50	73	0.211	1.411	1.238	0.453
FTP20	50	0.257	0.924	0.492	0.340
FTP50	63	0.314	0.985	0.955	0.248

图 7.6 中对应的峰值为最可几孔径，即出现概率最高的孔径。结合表 7.16 可以看出，铁尾矿微粉细度相同时，掺量为 20% 时，对孔径的细化作用最好。对于粗磨铁尾矿微粉组，TP20 的最可几孔径为 68nm，TP50 的最可几孔径为 73nm，均小于对照组的 95nm；对于磨细组 FTP 而言，FTP20 的最可几孔径为 50nm，FTP50 的最可几孔径 63nm，均低于对照组 95nm。可以总结得出，掺入铁尾矿微粉可以使最可几孔径降低，即细化孔结构，且铁尾矿微粉掺加量为 20% 时对孔径的细化作用效果最好。

铁尾矿微粉的比表面积越大，对水泥-铁尾矿微粉复合浆体硬化体的孔隙细化作用越明显。铁尾矿微粉掺量为 20% 时，粗磨铁尾矿微粉组 TP20 最可几孔径为 68nm 大于细磨组 FTP20 的 50nm；铁尾矿微粉掺量为 50% 时，粗磨铁尾矿粉组 TP50 最可几孔径为 73nm，大于细磨组 FTP50 的 63nm。其中 FTP20 的最可几孔径最小，只有 50nm，相比于对照组的 95nm 而言，降低了一半左右。即超细铁尾矿微粉掺量为 20% 时对孔的细化作用最明显，掺加过量时，反而会减弱铁尾矿微粉的细化孔径的作用。

对于大于100nm的多害孔，进汞量总和的大小为TP0 > TP20 > TP50 > FTP20 > FTP50。由此可以看出，掺加铁尾矿微粉后的多害孔数量均小于对照组，且铁尾矿微粉比表面积越大则对多害孔的细化作用越明显，在相同细度时，铁尾矿微粉掺量越大则多害孔数量越少。对于51～100nm的有害孔而言，进汞量总和的大小为TP0 > TP20 > TP50 > FTP50 > FTP20。其中超细铁尾矿微粉组的有害孔数量远远低于对照组及粗磨尾矿微粉组，由此可见掺加铁尾矿微粉后能显著降低水泥基材料浆体硬化体有害孔及多害孔的数量，且铁尾矿微粉的比表面积越大，改善作用越明显。对于孔径小于50nm的无害孔与少害孔来说，相比于对照组，掺加铁尾矿微粉后会增大少害孔和无害孔的数量，起到了改善孔级配的作用，理论上来说会对结构的耐久性有一定的优化作用。

综合上述结果来看，在水化早期3d时，铁尾矿微粉对浆体硬化体的孔结构起到了很好的细化填充作用。掺加铁尾矿微粉后不仅降低了最可几孔径，且减少了孔径大于50nm的有害孔和多害孔的数量，孔径小于50nm的孔数量有一定程度的增加。且当铁尾矿微粉的比表面积越大时，铁尾矿微粉对水泥-铁尾矿微粉复合浆体硬化体的孔结构优化作用越明显。分析其原因不难得出，铁尾矿微粉颗粒比水泥颗粒细，可以均匀填充在水泥颗粒的空隙中，分散水泥颗粒，使水泥和水接触面积增大，从而加快水泥水化，加快水化产物的生成，有效地减少了多害孔及有害孔的数量。同时，铁尾矿微粉可以填充在未水化水泥颗粒及水化产物的空隙中间，增大了浆体的密实度，从而有效地细化了孔结构，减少有害孔的数量。当铁尾矿微粉比表面积越大时，对浆体硬化体的物理填充作用越明显，对孔结构的优化作用更明显。

7.6.2 铁尾矿微粉对硬化浆体后期（270d）孔结构的影响

为了研究铁尾矿微粉对水泥-铁尾矿微粉复合浆体硬化体孔结构的长期发展，选取水胶比为0.3，比表面积分别为420m^2/kg、600m^2/kg两种细度的铁尾矿微粉进行压汞试验。铁尾矿微粉的掺量为0%、20%、50%，测试龄期为270d。孔径分布及累积进汞体积如图7.8、图7.9所示。将不同孔径区间进汞量加和得到孔径分布见表7.17。

水化龄期为270d时，最可几孔径减小，孔隙率大大降低，此时孔隙很少。这是因为随着水化的进行，水化产物增多，体系密实度大大增加，孔隙率大大降低。

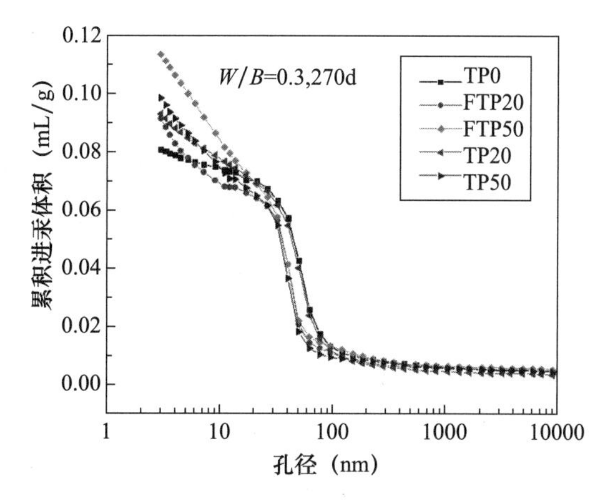

图 7.8 270d 孔径分布

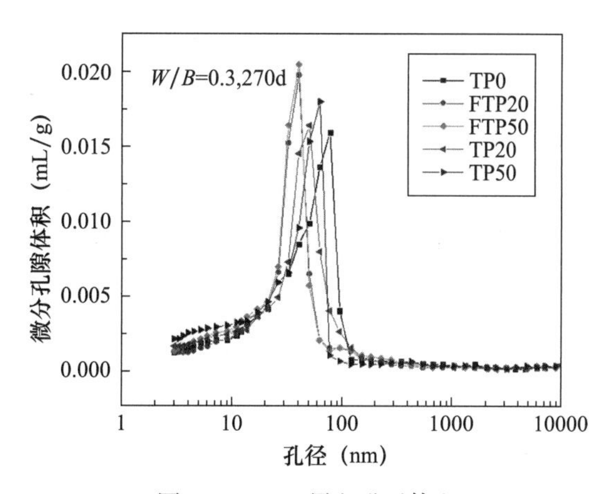

图 7.9 270d 累积进汞体积

表 7.17 270d 不同孔径范围进汞量 $\times 10^{-1}$mL/g

编号	最可几孔径（nm）	<4.5nm	4.5~50nm	51~100nm	>100nm
TP0	77	0.045	0.388	0.432	0.111
TP20	50	0.061	0.517	0.307	0.088
TP50	62	0.086	0.53	0.347	0.092
FTP20	40	0.044	0.648	0.111	0.068
FTP50	40	0.057	0.745	0.101	0.082

水化龄期为 270d 时，对于粗磨铁尾矿微粉组，TP20 的最可几孔径为 50nm，TP50 的最可几孔径为 62nm，均小于对照组的 77nm，此时掺量为 20% 时对孔径的细化作用最好；对于磨细组 FTP 而言，FTP20 和 FTP50 的最可几孔径均为 40nm，低于对照组 77nm。可以总结得出水化龄期为 270d 时，掺入铁尾矿微粉可以使出现概率最大的孔径降低，即细化孔结构，且铁尾矿微粉掺加量为 20% 时对孔径的细

化作用表现最好。

铁尾矿微粉的比表面积越大，对水泥-铁尾矿微粉复合浆体硬化体的孔隙细化作用越明显。铁尾矿微粉掺量为20%时，粗磨铁尾矿微粉组TP20最可几孔径为50nm，大于细磨组FTP20的40nm；铁尾矿微粉掺量为50%时，粗磨铁尾矿粉组TP50最可几孔径为62nm，大于细磨组FTP50的40nm。此时和水化3d时不同，长龄期时，掺加超细铁尾矿微粉组掺量为20%和50%时对孔的细化作用都很好。

对于大于100nm的多害孔，相比于3d，进汞量总和大大降低。此时进汞量最大的为对照组，最小的为FTP20组，其他各组数量相差不大。即掺加铁尾矿微粉后的多害孔数量均小于对照组，并且铁尾矿微粉比表面积越大则对多害孔的细化作用越明显。对于50～100nm的有害孔而言，进汞量总和最大的为对照组，其他各组均低于对照组，超细铁尾矿微粉组的有害孔数量远远低于对照组及粗磨铁尾矿微粉组。由此可见掺加铁尾矿微粉后能降低水泥基材料浆体硬化体有害孔及多害孔的数量，且铁尾矿微粉的比表面积越大，改善作用越明显，水化长龄期时铁尾矿微粉掺量为20%及50%，大于50nm的孔数量相差不大。对于孔径小于50nm的无害孔与少害孔来说，相比于对照组，掺加铁尾矿微粉后会增大少害孔和无害孔的数量，起到了改善孔级配的作用，尤其是掺加超细铁尾矿微粉组更为明显。

综合上述结果来看，水化进行到270d时，水泥-铁尾矿微粉复合浆体硬化体的结构已经非常致密，孔隙率很低。和3d结果类似，掺加铁尾矿微粉后不仅降低了最可几孔径，且减少了孔径大于50nm的有害孔和多害孔的数量，孔径小于50nm的孔数量有一定程度的增加。且当铁尾矿微粉的比表面积越大时，铁尾矿微粉对水泥-铁尾矿微粉复合浆体硬化体的孔结构优化作用越明显。

与3d情况不同在于，水化270d时，FTP50、FTP20组的最可几孔径基本相同，且两组中有害孔及多害孔数量相差不大。长龄期时，铁尾矿微粉掺量为50%时也能发挥出很好的填充作用。这是因为在水化龄期为3d时，水化不充分，掺加铁尾矿微粉较多时，水泥数量相应减少，水化产物数量也相应减少，体系密实度低，体系孔隙增多，会降低铁尾矿微粉填充作用的发挥。从3d时铁尾矿微粉的填充作用及稀释作用的综合效果来看，铁尾矿微粉掺量为20%时对孔结构的优化作用最明显。但是当水化进行到270d时，此时水化非常充分，体系密实度很高，铁尾矿微粉的掺量为50%时，虽然水泥数量少，但是铁尾矿微粉起到了很好的物理填充作用，对孔隙的细化作用得到了更好的发挥，即铁尾矿微粉填充作用在体系密实度高时发挥最显著。

7.6.3 铁尾矿微粉对混凝土氯离子扩散性的影响

为了从宏观层面上考察铁尾矿微粉对体系孔隙率的影响，本小节采用NEL快速试验方法来测试单掺铁尾矿微粉混凝土抗氯离子渗透性能。氯离子可以通过混凝土中的渗水通道渗入混凝土内部，在一定试验环境下进入混凝土内部的氯离子越多，可以说明混凝土抵抗有害离子扩散的能力越差。单掺铁尾矿微粉混凝土28d混凝土氯离子扩散系数见表7.18。

表7.18 28d混凝土氯离子扩散系数

编号	水胶比	掺量（%）	氯离子扩散系数（$\times 10^{-10} cm^2/s$）
CC1	0.3	0	235
CC2	0.3	20	212
CC3	0.3	50	352
C1	0.4	0	278
C2	0.4	20	232
C3	0.4	50	390

各组氯离子扩散系数均在100~500区间，混凝土氯离子渗透等级为中等。在两种水胶比下，铁尾矿微粉掺量在20%时氯离子扩散系数最低，铁尾矿微粉掺量在50%时氯离子扩散系数最大。铁尾矿微粉掺量相同时，水胶比越小，氯离子扩散系数则越小。这表明在水化28d时，掺入少量铁尾矿微粉可以改善混凝土的抗氯离子渗透性能。此时铁尾矿微粉的填充效应使水泥石和界面结构更为致密，大大降低了混凝土孔隙率，减小了孔径尺寸，从而阻断了水泥石、集料、界面中作为渗透通路的“贯通孔”的形成，起到提高混凝土抗氯离子渗透性的作用。当铁尾矿微粉掺量过大时，由于水泥数量减少，水化产物数量减少，此时铁尾矿微粉的填充效应并不明显，因此掺加大量的铁尾矿微粉时会降低混凝土的抗渗性。

各组氯离子扩散系数均在100~500区间，混凝土氯离子渗透等级为中等。相比于28d，水化270d时则氯离子扩散系数明显降低。这和压汞试验得出的结果一致，随着水化的进行，水化产物大量增加，混凝土结构更加密实。在两种水胶比下，铁尾矿微粉掺量在20%时氯离子扩散系数最低，铁尾矿微粉掺量在50%时氯离子扩散系数最大。在水胶比为0.3时，较对照组而言，铁尾矿微粉掺量为50%时，氯离子扩散系数增长幅度比水胶比为0.4时要小。在水化龄期270d时，掺入20%铁尾矿微粉可以改善混凝土的抗氯离子渗透性能，且在水胶比低时对抗氯离子渗透作用提高最为明显。在水胶比为0.3时，铁尾矿微粉掺量增大到50%时，抗氯离子渗透性劣化幅度不大，则在低水胶比下可以适度增加铁尾矿微粉的掺量（表7.19）。

表7.19 270d混凝土氯离子扩散系数

编号	水胶比	掺量（%）	氯离子扩散系数（$\times 10^{-10} cm^2/s$）
CC1	0.3	0	188
CC2	0.3	20	165
CC3	0.3	50	214
C1	0.4	0	260
C2	0.4	20	185
C3	0.4	50	345

7.6.4 水泥-铁尾矿微粉硬化浆体微观形貌分析

图7.10为$W/B=0.3$时不同铁尾矿微粉掺量，不同细度的水泥石90d的SEM照片。其中图7.10（a）为对照组，图7.10（b）为铁尾矿微粉掺量20%粗磨尾矿组，图7.10（c）为铁尾矿微粉掺量20%细磨尾矿组。图7.10（d）为铁尾矿微粉掺量50%粗磨尾矿组，图7.10（e）为铁尾矿微粉掺量50%细磨尾矿组。

图7.10可以看出，水化龄期为90d时，铁尾矿微粉周围包裹了大量水化凝胶产物，其填充在胶凝材料之间与凝胶融为一体，已经很难找到铁尾矿微粉颗粒。由图7.10（a）、图7.10（b）、图7.10（c）对比可以看出，水化龄期为90d时，水泥石水化反应充分。掺加铁尾矿微粉后结构更加致密，内部孔隙很少，水化产物连成一片。其中掺加铁尾矿微粉为20%组，复合胶凝体系水化反应充分，结构致密度很高，缺陷很少，掺加铁尾矿微粉为50%时，结构密实度小于尾矿掺量为20%组。由图7.10（b）和图7.10（c）对比看出，铁尾矿微粉掺量为20%时，铁尾矿微粉比表面积增加时，结构致密度增加，结构内部缺陷很少，可以说明，铁尾矿微粉掺量为20%时，磨细的铁尾矿微粉对硬化体起到更好的填充密实作用。由图7.10（d）和图7.10（e）对比来看，铁尾矿微粉掺量增大到20%时，铁尾矿微粉细度增大时，对硬化浆体的密实度没有明显提高，微观形貌相差不大。

综合以上不难得出，水化龄期到90d时，铁尾矿微粉具有填充作用，掺加适量铁尾矿微粉能够大大提高复合浆体的密实度，尾矿掺量不

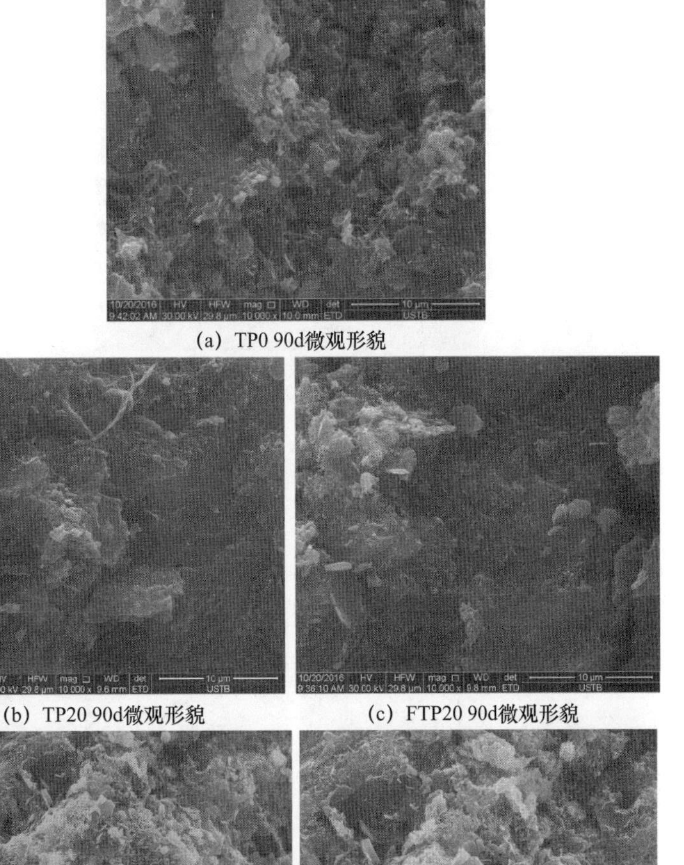

(a) TP0 90d微观形貌

(b) TP20 90d微观形貌　　(c) FTP20 90d微观形貌

(d) TP50 90d微观形貌　　(e) FTP50 90d微观形貌

图 7. 10　掺加铁尾矿微粉的水泥石 90d SEM 照片

大时，增大铁尾矿微粉的比表面积，对硬化体的密实填充作用更显著。若铁尾矿微粉掺量增大到 50% 时，由于水泥数量的减少，水化产物减少，此时由于水化尚未完全，即铁尾矿微粉掺量大时不利于结构致密度的提高。

图 7. 11 为 $W/B=0.3$ 时不同铁尾矿微粉掺量、不同细度的水泥石 270d 的 SEM 图。其中图 7. 11（a）为对照组，图 7. 11（b）为铁尾矿微粉掺量 20% 粗磨尾矿组，图 7. 11（c）为铁尾矿微粉掺量 20% 细磨尾矿组。图 7. 11（d）为铁尾矿微粉掺量 50% 粗磨尾矿组，图 7. 11（e）为铁尾矿微粉掺量 50% 细磨尾矿组。

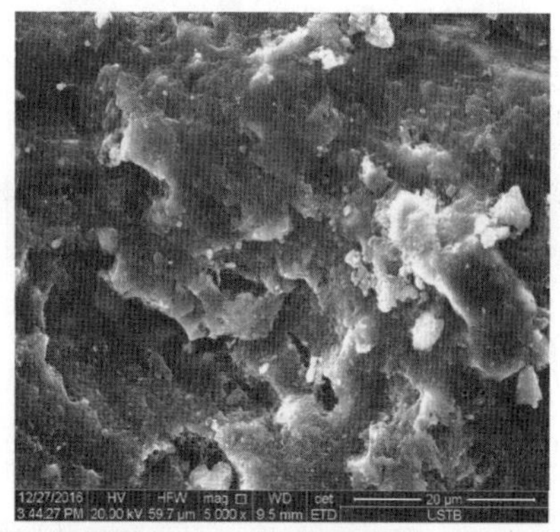

(a) TP0 270d微观形貌

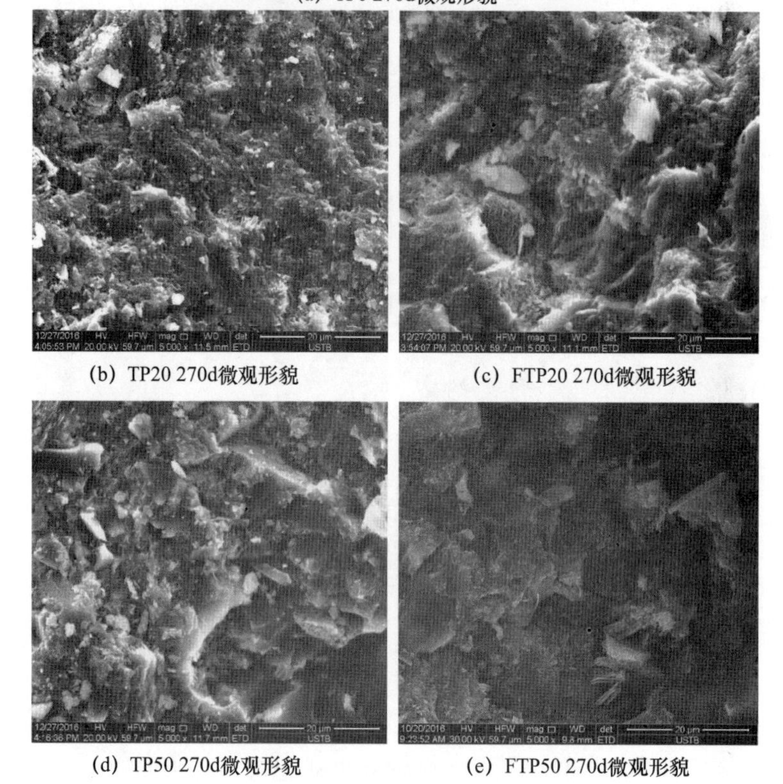

(b) TP20 270d微观形貌　　(c) FTP20 270d微观形貌

(d) TP50 270d微观形貌　　(e) FTP50 270d微观形貌

图 7.11　掺加铁尾矿微粉的水泥石 270d SEM 照片

由图 7.11（a）对照组 270d 微观形貌图可以看出，随着水化龄期的进行，水化程度越来越高，内部组织致密，缺陷很少。由图 7.11（a）、图 7.11（b）、图 7.11（c）对比来看，掺加铁尾矿微粉后增大了体系致密度，内部孔隙数量减少。此时由于水化龄期长，水化反应程度很高，水化产物很多，结构非常致密，此时加入铁尾矿微粉，铁尾矿微粉填充在水泥颗粒及水化产物之间，起到细化孔隙作用，增大结构的致密度。由图 7.11（b）和图 7.11（c）对比来看，将铁尾矿微粉磨细会增大复合浆体的密实度。由图 7.11（d）和图 7.11（e）对比来看，将铁尾矿微粉磨细后，内部结构致密度增加，且水化产物没有连成一片，而是铁尾矿微粉填充在水化产物之间，且填充作用更加充分。

综合上述来看，水化进行到270d时，水化已经非常充分。此时铁尾矿微粉对复合浆体的密实填充作用更加明显，且铁尾矿微粉掺量大时，铁尾矿微粉的密实填充作用仍然很显著。就长龄期微观形貌而言，将铁尾矿微粉磨细对复合浆体的密实填充作用提高很大，即将铁尾矿微粉磨细可以增大长龄期复合浆体密实度，起到很好的密实填充作用。

参考文献

[1] 张建林，韩显松．铁尾矿混凝土应用特性试验研究［J］．西安科技大学学报，2015，25（3）：381-385.

[2] 宋瑞，林青家，夏佃秀．用MATLAB的SIMULINK进行模糊控制系统仿真［J］．山东冶金，2003，25（3）：54-56.

[3] 于军琪，吴涛，黄永宣，等．磨矿分级系统溢流浓度的模糊智能控制［J］．西安交通大学学报，1999，33（9）：30-34.

[4] 王长龙，倪文，乔春雨，等．铁尾矿加气混凝土的制备和性能［J］．材料研究学报，2013，4（2）：157-162.

[5] 李德忠，倪文，王长龙，等．不同养护条件对铁尾矿加气混凝土性能的影响［J］．新型建筑材料，2011，22（8）：33-38.

[6] 张淑会，薛向欣，金在峰．我国铁尾矿的资源现状及其综合利用［J］．材料与冶金学报，2004，3（4）：241-245.

[7] 康惠荣，陈建兵，康遂平．用铁尾矿代替硫酸渣烧制水泥熟料的试验研究［J］．水泥，2004（1）：23-24.

[8] 谢红波，林克辉，李向涛．尾矿砂生产蒸压加气混凝土砌块的试验研究［J］．混凝土与水泥制品，2010（4）：69-71.

[9] 田景松，杨荣俊，王海波．北京地区铁尾矿砂在水泥混凝土中的资源化利用技术研究［J］．建筑装饰材料世界，2009（2）：33-45.

[10] 肖力光，伊晋宏，崔正旭．国内外铁尾矿的综合利用现状［J］．吉林建筑工程学院学报，2010，27（4）：22-26.

[11] 马雪英．硅质铁尾矿粉用作混凝土掺合料的应用研究［D］．清华大学，2013.

[12] S K Das，S Kumar，P Ramachandraro. Exploitation of iron ore for the development of ceramic tiles［J］. Waste Management，2000（20）：725-729.

[13] 邢志杰，袁敏，赵阳，等．我国铁尾矿综合利用及产业化推广技术研究［J］．科技创新与应用，2015（24）：75-76.

[14] ZHANG S，XUE X，LIU X，et al. Current situation and comprehensive utilization of iron ore tailing resources［J］. Journal of Mining Science，2006，42（4）：403-408.

[15] LI J，WANG Q，LI P. Synthesis process of forsterite refractory by iron ore tailings

[J]. Journal of Environmental Sciences, 2009, 21 (1): 92-95.
[16] 中国资源综合利用协会.2010—2011年度大宗工业固体废物综合利用发展报告[M]. 北京:中国轻工业出版社,2012:8.
[17] 中华人民共和国住房和城乡建设部. 混凝土用复合掺合料:JG/T 486—2015,[S]. 北京:中国标准出版社,2015.
[18] 魏建利,冯拴. 铁尾矿混凝土研究进展与展望[J]. 墙材革新与建筑节能,2016(8):64-67.
[19] 陈梦义,李北星,王威,等. 铁尾矿粉的活性及在混凝土中的增强效应[J]. 金属矿山,2013,42(5):164-168.
[20] 王安岭,马雪英,杨欣,等. 铁尾矿粉用作混凝土掺合料的活性研究[J]. 混凝土世界,2013(8):66-69.
[21] 陈梦义,周绍豪,李北星,等. 铁尾矿来源对其易磨性及活性的影响[J]. 硅酸盐通报,2016,35(4):1265-1269.
[22] 蒙朝美,侯文帅,战晓菁. 机械力活化高硅型铁尾矿粒度及活性分析研究[J]. 绿色科技,2014(11):228-231.
[23] 李北星,陈梦义,王威,等. 梯级粉磨制备铁尾矿-矿渣基胶凝材料[J]. 建筑材料学报,2014(2):206-211.
[24] 李北星,陈梦义,王威,等. 粉磨方式对铁尾矿-矿渣基胶凝材料的性能影响[J]. 硅酸盐通报,2013,32(8):1463-1467.
[25] 李北星,陈梦义,王威,等. 养护制度对富硅铁尾矿粉的活性及其浆体结构的影响[J]. 武汉理工大学学报,2013,35(8):1-5.
[26] 查进,陈梦义,李北星,等. 蒸压养护对富硅铁尾矿粉活性特性的影响[J]. 混凝土,2015(8):56-58.
[27] 易忠来,孙恒虎,李宇. 热活化对铁尾矿胶凝活性的影响[J]. 武汉理工大学学报,2009(12):5-7.
[28] 马雪英,王安岭,杨欣. 铁尾矿粉复和掺合料对混凝土性能的影响研究[J]. 混凝土世界,2013(7):90-95.
[29] 张肖艳,宋强,李辉,等. 铁尾矿粉对C40混凝土性能的影响[J]. 硅酸盐通报,2013,12(12):2559-2563.
[30] 刘娟红,吴瑞东,李生丁. 改性铁尾矿微粉混凝土的性能研究[J]. 江西建材,2014(12):92-96.
[31] 王宏霞,叶家元,张文生,等. 铁尾矿粉作为掺合料制备高强混凝土的研究[J]. 混凝土,2015(7):89-91.
[32] 蔡基伟,张勇,封孝信,等. 铁尾矿粉对混凝土工作性与强度的影响[C]. 第三届中国国际新型墙体材料发展论坛暨第二届中国建材工业利废国际大会.2009.
[33] 宋少民,冯永存. 铁尾矿微粉矿物掺合料技术性能研究[J]. 混凝土,2016(5):59-61.

8 超细矿物掺和料

8.1 概述

工业废渣（矿渣、粉煤灰、钢渣等）作为矿物掺和料，在现代高强、高性能混凝土中是一种有效的、不可或缺的主要组分材料[1-2]。但目前对粉煤灰、矿渣、石灰石粉等矿物掺和料的研究多局限于对普通粒径的研究，对超细颗粒的研究较少，超细粉体[3]一般指小于10μm的颗粒集合体。

随着超细粉磨技术的提升以及对高性能混凝土性能要求的提高，超细矿物掺和料的应用越来越广泛。超细矿物掺和料替代水泥可以改善水泥浆体的颗粒级配，提高堆积密度[4-5]，还可以改善含普通矿物掺和料混凝土早期强度不足的缺点，同时超细矿物掺和料的高活性可进一步提高混凝土的后期强度与耐久性[6]。矿物掺和料粒径越小，其微集料效应和火山灰效应发挥得越好，对混凝土的综合性能改善越明显。因此，很有必要研究超细矿物掺和料在水泥基材料中的作用机理[7]。

流变学是对物质流动的研究。其实物体（或材料）在外力作用下都将发生形变（或流动），按其性质不同，形变可分为弹性变形、黏性流动和塑性流动。水泥浆体随矿物掺和料和外加剂的种类、掺量以及环境温度等变化表现出不同的流变行为[8]。而研究不同超细矿物掺和料对水泥浆体的流变特性，可为优化胶凝材料的配比提供依据，从而改善混凝土的施工性能，提高应用效果。研究含超细矿物掺和料水泥浆体的流变特性对保证后期强度的同时保持水泥浆体的高工作性能具有重要意义。基于此，本章根据流变学模型、超细矿物掺和料、水胶比、温度和外加剂对水泥浆体流变特性进行综述。

8.2 流变性能

8.2.1 流变模型

Bingham模型表达式形式简单，模型中的参数均具有明确的物理意义，能够较好地满足工程上对流变参数测量的要求。通过流变仪能够很好地测量并计算 Bingham 模型的流变参数[9]。Bingham（宾汉姆）流体模型：

$$\tau = \tau_0 + \mu\dot{\gamma} \tag{8.1}$$

式中，τ 为施加的剪应力（Pa），γ 为应变梯度/剪切速率（s^{-1}），τ_0 为屈服应力（Pa），μ 为塑性黏度（Pa·s）。

在多数情况下，水泥基材料可以用 Bingham 模型来描述，它是新拌水泥基材料最常用的流变模型[10-12]。然而随着矿物掺和料和外加剂的广泛使用，研究中发现一些新拌水泥基材料的剪切速率-剪切应力曲线逐渐偏离线性关系，出现剪切增稠和剪切变稀现象[12-19]，采用 Bingham 模型描述混凝土的流变行为存在较大的误差，甚至出现负屈服应力的现象[20]。为了表征新拌混凝土的非线性流变行为，H. Hafid 等[21]提出可以采用 Herschel-Bulkley（H-B）模型来描述包括砂浆和混凝土在内的所有水泥基材料的流变特性。该模型最早由 Herschel 等[22]于 1926 年提出，Jones 等[23]首先使用 H-B 模型研究水泥净浆的流变曲线。此后，该流变模型在现代水泥基材料流变行为的研究中得到广泛使用[8,13,24-25]。H-B 模型：

$$\tau = \tau_0 + k\dot{\gamma}^n \tag{8.2}$$

式中，k 为流体的稠度系数，k 越大，流体越黏，即流体的流动阻力越大；γ 为剪切速率（s^{-1}）；τ_0为屈服应力（Pa）；n 为流变指数。

对于大多数流体，在剪切速率变化幅度较小时，k 与 n 可看作常数，而高聚物的流动黏度不是常数。Feys 等[14]对 H-B 模型求导，得到流体的塑性黏度为

$$\mu = \frac{d\tau}{d\dot{\gamma}} = nk\,\dot{\gamma}^{n-1} \tag{8.3}$$

后续有研究人员通过大量试验研究[26-27]，采用最小二乘法，推导出可计算等效塑性黏度的经验公式为

$$\mu = \frac{3k}{n+2}\dot{\gamma}_{\max}^{n-1} \tag{8.4}$$

Bingham 流体模型能够对水泥基材料的屈服应力和塑性黏度等流变参数进行拟合描述，而 H-B 流体模型则能够有效描述水泥基材料在剪切过程中浆体的变化，主要是流变指数和临界剪切速率的变化[28]。Feys 等[14]认为 H-B 模型的主要缺点在于：当 $n>1$ 时，会出现零剪切黏度（流变曲线在零剪切速率下的斜率）总是为零的情况，这意味着流体在流动和不流动的界面上的速率梯度无限大；而当 $n<1$ 时，零剪切黏度无穷大，显然二者都不符合实际情况。Yahia[29]发现，当采用 H-B 模型对试验数据拟合时，若浆体出现剪切增稠的现象，用 H-B 模型拟合的流

变曲线斜率为零，此时，用 H-B 模型拟合所得的屈服应力值高于流体的实际屈服应力值；而在剪切变稀的条件下，H-B 模型拟合所得的屈服应力值低于流体的实际屈服应力值。针对 H-B 模型存在的缺点，Yahia 等[24,29-30]提出采用 Modified Bingham 模型来表征水泥基材料的流变特性。修正 Bingham 模型：

$$\tau = \tau_0 + \mu\dot{\gamma} + c\gamma^2 \tag{8.5}$$

式中，τ 为施加的剪应力（Pa）；γ 为剪切速率（s^{-1}）；τ_0为屈服应力（Pa）；μ 为塑性黏度（Pa · s）；c 为修正常数。

Modified Bingham 比 Bingham 模型多了 $c\gamma^2$ 项，使 Modified Bingham 模型在低速段的流变曲线与实际更加吻合[17]。与 H-B 模型相比，该模型有两个优势，即该模型不考虑时间对流变性能的影响，排除了触变性、和易性损失的影响。

超细矿物掺和料一般拥有比普通矿物掺和料更小的密度和更大的比表面积，从理论上分析，由于密度小于水泥，等质量取代水泥后，单位体积内颗粒数量大大增加。研究表明，当悬浮液中的固体颗粒的体积分数很高时，颗粒间的交互作用会导致剪切增稠[24,31]。因此，超细矿物掺和料的添加使新拌水泥浆体更容易出现非线性流变行为。描述新拌水泥浆体非线性流变行为的流变模型有很多，但大多数流变模型都比较复杂，而 Modified Bingham 模型和 H-B 模型由于参数少、形式简单，已经成为描述新拌水泥基材料剪切增稠或剪切稀化时最常用的流变模型[8,13,24,32,33]。如图 8.1 所示，流体在剪切增稠的情况下，同一组数据中使用 Bingham、Modified Bingham 和 H-B 三种模型进行拟合时，使用 Bingham 模型时得到的屈服应力最低，使用 H-B 模型得到的屈服应力最高。但在剪切稀化的情况下，数值大小恰好相反[34]。因此对同一种新拌水泥基材料必然存在一个最适宜的流变模型。Yahia[29]比较三个流模型，发现采用 Modified Bingham 模型估算出的屈服应力值总是介于 H-B 模型和 Bingham 模型的屈服应力值之间，他认为 Modified Bingham 拟合所得屈服应力值更接近材料真实的屈服应力。Feys 等[14]将三种不同流变模型拟合得到的自密实混凝土的屈服应力值与坍落度流动测量中得到的屈服应力值进行了比较，发现只有在使用 Modified Bingham 模型时屈服应力才是恒定的，因此研究认为在出现非线性流变行为的情况下，Modified Bingham 模型为确定屈服应力提供了最稳定的值。但刘豫[35]认为流变曲线中流体开始流动的临界点并未与剪切应力轴相交，而是在剪切应力轴附近，而通常所说的屈服应力是流变曲线的延长线与剪切应力轴的交点。故 Feys 和 Yahia 等[14,29]对零剪切速率时屈服应力的讨论没有意义。当剪切速率趋向零时，流变曲线也趋向于水平，这意味着浆体开始流动时的剪切应力与理论的屈服应力非常接近，从这个意义上讲，H-B 表征的屈服应力最接近真实屈服应力。

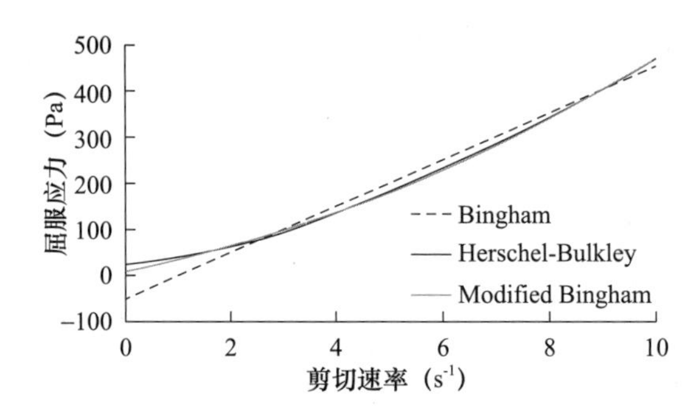

图 8.1　相同数据时用 Bingham，H-B 和 Modified Bingham 模型拟合结果[34]

8.2.2　流变模型在含超细矿物掺和料水泥浆体中的应用

超细矿物掺和料和外加剂的加入通常使水泥浆体出现非线性流变行为，但在某些特定情况下，水泥浆体仍然属于 Bingham 流体。在掺量为 0% ~50% 范围内时，含超细循环流化床粉煤灰的新拌水泥浆体总是宾汉姆流体[36-37]。超细石灰石粉在低掺量下也符合 Bingham 流变模型。随着矿物掺和料掺量的提升，用 Bingham 流变模型拟合的相关性系数呈波动性下降趋势，在消除水泥浆体的触变性及流动损失后，剪应力和剪切速率之间存在非线性关系，线性的 Bingham 模型已不能很好地描述水泥浆体的流变特性，而 H-B、Modified Bingham 等非线性模型能更好地反映水化过程对流变特性的影响[15,38]。

随着超细粉体掺量的增加，复合水泥基材浆体流变曲线的非线性程度逐渐增大。在掺量较低的情况下 Bingham 和 H-B 模型都能够较为准确地描述浆体的流变性能，而在高掺量的情况下，H-B 模型更加准确。不过 H-B 模型表达更为复杂，因而在要求不高的情况下，可合理选用 Bingham 模型。Robert 等[39]研究发现掺超细粉煤灰的水泥浆体使用 H-B 模型与试验数据吻合较好。Ouyang 等[40]使用 H-B 模型来研究含有超细偏高岭土碱激发胶凝材料的流变特性，并发现拟合的相关性系数极高。谢友均等[41]在研究含超细石灰石粉水泥浆体的流变特性时与 Costa 等人使用了不同的流变模型，而含超细石灰石粉水泥浆体流变模型的选用与水胶比有较大的关系。低水胶比水泥基复合材料浆体可看作一种幂律流体[27]。水胶比为 0.3 的纯水泥浆体属于典型的胀流型流体，且掺入超细石灰石粉并不改变其流体类型，对于胀流型流体，可采用 H-B 模型拟合[42]。Kwan 等[43]对掺粉煤灰微珠的每个砂浆样品进行研究，通过回归分析，获得了基于 H-B 模型的最佳拟合曲线。除此以外，外加剂对水泥浆体的流变特性也有较大的影响。Robert 等[39]研究减水剂对含粉煤灰微珠水泥浆体流变特性的影响时发现 Bingham 和 H-B 模型都可以很好地拟合实验数据。Liu 等[44]研究发现粉质黏土水泥浆体的流变性能主要取决于改性剂的用量。当改性剂用量为 0.5% 和 0.75%（质量分数）时，浆体为 Bingham 流体；改性剂用量为 1%、1.25% 和 1.50%（质量分数），浆体为 H-B 流体。当改性剂用量增加到 1.5%（质量分数）时，粉质黏土水泥浆体的性能从流变性转变为触变性。除了矿物掺和料、外加剂以及水胶比对流变特性的影响外，剪切模式的变化也会影响流变特性。以前的文献[15，45-47]指出，大多数水泥浆体在较低的剪切速率下表现为剪切变稀，在较高的剪切速率下表现出剪切增稠。换句话说，表观黏度先随着剪切速率的增加而逐渐减小，在剪切增稠开始后逐渐增加。而采用 H-B 模型可减少低剪切速率对剪切增稠强度分析的影响[48]。Jiménez-Quero 等[49]通过试验得到的流变曲线出现非线性关系，故采用 H-B 模型进行拟合分析。

相比 H-B 模型，有些研究人员认为 Modified Bingham 流变模型最优，拟合值与真实值最为接近，但 Modified Bingham 在流变指数较大（在 H-B 模型中 n 大于 2）时，二阶项没有物理意义，使该模型在强剪切增稠的情况下无效[15]。曹润倬等[50]根据 Modified Bingham 流变模型拟合了不同超细粉煤灰含量超高性能混凝土的流变曲线，拟合数据表现出较高的一致性。Jiao 等[51]为了说明剪切变稀或增稠的强度，采用 Modified Bingham 模型拟合了流变曲线，发现 5%（质量分数）硅灰取代水泥时，流变参数增加明显，而粉煤会可以改善胶凝材料的流变性能，使水泥浆体的触变环面积和屈服应力均有所减少。肖佳等[52]采用 Modified Bingham 模型描述水泥-超细石灰石粉浆体的流变行为。

当一个流变模型不足以完全匹配试验数据时，可以选用多个流变模型拟合试验数据来达到研究目的。Zheng 等[53]研究了三种不同粒径粉煤灰对水泥浆体流变特性的影响，并用了三种流变模型进行拟合，见表 8.1。显然，在水泥基材料中使用不同类型和掺量的超细粉煤灰会导致浆体的流变性能不同。在流变模型的选用中，Wallevik 等[34]建议利用简单的流变模型研究浆体的流变特性，即使用 Bingham 模型来拟合获得屈服应力和塑性黏度。如果得到的试验数据确实为非线性，而不是测量误差的结果，则需要通过试验目的、要求以及影响因素等方面分析选用合适的流变模型。在已经发表论文中流变模型在含超细矿物掺和料水泥浆体中的应用见表 8.2。

表 8.1 不同粉煤灰类型和含量的水泥浆流变学参数[53]

原料	编号	流变模型	拟合结果	τ_0（Pa）	η（Pa·s）	R^2
Cement	0#	BH	$\tau=1.1795+0.24096\gamma$	1.1795	0.24096	0.9796
FA1	1#	BH	$\tau=0.74972+0.22086\gamma$	0.74972	0.22086	0.9943
	2#	BH	$\tau=1.64576+0.23125\gamma$	1.64576	0.23125	0.9915
	3#	BH	$\tau=1.14383+0.24088\gamma$	1.14383	0.24088	0.9903
FA2	4#	BH	$\tau=1.29978+0.24088\gamma$	1.29978	0.24088	0.9770
	5#	BH	$\tau=3.03909+0.64773\gamma$	3.03909	0.64773	0.9502
	6#	R-BH	$\tau=2.48516+1.92852D+0.01621\gamma^2$	2.48516	1.92852	0.9890
FA3（超细）	7#	H-B	$\tau=0.56614+0.16658\gamma$	0.56614	0.16658	0.9996
	8#	H-B	$\tau=0.95128+0.11602\gamma$	0.95128	0.11602	0.9992
	9#	H-B	$\tau=0.92454+0.10785\gamma$	0.92454	0.10785	0.998

表 8.2 流变模型在含超细矿物掺和料水泥浆体中的应用

矿物掺和料/外加剂	条件	流变模型	参考文献
超细石灰石粉	掺量（低）	Bingham	[41]
超细粉煤灰	掺量（高）	H-B	[37]
超细偏高岭土	掺量	H-B	[40]
粉煤灰微珠	掺量	H-B	[43]
减水剂	掺量	Bingham H-B	[39]
改性剂	（0.5%和0.75%）	H-B	[44]
改性剂	（1%、1.25%和1.50%）	触变性	[44]
粉煤灰水泥浆体	低剪切速率	H-B	[48]
粉煤灰水泥浆体	高剪切速率	H-B	[48]
超细粉煤灰	掺量	Modified Bingham	[51]
超细石灰石粉	掺量	Modified Bingham	[52]
粉煤灰	第1类（大粒径）	Bingham	[53]
	第2类（中粒径）	Bingham and Modified Bingham	[53]
	第3类（超细粒径）	H-B	
超细矿物掺和料	线性	Bingham	[34]
超细矿物掺和料	非线性	H-B	[34]

8.2.3 超细矿物掺和料对水泥浆体流变特性的影响

（1）硅灰对水泥浆体流变特性的影响

硅粉（Microsilica 或 Silica Fume），也叫微硅粉，学名“硅灰”，是工业电炉在高温熔炼工业硅及硅铁的过程中，随废气逸出的烟尘经特殊的捕集装置收集处理而成。硅灰的细度小于1μm的占80%（质量分数）

以上，平均粒径在 0.1～0.3μm，可以填充其他颗粒之间的空隙，提高胶结材料的填充密度。硅灰颗粒为球形，但容易发生团聚，所以硅灰颗粒只在某些特定条件下具有润滑效果。硅灰由于高含量的二氧化硅和极细的玻璃体颗粒，具有较高的化学活性。但硅灰的高细度和高化学活性会增加需水量和颗粒间的摩擦力[54-57]。

硅灰能够填充水泥颗粒间的孔隙，具有保水、防离析、防泌水、降低泵送阻力的作用，但硅灰的掺入对水泥浆体的流变特性具有极大的负面影响。硅灰对水泥浆体流变特性的影响如图 8.2 所示。从图 8.2 中可以看出，在多数情况下，硅灰增加了水泥浆体的屈服应力和塑性黏度。这是因为在胶凝悬浮液中使用高含量的细颗粒涉及更强的相互作用力，屈服应力和塑性黏度一般随水泥浆体中细颗粒含量的增加而增加[58]。张倩倩等[59]研究发现掺入硅灰可增大浆体的屈服应力和塑性黏度，但浆体由剪切增稠转变为剪切变稀。这是由于一方面超细粒子（如硅灰）的加入可以插入到粒子和纤维之间的空隙中，缩短粒子距离，破坏团簇，减弱了粒子运动的无序性，故观察到剪切增稠的减少或消除。另一方面，硅灰超大的比表面积使孔隙水的作用效果减弱，水膜厚度（WFT）持续降低，颗粒间作用力增强，屈服应力增大[44,60]。Ke 等[61]发现硅灰可显著降低硫铝酸盐水泥浆体的最大剪切应力和塑性黏度，但屈服应力明显增加。在不同水胶比下，含硅灰的水泥浆表现出不同的流变行为。水胶比为 0.18 和 0.22 时，屈服应力和塑性黏度随掺量的增加而增加；但在 0.22 和 0.24 水胶比下，塑性黏度随掺量的增加而下降[62]。另外，不同类型硅灰对塑性黏度的影响也不尽相同，但屈服应力始终随掺量增加。此外，硅粉与其他矿物掺和料复掺可以很好地改善水泥基材料浆体的流变特性，特别是与粉煤灰微珠的复

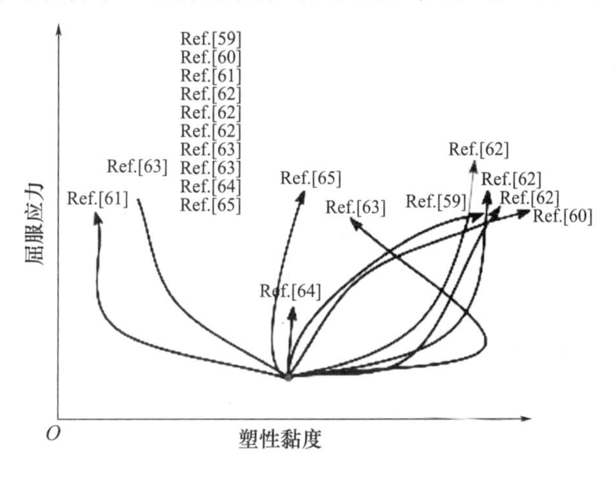

图 8.2　硅灰对水泥浆体流变特性的影响

（数据来自参考文献［59-65］）

掺可以显著降低浆体的屈服应力和塑性黏度[63-65]。故在工程应用中，硅灰通常与其他矿物掺和料复掺使用，掺量一般不超过10%。

（2）超细粉煤灰对水泥浆体流变特性的影响

粉煤灰是从煤燃烧后的烟气中收捕下来的细灰，是燃煤电厂排出的主要固体废弃物。我国火电厂粉煤灰的主要氧化物组成为二氧化硅、氧化铝、氧化亚铁、氧化铁、氧化钙、二氧化钛等。粉煤灰本身没有或极少有胶凝性，但粉煤灰在碱性环境中能发生化学反应，生成具有胶凝性的物质[66-68]。

粉煤灰在混凝土和水泥中的应用研究一直是国内外学者研究的热点，但超细粉煤灰对混凝土流变性能影响还需深入研究。图8.3为超细粉煤灰对流变特性的影响。从图8.3中可以看出，超细粉煤灰掺入降低了水泥浆体的屈服应力和塑性黏度，但也存在与此不同的研究结果。曹润倬等[50]研究发现取代量小于50%（质量分数）的超细粉煤灰可显著降低水泥浆体的屈服应力和塑性黏度，随着超细粉煤灰取代量的增加，水泥浆体的抗压强度和抗折强度增大。王瑞[69]发现超细粉煤灰作为掺和料能更好抑制混凝土的坍落度损失，掺入超细粉煤灰的试块抗压强度大于粉煤灰试块的强度，后期强度增长也较高。Chen 等[70]研究发现加入粉煤灰微珠可以有效地提高试样的密度，减小空隙体积。在相同的含水量下，这将增加形成覆盖固体颗粒水膜的过量水的数量，以提高流动性，或在相同的流动性要求下，允许降低水与胶凝材料的比例以提高强度。Li 等[37]研究发现含不同掺量超细循环流化床粉煤灰的新拌水泥浆体总是 Bingham 流体。粉煤灰的粒径分布和表面特性是影响流变参数的重要因素，其中粒径分布起着决定性的作用。除了粒度分布的影响，表面积和颗粒形貌也对流体的流变性能起着重要的作用，而不同的生产工艺导致超细粉煤灰的形态差异显著[71]。文献[53]所研究的循环流化床超细粉煤灰形状不规则、表面粗糙，而经浮选工艺所得的粉煤灰微珠为规则的球形，如图8.4和图8.5所示。球形的粉煤灰微珠颗粒在水泥浆体中起着“球齿”的作用，以克服粉煤灰与水泥之间的内摩擦力，同时减少絮状体的团聚，释放絮凝结构中的水[72]。粉煤灰表面活性较低，需水量比较低，增强了减水作用，同时粉煤灰微珠的“滚珠效应”也起到一定的减水作用，故可以作为一种性能优异的矿物掺和料，以提高超高性能混凝土在各种工程应用中的流动性[73-74]。粒度分布和堆积密度是影响新拌浆体流变性能的重要因素。当水泥与粉煤灰粒径分布较理想时，粉煤灰将填充在水泥颗粒的中间，使孔隙水转化为自由水，增加了水膜厚度，从而提高其流动性[37]。文献[43]结果表明，添加比硅酸盐水泥颗粒更细的粉煤灰微珠，可以显著提高浆体的堆积密度和水膜厚度。在较低的含水量下，水膜厚度的增加一般较大，这将在相同的水胶比下提高流动性；或在相同的流动性要求下，允许降低水胶比以提高强度。在较高的水胶比［任何粉煤灰微珠掺量均为 >0.26（质量分数）］下，添加粉煤灰微珠反而降低了水膜厚度。Kwan 等[75]研究发现随粉煤灰微珠掺量增加，水膜厚度增加，屈服应力和塑性黏度减小。

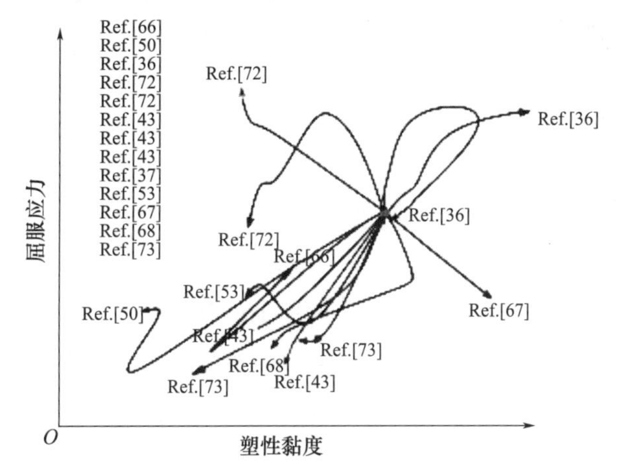

图 8.3　超细粉煤灰对水泥浆体流变特性的影响

注：数据来自参考文献［36，37，43，50，53，66～68，72，73］。

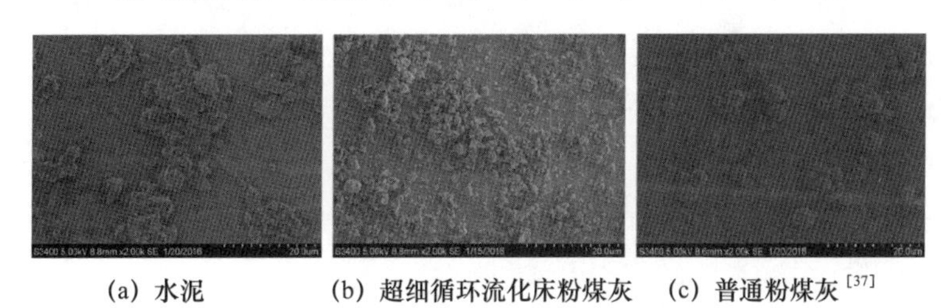

(a) 水泥　　(b) 超细循环流化床粉煤灰　　(c) 普通粉煤灰[37]

图 8.4　水泥和粉煤灰的 SEM 照片

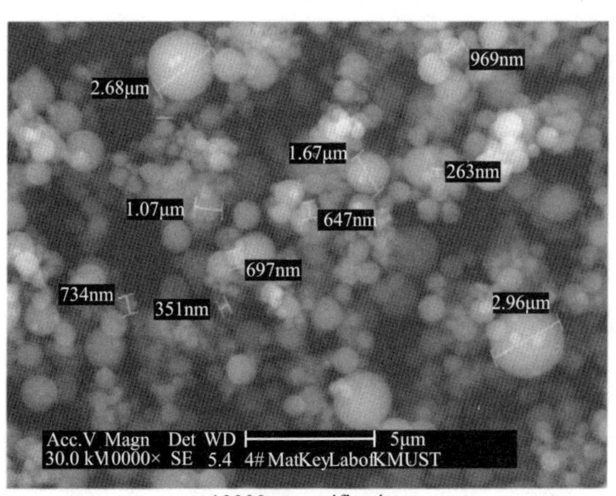

10000×magnification

图 8.5　粉煤灰微珠扫描电镜图像[43]

(3) 超细矿渣对水泥浆体流变特性的影响

高炉矿渣是冶炼生铁时从高炉中排出的一种废渣(Slag)。矿渣作为高性能混凝土的重要组分已得到广泛应用。矿渣的细度与其活性有着直接的关系,矿渣颗粒越细,活性越高。

一般来说,高炉矿渣可以增加混凝土的和易性,改善水泥浆体的流变特性,而不同掺量的超细矿渣水泥浆体对流变性能产生不同影响。图 8.6 为超细矿渣对水泥浆体流变特性的影响。如图 8.6 所示,随着超细矿渣用量的增加,屈服应力和塑性黏度增加。Luo 等[76]用超细矿渣替换部分水泥,发现超细矿渣的掺入会导致水泥浆体快速凝结,水泥浆体的诱导期和初凝时间与颗粒细度成正比,而超细矿渣对水泥浆体的流动性表现出负面影响。Feys 等[77]的结果表明,水泥浆体中大多数结构破坏发生在从静止过渡到低剪切速率时,但许多连接只能在更高的剪切速率下断裂,特别是黏度随着外加剪切速率的增加而降低,而超细矿渣的加入不仅增加了屈服应力和塑性黏度,也使水泥浆体在较高的剪切速率下黏度增加。唐修生等[38]研究发现超细矿渣-水泥复合浆体屈服应力、塑性黏度与净浆流动度成负指数函数关系,触变面积、最大剪切应力与净浆流动度成线性关系;与同流动度的普通水泥浆体相比,超细矿渣-水泥复合浆体的屈服应力较小,塑性黏度、触变面积、最大剪切应力较大。超细矿渣可以显著提高混凝土的抗压强度,但对流变特性的研究鲜有报道,超细矿渣对水泥基材料流变特性的影响有待深入研究。

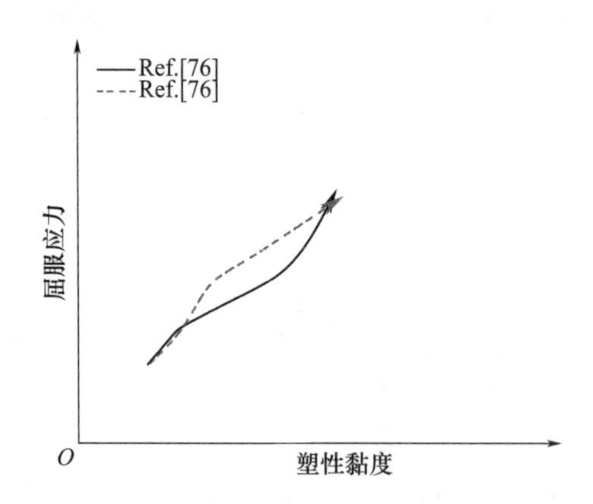

图 8.6　超细矿渣对水泥浆体流变特性的影响(数据来自参考文献[76])

(4) 超细石灰石粉对水泥浆体流变特性的影响

超细石灰石粉是将天然石灰石通过球磨机研磨后得到的细粉颗粒[78-79]。石灰石粉的原料来源广泛,具有轻质、容易粉磨等特性,属于惰性混合材料。采用石灰石粉配制的混凝土的抗碳化性能较好,且水化热较低。

超细石灰石粉不会因为粒径的降低而提高活性，但超细石灰石粉的成核效应可促进水泥水化影响浆体经时流变[80]。超细石灰石粉对水泥浆体流变特性的影响如图 8.7 所示。由图 8.7 可知，超细石灰石粉的加入会增加水泥浆体的屈服应力和塑性黏度。苗苗等[78]研究发现随着石灰石粉粒径减小，会增大水泥浆体的屈服应力，使流动度减小。Costa 等[80]研究发现超细石灰石粉由于高比表面积降低了砂浆流动性，塑性黏度随掺量先增后减，屈服应力随掺量逐渐增加。肖佳等[52]研究发现，水膜厚度和堆积密度与总比表面积有关，表现为屈服应力随超细石灰石粉掺量的增加先减后增，而屈服应力的最小值与粒径分布有关。于世强等[81]发现超细石灰石粉在较高的水胶比下可增加混凝土拌和物流动度、提高黏聚性、减少泌水和露石现象。马昆林等[82]的研究结果表明：复合浆体中超细石灰石粉掺量增加，浆体屈服应力、塑性黏度和触变性均增大；随剪切速率增加，复合浆体发生显著的剪切稀化现象，随后渐趋稳定，而超细石灰石粉增大了剪切变稀的临界剪切速率。张倩倩等[42]研究发现，超细石灰石粉会增加浆体的屈服应力和塑性黏度，当超细石灰石粉掺量为 0% ~20%（质量分数）时，屈服应力增加的幅度较小；当掺量大于 20% 后，屈服应力随掺量几何增加。Vance 等[83]研究发现含粒径为 15μm 石灰石粉的水泥浆体 Zeta 电位显著高于纯水泥，其分散性显著优于纯水泥，说明掺入超细石灰石粉可减少絮凝结构降低浆体黏度和屈服应力，而在含有粒径为 0.7μm 和 3μm 的超细石灰石的浆体中，塑性黏度几乎翻倍。这些结果表明，较粗的石灰石粉颗粒会降低屈服应力和塑性黏度，而超细石灰石粉颗粒会产生相反的效应，这恰好验证了王哲等[84]的研究结果。

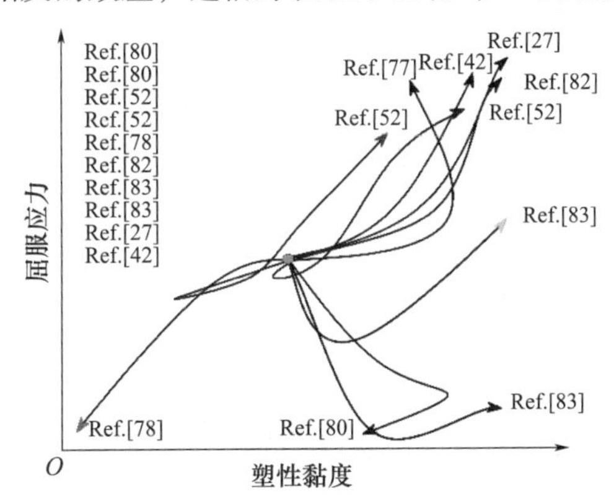

图 8.7　超细石灰石粉对水泥浆体流变特性的影响

注：数据来自参考文献［27，42，52，78，80，82，83］。

8.2.4　外加剂对含超细矿物掺和料水泥浆体流变特性的影响

聚羧酸高效减水剂（PCE）等高性能外加剂的加入可显著改善水泥

基材料浆体的工作性，延迟水化，降低流动性损失。随着减水剂掺量的增加，超高性能混凝土的塑性黏度先降低后增高，流动性能先增高再略微降低。减水剂存在饱和剂量，随着减水剂用量的增加，浆体的塑性黏度和屈服应力值逐渐降低，直至减水剂的饱和用量。在使用的各种减水剂中，PCE 由于静电斥力和空间位阻效应，在饱和剂量下达到了最低的屈服应力和黏度值[51]。同时 PCE 也存在最佳的分子量范围，使处于该范围的 PCE 具有最强的分散能力，随着分子量增加，PCE 的作用效果降低[85]。矿物掺和料是影响超塑剂性能的重要因素。Costa 等[80]研究发现，在水泥-超细石灰石粉体系中，减水剂掺入前后屈服应力出现相反的变化规律，但塑性黏度的变化规律一致，如图 8.8 所示（图中流变参数 g 和 h 分别与屈服应力和塑性黏度成正比）。而 Robert 等[39]研究发现减水剂降低了含超细粉煤灰水泥浆体的屈服应力和塑性黏度，掺入减水剂前后，屈服应力和塑性黏度变化规律一致，均随掺量降低。Luo 等[76]研究发现，在 PCE 掺量相同的情况下，随着超细矿渣掺量的增加，含超细矿渣的水泥浆体初始流动性与纯水泥浆体流动性相近，认为超细矿渣与减水剂之间存在协同效应。与减水剂不同，黏度改性剂会加快水泥凝结，可防止水泥浆体出现离析现象。此外，使用不同超塑化剂类型的水泥浆体在流变性能上有明显的差异[86-88]。而含超细矿物掺和料的水泥浆体需要更多的减水剂达到与普通矿物掺和料水泥浆体相同的流变性能。

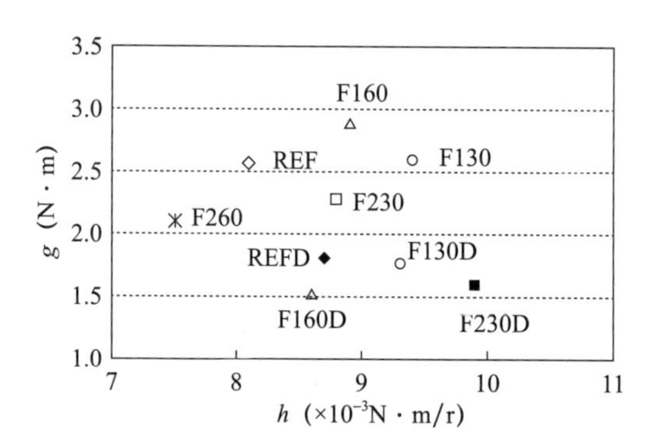

图 8.8　流变参数 g 和 h，分别与试验砂浆的屈服应力和塑性黏度成正比[80]

8.2.5　温度对含超细矿物掺和料水泥浆体流变特性的影响

当环境温度升高时，新拌混凝土的坍落度损失速度更快。图 8.9 为温度对坍落度损失的影响。如图 8.9 所示，一般来说，当温度上升 10℃时，坍落度损失率为 10%～40%，这会对浆体的流变特性产生不利的影响，因此，降低原材料制备混凝土时的拌和温度可以降低坍落度的损失[89]。故在大体积混凝土浇筑过程中，用冰水代替常温拌和水是提高混凝土流动性的有效途径。水泥浆体的流变特性与温度有关，通常随温度的升高呈非线性增加。这主要是由于高温显著地促进了胶凝材料的水化，进而极大地影响浆体的流变性[90]。而 Wang 等[91]研究了不同温度对含超细粉煤灰水泥浆体流变特性的影响，将研究结果与其他学者的试验数据进行了比较，如图 8.10 所示。结果发现相同剪切速率水平下的剪切应力随着温度的升高而增大，屈服应力和塑性黏度随温度升高而线性增大，而增加速率则与水胶比有关，同时证明了塑性黏度和屈服应力之间的关系是一种线性相关关系。Sun 等[92]研究发现在室温下，粉煤灰微珠主要在混凝土中发挥微集料填充作用，它们会导致大孔隙体积的减少。随着温度的升高，火山灰反应加快，大多数粉煤灰微珠颗粒与周围的凝胶紧密结合，粉煤灰微珠颗粒周围生成致密的水化产物。高温对粉煤灰微珠的火山灰反应的影响比水泥水化作用更显著，这会使在高温下含超细矿物掺和料水泥浆体的流动性显著损失。

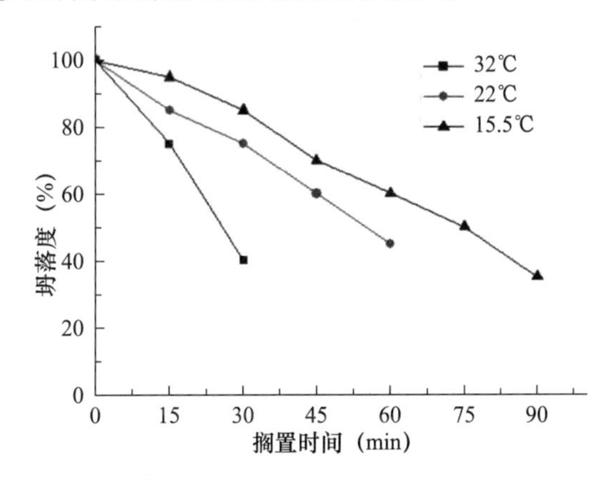

图 8.9　温度对坍落度损失的影响[89]

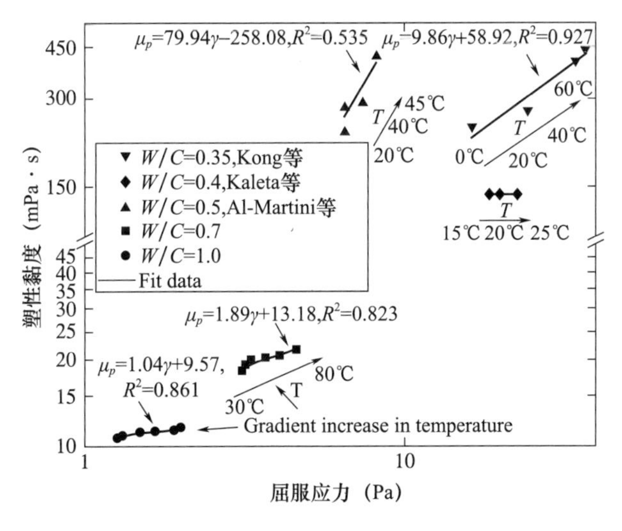

图 8.10　不同温度下塑性黏度与屈服应力的关系[91]

8.2.6 水胶比对含超细矿物掺和料水泥浆体流变特性的影响

水胶比对水泥浆体的流变特性起主导性的作用，在高水胶比下超细矿物掺和料超高的比表面积对流变特性的负面效应会被抵消，但高水胶比会对强度产生不利影响，故合理的水胶比对水泥基材料浆体极其重要[93]。研究水胶比对含超细矿物掺和料水泥浆体流变特性的影响是可通过研究水膜厚度的变化间接得出屈服应力与塑性黏度的变化规律。水膜厚度是影响水泥浆体流变特性的主要因素，Chen 等[70]研究也证明了扩展度、流量、屈服应力和表观黏度与水膜厚度有极高的相关性。Wang 等[94]发现在低水胶比下，由于粉煤灰微珠掺和料密度增加引起的过量水比例增加较大，故水膜厚度增加较大，屈服应力和塑性黏度减小。Kwan 等[43,75]研究发现，粉煤灰微珠的加入仅在较低的水胶比下增加了水膜厚度（40%的粉煤灰微珠含量，水胶比≤0.22 时；20%的粉煤灰微珠含量，水胶比≤0.24 时）。在较高的水胶比（水胶比 >0.26）下，添加粉煤灰微珠反而降低了水膜厚度。在高水固比下，水膜厚度随水胶比增加逐渐增加，矿物掺和料的掺量对水膜厚度影响逐渐变小，在 0.6 水固比时，不同粉煤灰微珠掺量下浆体的水膜厚度几乎相等。Jiao 等[95]也发现随着水胶比的降低，含超细粉煤灰水泥浆体的屈服应力明显增大。如图 8.11 和图 8.12 所示，随着粉煤灰微珠含量增加，水膜厚度增加幅

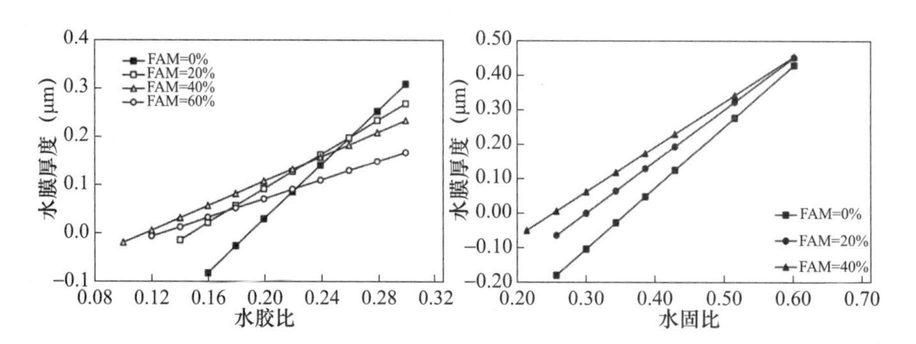

图 8.11 含粉煤灰微珠水泥浆体中水胶比/水固比和水膜厚度之间的关系[43,75]

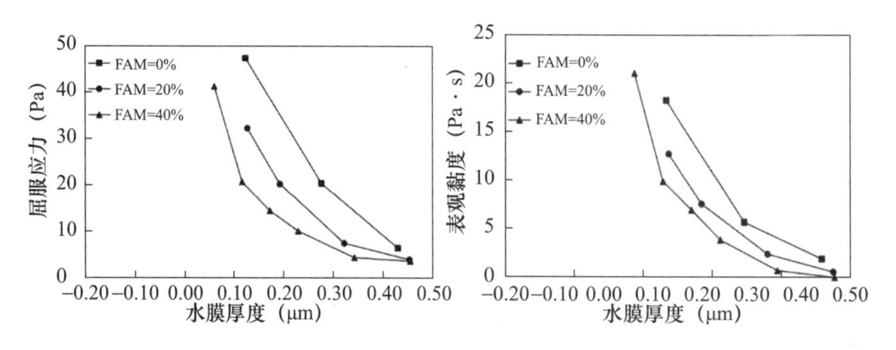

图 8.12 含粉煤灰微珠水泥浆体中水膜厚度和流变参数之间的关系[43]

度减小；而水胶比才是影响水膜厚度的主要因素，水胶比越大，水膜厚度越大，屈服应力与塑性黏度越小。这种现象也可能发生在其他矿物掺和料中，具有一定的普遍性。

8.3 磨细高炉矿渣细度对水泥浆体水化热和流变性能的影响

矿物掺和料在混凝土中的利用不仅可以提高混凝土的性能，还可以提高固体废弃物的利用率，实现可持续发展，在近代高强、高性能混凝土中是一种有效的、不可或缺的主要组分材料[1,96]。矿渣作为高性能混凝土的重要组分已得到广泛应用，但到目前为止，对粉煤灰、矿渣、石灰石粉等矿物掺和料的研究多局限于对普通粒径的研究，对超细颗粒的研究较少。超细粉体[97]一般指小于10μm的颗粒集合体。随着超细粉磨技术的提升以及高性能混凝土性能要求的提升，超细矿渣在现代混凝土中应用越来越广泛。用超细矿渣替代水泥可以改变水泥浆体的颗粒级配，提高堆积密度[4-5]，还可以改善普通矿渣混凝土早期强度不足的缺点，同时超细矿渣的高活性可进一步提高混凝土的后期强度及耐久性[98-99]。矿物掺和料的细度越细，其微集料效应和火山灰效应发挥得越好[100-101]，对混凝土的性能改善越明显。因此，研究超细矿物掺和料对混凝土性能的影响具有重要的理论意义和工程应用价值。

与普通矿渣相比，超细矿渣随着比表面积的增加，为水化产物提供了大量成核质点，生成了大量的水化产物，反应程度增加。同时，超细矿渣包裹水泥颗粒，提升了界面过渡区[102]的致密性，混凝土抗压强度和耐久性显著增加[103-104]。Nosouhian 等[105]测试含不同细度矿渣复合胶凝材料在30%、50%和70%水泥取代率下的抗硫酸盐侵蚀性，发现含超细矿渣的水泥试样耐久性显著增加。根据 Ozturk 等[106]人的试验结果，含磨细高炉矿渣的砂浆具有较低的早期强度和较高的后期抗压强度，Šavija 等[107]的结果表明，掺矿渣复合胶凝材料浆体的28d抗拉强度和弹性模量均高于相同水胶比的纯硅酸盐水泥浆体。Kumar 等[108]研究发现超细矿渣提高了混凝土的抗压强度（18%提高率）和钢筋的黏结强度（45%提高率）。同时，超细矿渣对复合胶凝材料浆体的早期工作性也有较大影响。Luo 等[76]用超细矿渣替换部分水泥发现超细矿渣的掺入会导致水泥浆体快速凝结，水泥浆体的诱导期和初凝时间与颗粒细度成正比。超细矿渣对浆料的流动性表现出负面影响。Feys 等[77]和 Liu 等[109]结果表明，细粒径矿渣颗粒有利于形成致密的浆体结构。加入聚羧酸减水剂可显著提升新拌浆体的可工作性[110,111]。随着减水剂用量的增加，浆体的塑性黏度和屈服应力值逐渐降低，在饱和用量下表现出最低的屈服应力和塑性黏度[38,39,112]。

超细矿渣对复合胶凝材料抗压强度的影响已有较为系统的研究，影响机理逐渐明确。但对含超细矿渣复合胶凝材料的早期性能，包括水化热和工作性研究甚少，矿渣细度对早期性能的影响规律尚不明确。故研究超细矿渣复合胶凝材料净浆的早期性能显得尤为重要，对工程实践以及高性能混凝土的发展也具有重要意义。本章研究了含普通矿渣或超细矿渣复合胶凝材料浆体的水化热和流变性能，包括水化热、扩展度、流变参数和凝结时间。此外，考虑到运输是混凝土应用中不可缺少的一个过程，新拌浆体在运输过程中水泥熟料的水化持续进行。故研究中考虑了经时的影响。

8.3.1 原材料与配合比设计

（1）水泥

试验使用中国联合水泥集团有限公司生产的 P·I42.5 纯水泥，主要由硅酸盐水泥熟料硅酸三钙、硅酸二钙、铝酸三钙和铁铝酸四钙加石膏后磨细而成的硅酸盐水泥，不掺加任何混合物材料，其物理力学性能见表 8.3。

表 8.3 水泥物理力学性能

标稠需水量（%）	初凝时间（min）	终凝时间（min）	密度（g/cm^3）	抗折强度（MPa）		抗压强度（MPa）		比表面积（m^2/kg）
				3d	28d	3d	28d	
28.4	185	240	3.03	6.5	9.0	29.5	58	365

（2）矿渣

表 8.4 为普通矿渣与超细矿渣的粒径分布参数。图 8.13 为普通矿渣和超细矿渣的粒径分布曲线。由图 8.13 和表 8.4 可以看出，普通矿渣粒径分布在 0 ~ 80μm 之间，而超细矿渣粒径均小于 10μm。图 8.14 为超细矿渣的 X 射线衍射图谱，发现主要矿物组成为非晶态物质[113]，图 8.15 为矿渣不同粒径微观形貌，普通矿渣和超细矿渣均为不规则颗粒。

表 8.4 粒度分布参数

样品	累积百分数（%）			特征粒径（μm）			比表面积
	≤10μm	≥30μm	≥45μm	*D*（0.1）	*D*（0.5）	*D*（0.9）	（m^2/kg）
普通矿渣	46.5	11.61	3.58	1.639	11.125	33.509	526
超细矿渣	100	0	0	0.604	1.718	4.145	1640

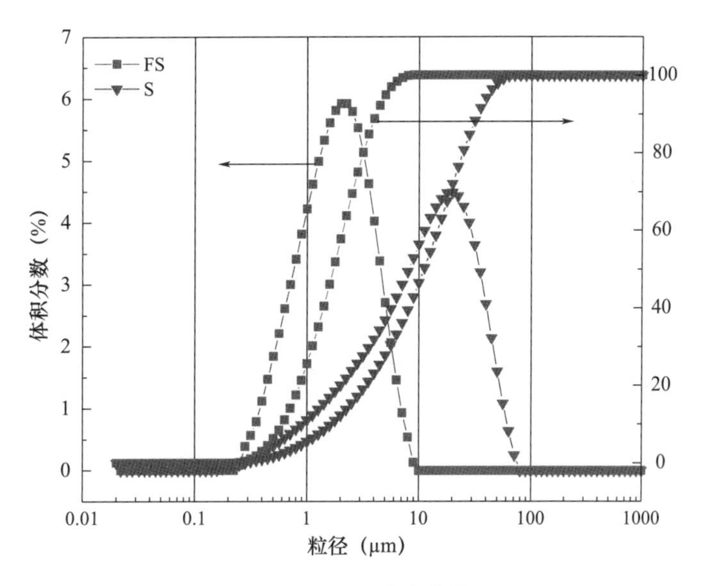

图 8.13 粒径分布曲线

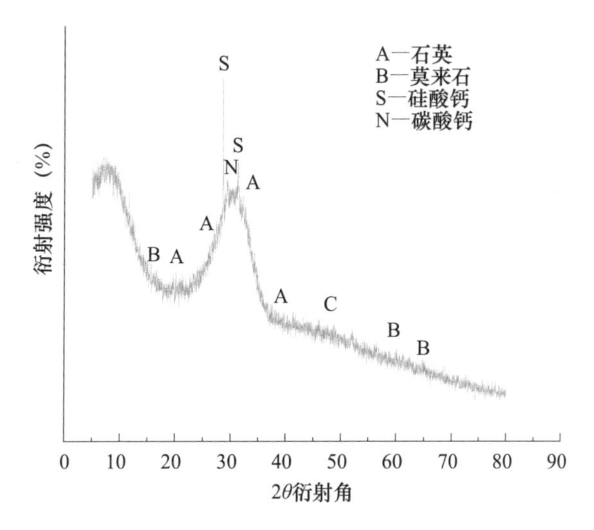

图 8.14 超细矿渣的 XRD 衍射图谱

(a) 普通矿渣　　(b) 超细矿渣

图 8.15 不同粒径矿渣微观形貌

（3）减水剂

本试验使用聚羧酸高效减水剂，减水率约为40%。

（4）试验配合比

试验测量水泥净浆扩展度，流变参数及凝结时间所用净浆配合比见表8.5，水胶比为0.5和0.3，普通矿渣和超细矿渣的掺量为0%、10%、20%、30%、40%的样品分别表示为S0、S10、S20、S30、S40，以及S0、FS10、FS20、FS30、FS40。在0.5水胶比下不添加减水剂，在0.3水胶比下需添加减水剂，使浆体的初始扩展度在170～200mm之间。

表8.5 水泥-矿渣净浆配合比

试样	胶凝材料组成（质量分数,%）			水胶比
	纯水泥	矿渣	超细矿渣	
S0	100	0	0	0.5/0.3
S10	90	10	0	
S20	80	20	0	
S30	70	30	0	
S40	60	40	0	
FS10	90	0	10	
FS20	80	0	20	
FS30	70	0	30	
FS40	60	0	40	

8.3.2 试验方法

（1）水化热

采用TAM Air八通道等温量热仪连续测定含普通矿渣和超细矿渣复合胶凝材料水化72h的放热速率和放热量，试验温度20℃。

（2）扩展度

搅拌后立即测定新拌浆体的扩展度，记为搅拌5min后浆体的扩展度。之后每30min和60min测定一次净浆的扩展度。扩展度取相互垂直的两个方向最大直径的平均值。浆体测试之前均需要密封好，然后保存在标准养护箱中，并在不同时间点测试前进行相同时间、相同速度的搅拌，试验温度20℃。

（3）流变测试

使用流变仪测定搅拌5min、60min和120min后新拌浆体的流变曲线。浆体测试之前均需要密封好，然后保存在标准养护箱中，并在不同时间点测试前进行相同时间、相同速度的搅拌。流变仪的转子与底部距离 2cm，浆体没过转子 2cm，转子长 4cm，转子位于浆体中部。

流变测试程序如图 8.16 所示。首先对浆体进行预剪切，剪切速率在 0～20s 内从 $0s^{-1}$ 上升到 $100s^{-1}$，最大剪切速率为 $100s^{-1}$。这是为了确保复合浆体分散均匀[34]。之后在 $100s^{-1}$ 的恒定剪切速率下剪切 20s。本试验采用阶梯下降稳态剪切测量浆体流变性，以 $100s^{-1}$ 的剪切速率开始，共设置 10 个台阶，每个台阶持续 20s，相邻台阶剪切速率下降 $10s^{-1}$。在测试过程中，使用计算机监控系统每 1s 采集一次数据样本，最终取每个台阶后十个数据为有效数据，求取平均值，通过 Bingham 或者 H-B 流变模型拟合曲线获得浆体流变参数，Bingham 模型[26]如下：

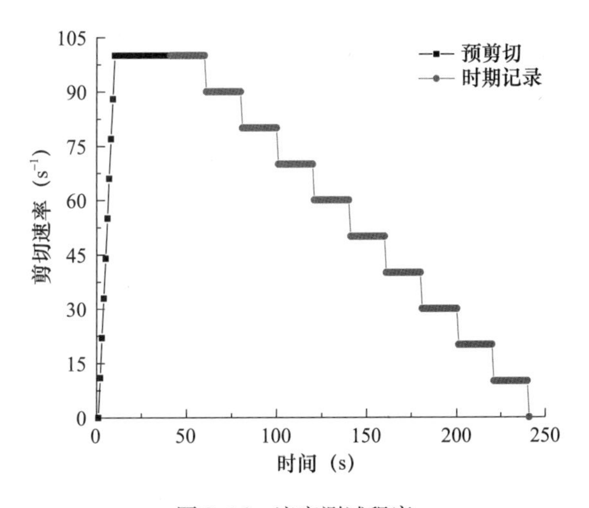

图 8.16　流变测试程序

$$\tau = \tau_0 + \mu\dot{\gamma} \tag{8.6}$$

式中，τ 为施加的剪应力（Pa）；γ 为剪切速率（s^{-1}）；τ_0 为屈服应力（Pa）；μ 为塑性黏度（Pa·s）。

Herschel-bulkley（H-B）模型[28]如下：

$$\tau = \tau_0 + k\dot{\gamma}^n \tag{8.7}$$

式中，k 为流体的稠度系数，n 为流变指数。

对于大多数流体，在剪切速率不是变化太宽的范围内，k 与 n 可看作常数，而高聚物的流动黏度不是常数。通过大量试验研究，采用最小二乘法，推导可计算出等效塑性黏度经验公式[114]：

$$\mu = \frac{3k}{n+2}\dot{\gamma}_{max}^{n-1} \tag{8.8}$$

式中，γ_{max} 为最大剪切速率。

（4）凝结时间

取适量新拌水泥浆体装入已置于玻璃底板上的试模中，每隔 30min 测定一次，当试针沉至距底板的距离 4mm ± 1mm 时为初凝时间。到达初凝时应立即重复测一次，当两次结论相同时才能确定到达初凝状态。完成初凝测定后，立即将试模翻转 180°，每 30min 测试一次，试样表面不再出现环形印记时记录时间，该时间为终凝时间。

8.3.3 水化热

图 8.17 是掺普通矿渣或超细矿渣复合胶凝材料的水化放热速率随时间的变化曲线。根据水化放热速率变化曲线可将水化大致分为 5 个阶段：诱导前期、诱导期、加速期、减速期和稳定期[115]。

水化第一放热峰发生在水化诱导前期，该阶段 C_3A 快速水化形成钙矾石，钙矾石的形成和粉体材料表面能释放的共同作用被认为是第一放热峰形成的主要原因[116]。掺入普通矿渣和超细矿渣均增加了第一放热峰的最大放热速率，含超细矿渣复合胶凝材料的水化放热速率远大于含普通矿渣复合胶凝材料的水化放热速率。一方面这可能是由于掺入矿渣提高了表面能的释放，而超细矿渣比普通矿渣更高的比表面积导致表面能较大。另一方面，由于矿渣颗粒的成核效应增加了水泥的反应速率[80]。而超细矿渣的高比表面积更有利于成为硅酸盐水泥水化产物的成核质点，水泥水化速率更快。

掺入普通矿渣延长了水化诱导期，且随着掺量的增加诱导期逐渐延长，而掺入超细矿渣缩短了诱导期。掺入超细矿渣和普通矿渣都缩短了第二放热峰出现的时间，且随着掺量的增加峰值出现的时间提前。掺入普通矿渣降低了第二放热峰的峰值，而掺入超细矿渣增加了第二放热峰的峰值。普通矿渣降低了水泥熟料的用量，使峰值减小。超细矿渣活性较高，在水化初期就对水化热有所贡献，使峰值较纯水泥升高明显。

从图 8.17 可以发现，掺入超细矿渣或普通矿渣均会出现第三放热峰。水泥水化使净浆碱性快速提升，加速期后矿渣的活性逐渐在碱性条件下被激发[117]，矿渣的快速水化导致第三放热峰的出现，而超细矿渣活性较高，第三放热峰前移。出现第二放热峰后，体系水化速率逐渐减小，纯水泥水化放热速率低于掺普通矿渣和超细矿渣复合胶凝材料的水化速率，超细矿渣活性较高，导致含超细矿渣复合胶凝材料水化速率始终高于含普通矿渣复合胶凝材料的水化速率。水化进入稳定期后，水化放热速率很低。

图 8.18 为含普通矿渣或超细矿渣复合胶凝材料的总放热量曲线。如图 8.18 所示，纯水泥的总放热量高于掺普通矿渣复合胶凝材料的总放热量，但后期曲线增长逐渐趋于平缓，而含超细矿渣复合胶凝材料的

总放热量始终高于纯水泥，且保持较大的增长趋势。超细矿渣在水化早期就参与水化反应，水化程度较高，水化总放热量远高于纯水泥。

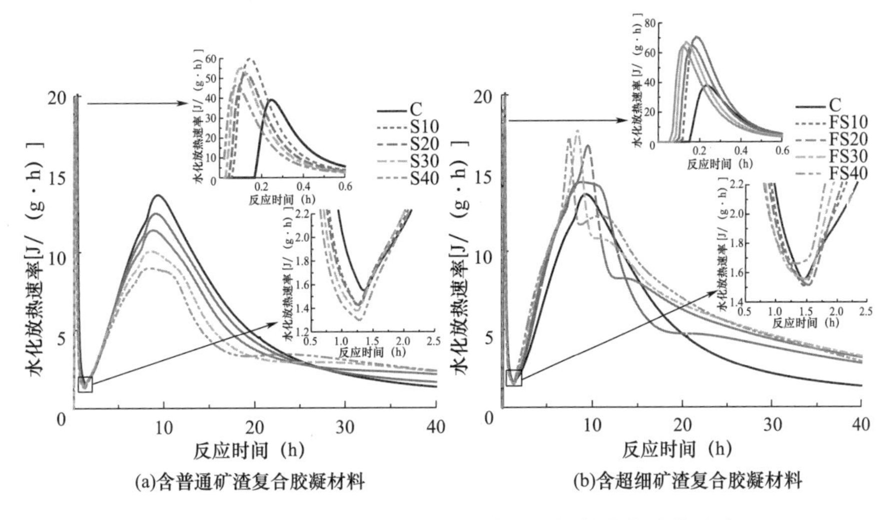

图 8.17　水胶比 0.5 时含矿渣复合胶凝材料水化放热速率

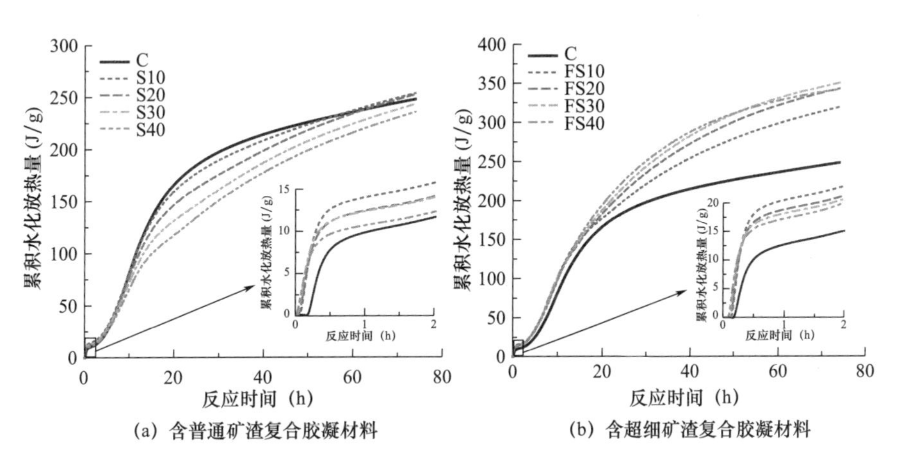

图 8.18　水胶比 0.5 时含矿渣复合胶凝材料水化总放热量

8.3.4　扩展度

图 8.19（a）和图 8.19（b）为水胶比 0.5 时含不同掺量普通矿渣或超细矿渣复合胶凝材料浆体的扩展度。含普通矿渣复合胶凝材料和含超细矿渣复合胶凝材料净浆扩展度随时间的变化规律相同，扩展度随时间几乎呈阶梯式下降，直至扩展度为 60mm。随掺量的增加，含普通矿渣复合胶凝材料浆体的初始扩展度在掺量为 20% 时最大，随后逐渐减小。而含超细矿渣复合胶凝材料浆体的初始扩展度随掺量的增加逐渐降低。含普通矿渣或超细矿渣复合胶凝材料浆体扩展度的阶梯式下降反映了复合胶凝材料的水化特性。水泥颗粒与水接触会迅速发生反应，扩展

度减小；进入诱导期，水泥水化反应速率极低，在此期间水化产物不足，扩展度变化不大；水化加速期扩展度迅速降低。早期水泥浆体网络结构不稳定，在搅拌过程中极易被破坏，可能出现扩展度不降反升的现象[77]。例如含20%普通矿渣120min扩展度较90min扩展度略有增加。含超细矿渣复合胶凝材料浆体扩展度阶梯性降低幅度随掺量增加逐渐减小，这与含超细矿渣复合胶凝材料浆体水化诱导期缩短有关。随掺量的增加，含普通矿渣的水泥浆体的初始扩展度先增后减，表明普通矿渣存在最优掺量时初始扩展度最大。含超细矿渣的水泥浆体初始扩展度随掺量增加逐渐降低，且扩展度损失远大于含普通矿渣复合胶凝材料浆体。含普通矿渣或超细矿渣复合胶凝材料浆体的扩展度随掺量的变化规律主要受水膜厚度的影响[118]。颗粒填充效应可释放孔隙水增加水膜厚度，而比表面积的增加会减小水膜厚度。二者共同作用时，超细矿渣由于超高的比表面积，导致水膜厚度持续降低。

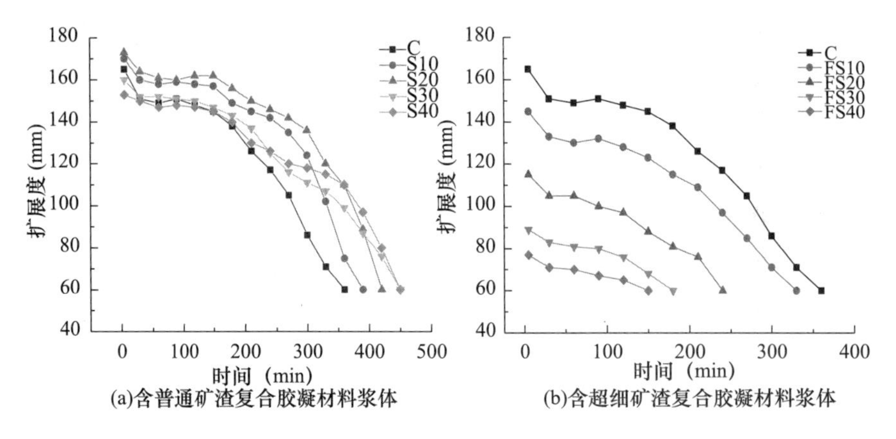

图8.19 水胶比0.5时含矿渣复合胶凝材料净浆扩展度

为了更好地研究矿渣对水泥浆体扩展度的影响，研究经时损失，可通过式（8.9）求得浆体的扩展度损失率。

含普通矿渣或超细矿渣复合胶凝材料净浆扩展度损失率如图8.20（a）和图8.20（b）所示，扩展度损失率计算方法如下：

$$F_1 = \frac{F_0 - F_v}{F_0} \times 100\% \tag{8.9}$$

式中，F_1为扩展度损失率；F_0为初始扩展度（5min）；F_v为经时扩展度（60min、120min、180min）。

图8.20为水胶比0.5时含矿渣复合胶凝材料浆体扩展度损失率。比较含普通矿渣复合胶凝材料浆体与含超细矿渣复合胶凝材料浆体的扩展度损失率，可以看出矿渣细度和掺量对复合胶凝材料净浆扩展度损失均有显著的影响。含超细矿渣复合胶凝材料浆体的扩展度损失率远大于

含普通矿渣复合胶凝材料浆体。与纯水泥相比，含普通矿渣复合胶凝材料浆体的扩展度损失率在水化60min、120min和180min时的扩展度损失率均小于纯水泥浆体，且掺量越高，扩展度损失率越小。含超细矿渣复合胶凝材料浆体在水化60min时的扩展度损失率与纯水泥相当，扩展度损失率均在8.70%～10.34%之间。水化120min后，掺30%和40%超细矿渣复合胶凝材料浆体的扩展度损失率超过掺量为10%和20%的复合胶凝材料浆体。超细矿渣增加了复合胶凝材料浆体的扩展度损失率，且扩展度损失率随超细矿渣掺量的增加而增加。这可以通过普通矿渣和超细矿渣对水化放热速率的影响来解释。

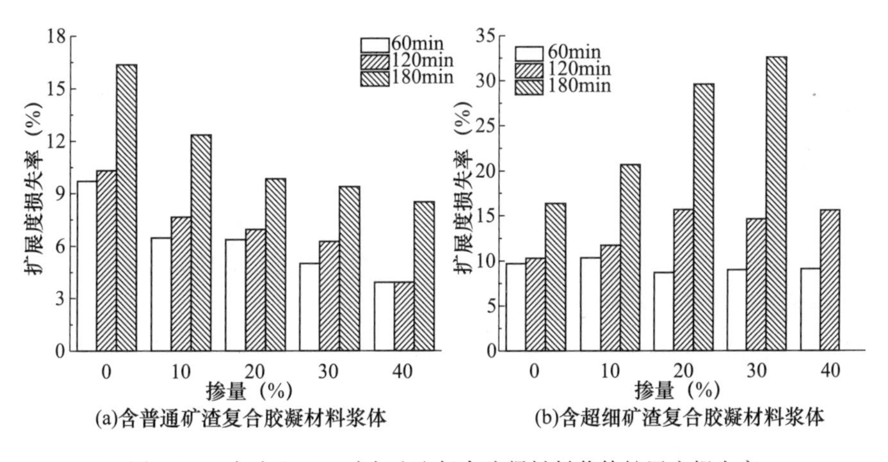

图8.20　水胶比0.5时含矿渣复合胶凝材料浆体扩展度损失率

图8.21为水胶比0.3时含矿渣复合胶凝材料浆体扩展度。如图8.21（a）和图8.21（b）所示，在低水胶比的情况下，含普通矿渣和超细矿渣复合胶凝材料浆体的扩展度变化规律与0.5水胶比时有所区别，扩展度总体呈现抛物线式下降。含普通矿渣复合胶凝材料浆体的扩展度首先经过一个稳定期，随后迅速下降。含超细矿渣复合胶凝材料浆体几乎不存在稳定期，扩展度随水化时间迅速下降。降低水胶比不会改变复合胶凝材料的水化过程，而减水剂分散效应和缓凝作用是造成这一现象的主要原因[119]。值得注意的是，含普通矿渣复合胶凝材料浆体的扩展度在初期存在随水化时间增大的现象。这是由于减水剂完全发挥作用需要一定时间，浆体在30～90min时浆体扩展度达到最大值[120]。随矿渣掺量的增加，含普通矿渣的水泥浆体的初始扩展度逐渐增加，而含超细矿渣复合胶凝材料浆体的初始扩展度除去掺40%超细矿渣的样品，扩展度均高于纯水泥浆体。减水剂可以增加水膜厚度，削弱超细矿渣高比表面积对扩展度的负面影响，同时，减水剂与超细矿渣似乎存在协同效应[76]。

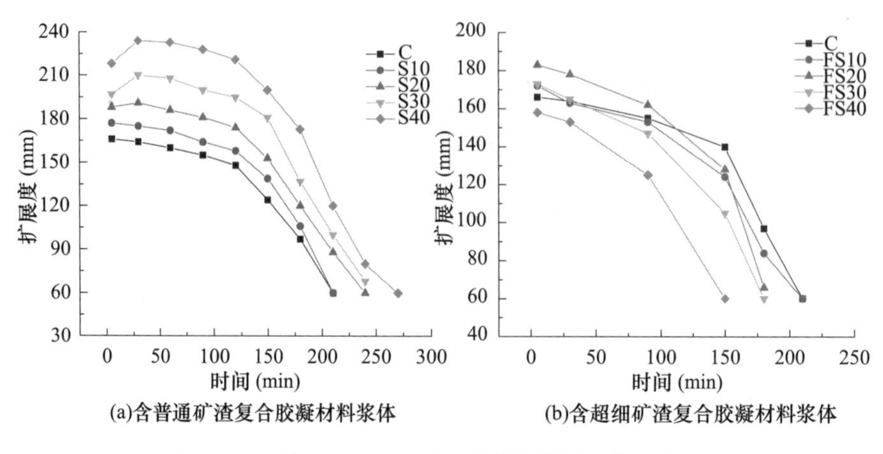

图 8.21　水胶比 0.3 时含矿渣复合胶凝材料浆体扩展度

图 8.22 为水胶比 0.3 时含普通矿渣和超细矿渣复合胶凝材料浆体的扩展度损失率。从图 8.22 中可以看出，含普通矿渣复合胶凝材料浆体的 60min 扩展度损失率较小，甚至出现损失率为负的情况，扩展度损失率随掺量增加逐渐降低。水胶比 0.3 时浆体 60min 和 120min 的扩展度损失率较水胶比 0.5 时减小，而 180min 扩展度损失率大大增加，掺量越高越明显。这是因为减水剂发挥作用需要一定时间[120]。含超细矿渣复合胶凝材料浆体的 60min 扩展度损失率随掺量变化不明显，而 120min 和 180min 扩展度损失率迅速增加，且掺量越大，增长速率越快。并且除 30min 扩展度损失率外，120min 和 180min 扩展度损失率均较 0.5 水胶比时增加。通过以上结果分析可知，降低水胶比可增加浆体扩展度损失，而减水剂可有效减少含矿渣复合胶凝材料浆体的扩展度损失。矿渣的比表面积越大，减水剂对净浆扩展度损失的抑制效果和作用时间越少。由图 8.20 和图 8.22 结果可以看出，在同一时间点含普通矿渣复合胶凝材料浆体的扩展度损失率随掺量增加而减小，但含超细矿渣复合胶

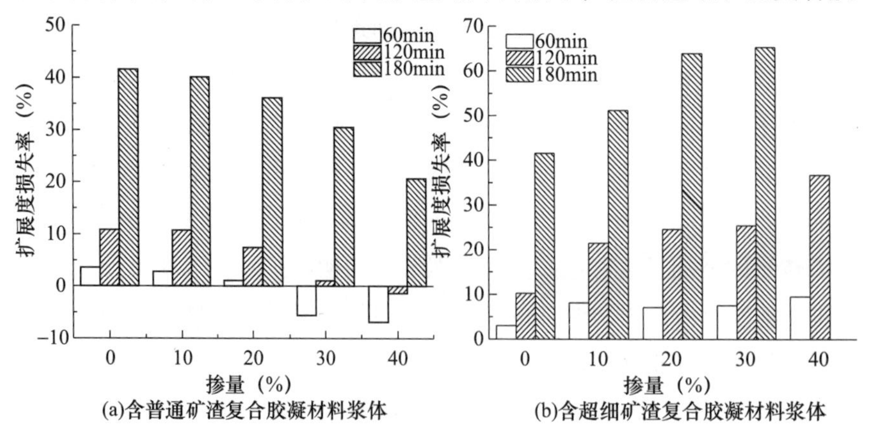

图 8.22　水胶比 0.3 时含普遍矿渣和含超细矿渣复合胶凝材料浆体扩展度损失率

凝材料的扩展度损失率随掺量增加而增加，变化规律相反。研究浆体的扩展度可以表征新拌浆体的屈服应力[38]，但无法得出矿渣对复合胶凝材料塑性黏度的影响，不能全面反映新拌浆体的流动状态，需用流变仪研究新拌浆体的流变参数。

8.3.5　流变参数

本章研究了含不同掺量普通矿渣或超细矿渣复合胶凝材料浆体在不同时间的流变特性，剪切速率与剪切应力的流变曲线如图 8.23 所示。从图 8.23 可以看出，在水胶比 0.5 下流变曲线呈线性，故采用 bingham 模型对流变曲线进行拟合。矿渣掺量和细度对新拌浆体的流变曲线有很大影响。含超细矿渣和普通矿渣复合胶凝材料浆体的剪切应力随时间逐渐增加，这与复合胶凝材料的水化有关。矿渣的粒径分布是影响剪切应力增速的重要因素[121]。掺入少量普通矿渣降低了浆体的剪切应力，而较大掺量则会增加水泥浆体的剪切应力。普通矿渣掺量较小时，填充密度增加释放孔隙水，而过量掺入使体系总比表面积增加，水膜厚度减小。然而，无论超细矿渣的掺量如何，都增加了水泥浆体的剪切应力，这与扩展度结果一致。掺入超细矿渣增加了需水量，减少了自由水的含量，从而增加了颗粒间内摩擦力[48,51]。

表 8.6 为水胶比 0.5 时含矿渣复合胶凝材料浆体流变曲线拟合得到的流变参数。如表 8.6 所示，随着普通矿渣掺量的增加，屈服应力出现先减后增的变化规律。超细矿渣的屈服应力随掺量逐渐增加。含普通矿渣和超细矿渣塑性黏度的变化规律与屈服应力一致。这种变化主要与水膜厚度有关，水膜厚度是影响水泥基材料新拌浆体流变特性的主要因素[122-123]，而颗粒填充作用释放孔隙水与比表面积对需水量的增加对水膜厚度的影响具有竞争作用，水膜厚度的变化取决于谁占据主导因素[43]。掺入少量普通矿渣，水膜厚度增加，颗粒间内摩擦力减小。超细矿渣由于较高的比表面积，水膜厚度减小，颗粒间接触面积增大。随着超细矿渣掺量的增加，屈服应力和塑性黏度随掺量增加较快。普通矿渣和超细矿渣的粒径均比水泥颗粒小，可填充于水泥颗粒间隙释放孔隙水，但这增加了颗粒间相互接触的面积，增加了颗粒间的相互作用力，随着掺量的增加，颗粒堆积密度持续增大，颗粒间内摩擦力稳步提升，表现为塑性黏度增大。另外，含普通矿渣和超细矿渣复合胶凝材料浆体屈服应力和塑性黏度均随时间逐渐增加，掺入超细矿渣的试样增加较为明显。浆体在颗粒间引力和水化的作用下形成网络结构[34]，超细矿渣可有效提高水化速率，相同时间内生成更多的网络结构。

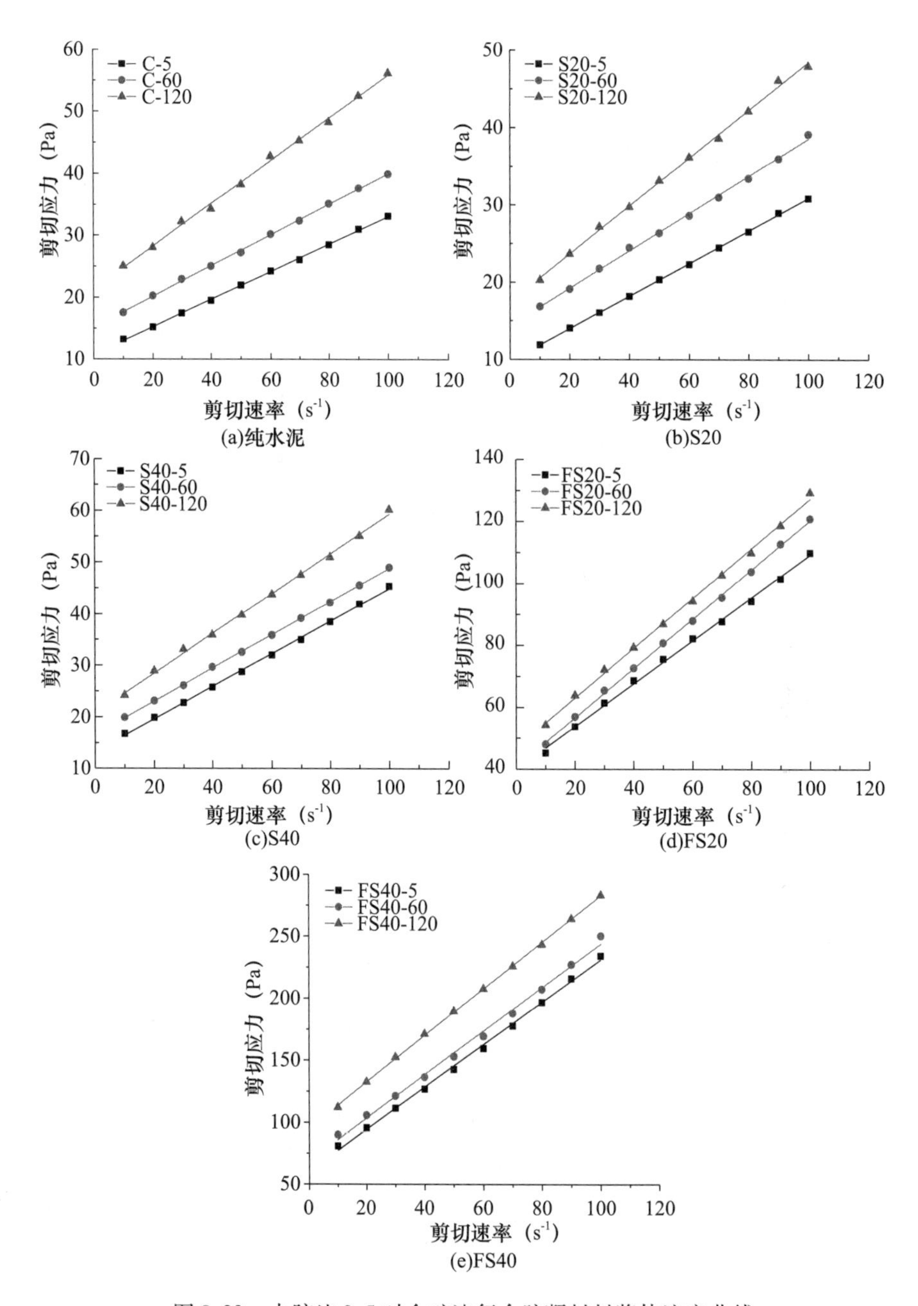

图 8.23　水胶比 0.5 时含矿渣复合胶凝材料浆体流变曲线

表 8.6　水胶比 0.5 时含矿渣复合胶凝材料浆体流变参数

样品	水化时间（min）					
	5		60		120	
	τ_0（Pa）	μ（Pa·s）	τ_0（Pa）	μ（Pa·s）	τ_0（Pa）	μ（Pa·s）
C	10.81768	0.222	15.20083	0.24762	21.3106	0.345
S20	9.76174	0.21112	14.4084	0.24136	17.47772	0.30953

续表

样品	水化时间（min）					
	5		60		120	
	τ_0（Pa）	μ（Pa·s）	τ_0（Pa）	μ（Pa·s）	τ_0（Pa）	μ（Pa·s）
S40	13.2856	0.31586	16.60905	0.32173	20.74799	0.38514
FS20	39.89456	0.69369	40.70205	0.79633	46.9679	0.80345
FS40	60.18652	1.70957	68.39188	1.75446	94.95606	1.87857

水胶比0.3时含矿渣复合胶凝材料浆体剪切速率与剪切应力的流变曲线如图8.24所示。从图8.24可以看出，低水胶比下，含矿渣复合胶

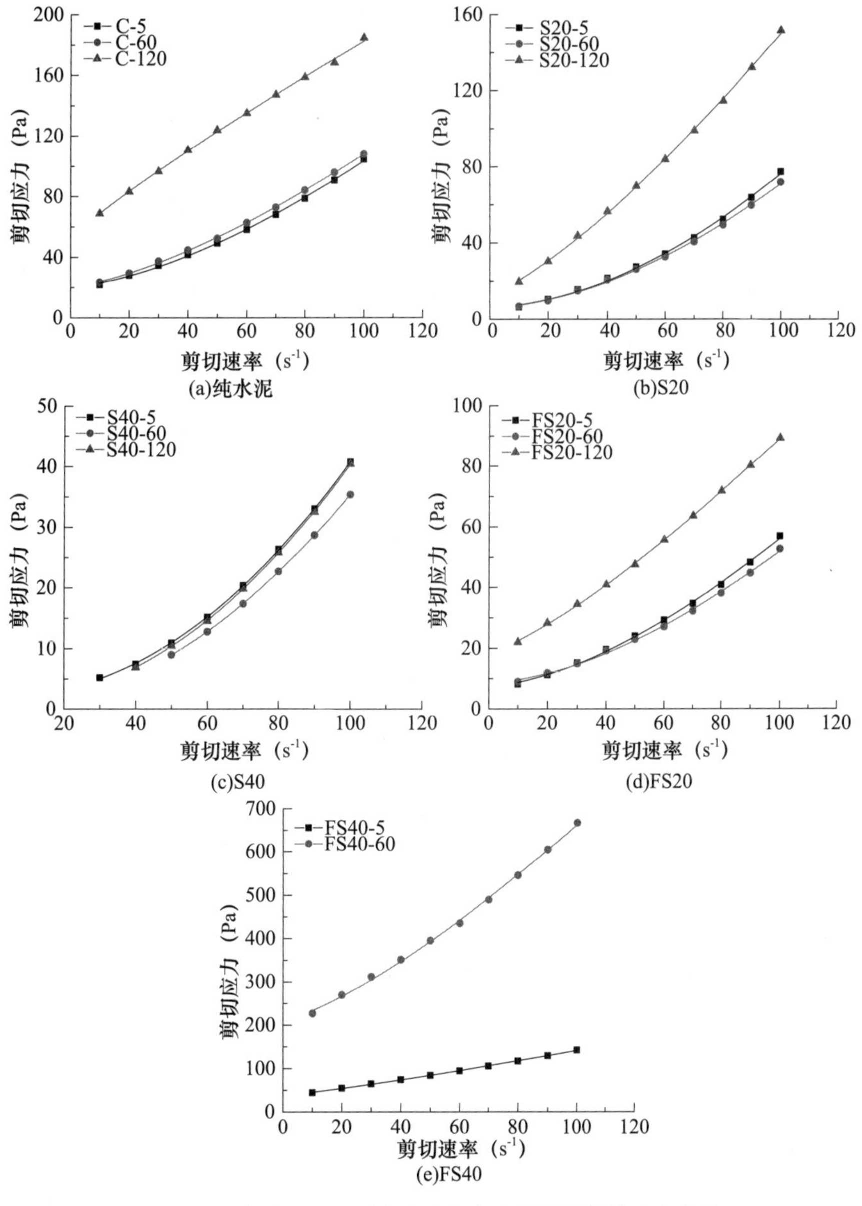

图8.24　水胶比0.3时含矿渣复合胶凝材料浆体流变曲线

凝材料浆体表现出明显的非线性，线性的 Binghum 模型不能很好地描述水泥浆体的流变特性，而 Hersvhel-bulkley 模型能更好地反映矿物掺和料对流变特性的影响，故采用 H-B 模型对流变曲线进行拟合[14]。含普通矿渣复合胶凝材料浆体的剪切应力随时间先减后增，但较 0. 5 水胶比小，说明掺入普通矿渣与减水剂能显著降低浆体的剪切应力。含超细矿渣复合胶凝材料浆体剪切应力随时间逐渐增加，这与水胶比 0. 5 时的变化规律一致。在低掺量时，屈服应力增加不明显，超细矿渣的高比表面积降低了减水剂的作用效果。

表 8. 7 为 0. 3 水胶比时含矿渣复合胶凝材料浆体流变参数。由表 8. 7可知，含普通矿渣复合胶凝材料浆体屈服应力和塑性黏度随掺量逐渐减小。含超细矿渣复合胶凝材料浆体屈服应力和塑性黏度随掺量先减后增，这与水胶比 0. 5 时的结果变化规律不同。含普通矿渣复合胶凝材料浆体在低水胶比下的屈服应力显著下降，减水剂的作用效果明显。含超细矿渣复合胶凝材料浆体的屈服应力和塑性黏度总体上呈下降趋势，但掺量越高越不明显。这说明高效减水剂对含超细矿渣复合胶凝材料的效果有限。含超细矿渣或普通矿渣复合胶凝材料浆体的流变特性存在一个突变点，达到该点后屈服应力和塑性黏度迅速增加，这与水化热和浆体扩展度的结果一致。

表 8. 7　水胶比 0. 3 时含矿渣复合胶凝材料浆体流变参数

样品	水化时间（min）					
	5		60		120	
	τ_0（Pa）	μ（Pa · s）	τ_0（Pa）	μ（Pa · s）	τ_0（Pa）	μ（Pa · s）
C	20. 57769	0. 703853336	20. 68449	0. 763820967	51. 33617	1. 367171328
S20	6. 46437	0. 553367729	6. 24514	0. 520436053	13. 2333	1. 249006554
S40	1. 93339	0. 283823862	0. 14645	0. 263639072	1. 09399	0. 288150739
FS20	7. 43686	0. 408250887	8. 61045	0. 357153014	18. 4796	0. 65069596
FS40	38. 48571	0. 97146672	211. 98118	4. 076407082	—	—

8. 3. 6　凝结时间

图 8. 25 为不同水胶比下含矿渣和超细矿渣复合胶凝材料浆体的凝结时间。如图 8. 25（a）所示，水胶比 0. 5 时掺入普通矿渣或超细矿渣对浆体凝结时间的影响完全不同，掺入普通矿渣会延长复合胶凝材料浆体的凝结时间，掺量越多，凝结时间越长，且凝结时间的增长速率逐渐趋于平缓。而掺入超细矿渣缩短了复合胶凝材料浆体的凝结时间，且掺

量越高，凝结时间越短。这种变化规律是由于掺入普通矿渣减少了水泥熟料的用量，水化热降低［图8.17（a）］，水化产物较少。而超细矿渣由于活性较高，在水化早期就参与水化反应，水化放热速率显著提高［图8.17（b）］，体系水化热增加［图8.18（b）］。

矿渣可以成为水化成核的中心，加速水泥水化，而在复合胶凝材料体系中，凝胶相在较小的固体颗粒表面沉淀更快[124-126]。超细矿渣表面提供更多的水化产物成核质点，促进水化产物的生成和生长，同时超细矿渣参与反应生成水化产物进一步使结构致密，故掺入超细矿渣显著缩短浆体的凝结时间。

由图8.25（b）可知，在水胶比0.3时含超细矿渣或普通矿渣复合胶凝材料浆体凝结时间的变化规律与水胶比0.5时一致，凝结时间均较0.5水胶比时明显缩短。这说明降低水胶比可大幅降低含普通矿渣或超细矿渣复合胶凝材料体系的凝结时间，减水剂对该体系凝结时间的影响不大。超细矿渣的高活性可大幅缩短胶凝材料浆体的凝结时间，且掺量越高凝结时间越短，这在低水胶比时尤为明显。

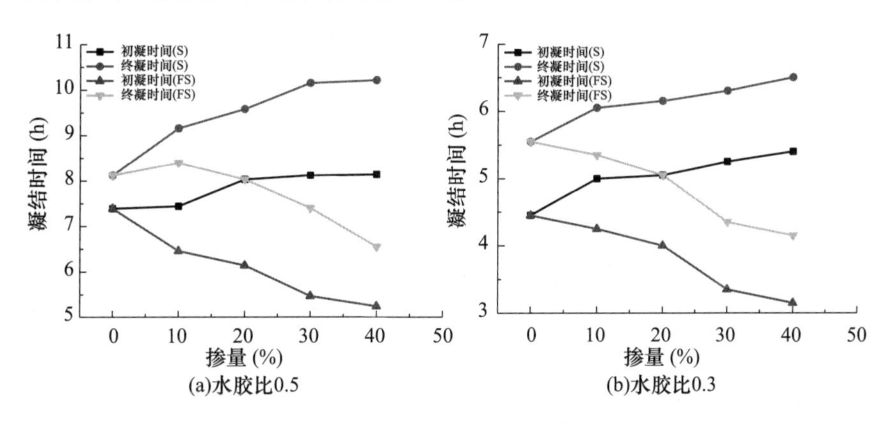

图8.25　不同水胶比下含普通矿渣和超细矿渣复合胶凝材料浆体的凝结时间

8.3.7　结论

（1）在含超细矿物掺和料的水泥浆体中达到稳态流动时，可以用Bingham模型、Modified Bingham模型和H-B来描述新拌浆体的流变性能，当浆体出现非线性流变行为时，采用Modified Bingham模型估算出的屈服应力值总更接近材料真实的屈服应力。

（2）超细矿物掺和料和化学外加剂通常使浆体表现为非线性流变行为，但在低掺量下符合Bingham流体，超细粉煤灰尤为明显。为更好描述剪切增稠现象，非线性流变行为使用H-B拟合的最多，Modified Bingham模型次之。

（3）超细矿物掺和料对水泥浆体流变特性影响较大。其中，硅灰、超细矿渣和超细石灰石粉的加入会增加屈服应力和塑性黏度，而超细粉煤灰通常会降低屈服应力和塑性黏度。

（4）化学外加剂的加入通常会减小屈服应力和塑性黏度，在饱和用量时达到极值，而含超细矿物掺和料的水泥浆体由于较高的比表面积需要更多的减水剂减少超细矿物掺和料对流变特性的负面影响。

（5）温度对含超细矿物掺和料的水泥浆体流变特性有负面影响，高温可促进水化，增加流动度损失，而超细矿物掺和料的高比表面积会不同程度地增加水泥浆体对温度的敏感性，屈服应力与塑性黏度随温度升高较为明显。

（6）水胶比是影响流变特性的最主要因素。水膜厚度在含超细矿物掺和料水泥浆体的流变学中起着重要作用，水胶比的变化主要影响水膜厚度，在高水胶比下超细矿物掺和料超高的比表面积对流变特性的负面效应会被削弱；水胶比越大，水膜厚度越大，屈服应力与塑性黏度越小。

（7）目前，对含超细矿渣水泥料浆流变特性影响的研究鲜有报道，同时研究粉煤灰微珠与超细矿渣和超细石灰石粉的复掺将是研究高性能混凝土的重要方向。

（8）掺入普通矿渣延长了复合胶凝材料的诱导期，而掺入超细矿渣缩短了诱导期。掺入超细矿渣增加了水化放热峰的最大放热速率，而掺入普通矿渣导致最大放热速率减小。掺入普通矿渣和超细矿渣均出现第三放热峰，掺入超细矿渣的试样更明显。含超细矿渣复合胶凝材料浆体的放热总量始终高于纯水泥，且保持较大的增长趋势。

（9）普通矿渣掺量在20%以内可提高水泥净浆扩展度，且掺量越高，扩展度损失率越小。掺入超细矿渣会降低胶凝材料浆体的扩展度，扩展度损失率远高于掺入普通矿渣的浆体。在低水胶比下，普通矿渣掺量越高，扩展度越大，而超细矿渣在20%掺量时达到最大值。

（10）含普通矿渣复合胶凝材料浆体屈服应力和塑性黏度随掺量先减后增。与含普通矿渣试样相比，掺入超细矿渣可显著增加浆体的屈服应力和塑性黏度。含普通矿渣和超细矿渣的水泥浆体屈服应力和塑性黏度均随时间逐渐增加，掺入超细矿渣更明显。

（11）掺入普通矿渣延长了复合胶凝材料浆体的凝结时间，而掺入超细矿渣显著缩短了复合胶凝材料浆体的凝结时间。低水胶比下掺入超细矿渣对浆体凝结时间的影响更加显著。

参考文献

[1] JR W E E. For durable concrete, fly ash does not “replace” cement [J]. Concrete International, 1992, 14 (7): 47-51.

[2] GIERGICZNY Z. Fly ash and slag [J]. Cement and Concrete Research, 2019, 124 (C): 105826.

[3] HE M, WANG Y, YUAN K, et al. Synergistic effects of ultrafine particles and graphene oxide on hydration mechanism and mechanical property of dune sand-incorporated cementitious composites [J]. Construction and Building Materials, 2020, 262: 120817.

[4] LIU Y, ZHANG Z, HOU G, et al. Preparation of sustainable and green cement-based composite binders with high-volume steel slag powder and ultrafine blast furnace slag powder [J]. Journal of Cleaner Production, 2021, 289: 125-133.

[5] SUN H, QIAN J, YANG Y, et al. Optimization of gypsum and slag contents in blended cement containing slag [J]. Cement and Concrete Composites, 2020, 112: 103674.

[6] 韩方晖，刘仍光，阎培渝. 矿渣对复合胶凝材料硬化浆体微观结构的影响 [J]. 电子显微学报，2014，33 (01): 40-45.

[7] 张志建，李永荃，熊保恒，等. 超细粉体复合矿物掺合料在混凝土中的应用研究 [J]. 建设科技，2017，11: 107.

[8] A PAPO, L PIANI. Flow Behavior of Fresh Portland Cement Pastes [J]. Particulate Science and Technology, 2004, 22 (2): 201-212.

[9] 黎梦圆. 新拌水泥基材料非线性流变模型的研究与应用 [D]. 北京：清华大学，2018.

[10] TATTERSALL G H. Workability and Quality Control of Concrete [M]. CRC Press, USA, 2014.

[11] TATTERSALL G H, BLOOMER S J. Further development of the two-point test for workability and extension of its range [J]. Magazine of Concrete Research, 1979, 31 (109): 202-210.

[12] DOMONE P L J, XU Y, P F G. BANFILL. Developments of the two-point workability test for high-performance concrete [J]. Magazine of Concrete Research, 1999, 51 (3): 171-179.

[13] FEYS D, VERHOEVEN R, SCHUTTER G D. Fresh self compacting concrete, a shear thickening material [J]. Cement and Concrete Research, 2008, 38: 920-929.

[14] FEYS D, WALLEVIK J E, YAHIA A. Extension of the Reiner-Riwlin equation to determine modified Bingham parameters measured in coaxial cylinders rheometers [J]. Materials and Structures, 2013, 46: 289-311.

[15] FEYS D, VERHOEVEN R, SCHUTTER G D. Why is fresh self-compacting concrete shear thickening [J]. Cement and Concrete Research, 2009, 39: 510-523.

[16] GESOGLU M, GÜNEYISI E, OZTURAN T, et al. Shear thickening intensity of self-compacting concretes containing rounded lightweight aggregates [J]. Construction and Building Materials, 2015, 79: 40-47.

[17] 张雄，张蕾. 流变学理论在水泥基材料中的应用 [J]. 粉煤灰综合利用，2013，4 (04): 9-13.

[18] HEIRMAN G. Modelling and quantification of the effect of mineral additions on the rheology of fresh powder type self-compacting concrete [D]. Ph. D. Thesis, KU Leuven, Belgium, 2011.

[19] WANG M, ZHU Z, LIU R, et al. Influence of extreme high-temperature environment and hydration time on the rheology of cement slurry [J]. Construction and Building Materials, 2021, 295: 123684.

[20] LARRARD F, FERRARIS C F, SEDRAN T. Fresh concrete: A Herschel-Bulkley material [J]. Materials and Structures, 1998, 31 (7): 494-498.

[21] HAFID H, OVARLEZ G, TOUSSAINT F, et al. Assessment of potential concrete and mortar rheometry artifacts using magnetic resonance imaging [J]. Cement and Concrete Research, 2015, 71: 29-35.

[22] HERSCHEL W H, BULKLEY R. Konsistenzmessungen von Gummi-Benzollösungen [J]. Kolloid-Zeitschrift, 1926, 39 (4): 291-300.

[23] JONES T E R, TAYLOR S. A mathematical model relating the flow curve of a cement paste to its water/cement ratio [J]. Magazine of Concrete Research, 1977, 29 (101): 207-212.

[24] LU C, ZHANG Z, SHI C, et al. Rheology of alkali-activated materials: a review [J]. Cement and concrete composites 2021, 121: 104061.

[25] NGUYEN V H, ÉMOND S R, GALLIAS J L. Flow of Herschel-Bulkley fluids through the Marsh cone [J]. Journal of Non-Newtonian Fluid Mechanics, 2006, 139 (1): 128-134.

[26] JIAO D, SHI C, YUAN Q, et al. Effect of constituents on rheological properties of fresh concrete-A review [J]. Cement and Concrete Composites, 2017, 83: 146-159.

[27] 刘建忠，孙伟，张倩倩，等. 低水胶比水泥基复合材料的流变特性 [J]. 混凝土与水泥制品，2014 (1): 1-4.

[28] 冯金，马昆林，龙广成. 基于不同流变模型下粉煤灰对水泥净浆流变性能的影响 [J]. 铁道科学与工程学报，2015，12 (03): 534-539.

[29] YAHIA A. Effect of solid concentration and shear rate on shear-thickening response of high-performance cement suspensions [J]. Construction and Building Materials, 2014, 53: 517-521.

[30] VANCE K, SANT G, NEITHALATH N. The rheology of cementitious suspensions: A closer look at experimental parameters and property determination using common

rheological models [J]. Cement and Concrete Composites, 2015, 59: 38-48.

[31] ZHANG Q, LIU Z, QIN Z, et al. Characterization of macroscopic impact-resistant behavior of shear thickening fluid impregnated ultra-high molecular weight polyethylene fiber flexible composites [J]. Composites Communications, 2021, 25: 100756.

[32] ROUSSEL N, LEMAîTRE A, J FLATT R, et al. Steady state flow of cement suspensions: A micromechanical state of the art [J]. Cement and Concrete Research, 2009, 40 (1): 77-84.

[33] NEHDI M, RAHMAN M A. Estimating rheological properties of cement pastes using various rheological models for different test geometry, gap and surface friction [J]. Cement and Concrete Research, 2004, 34 (11): 1993-2007.

[34] WALLEVIK O H, FEYS D, WALLEVIK J E, et al. Avoiding inaccurate interpretations of rheological measurements for cement-based materials [J]. Cement and Concrete Research, 2015, 78: 100109.

[35] 刘豫. 新拌混凝土流变的测量、模型及其应用 [D]. 北京: 中国建筑材料科学研究总院, 2020.

[36] 何小兵, 肖翔天, 周超, 等. 原状超细粉煤灰形态及其水泥浆体的流变性能 [J]. 华中科技大学学报 (自然科学版), 2018, 46 (10): 34-39.

[37] LI D, WANG D, REN C, et al. Investigation of rheological properties of fresh cement paste containing ultrafine circulating fluidized bed fly ash [J]. Construction and Building Materials, 2018, 188: 1007-1013.

[38] 唐修生, 蔡跃波, 温金保, 等. 磨细矿渣复合浆体流变参数与流动度的相关性 [J]. 硅酸盐学报, 2014, 42 (05): 648-652.

[39] ROBERT C R, SATHYAN D, Anand K B. Effect of superplasticizers on the rheological properties of fly ash incorporated cement paste [J]. Materials Today: Proceedings, 2018, 5 (11): 23955-23963.

[40] OUYANG G, WU L, YE C, et al. Effect of silane coupling agent on the rheological and mechanical properties of alkali-activated actrafine metakaolin based geopolymers [J]. Construction and Building materials, 2021, 290: 123223.

[41] 谢友均, 陈小波, 马昆林, 等. 石灰石粉对水泥-粉煤灰浆体剪切变稀和剪切增稠的影响 [J]. 建筑材料学报, 2015, 18 (05): 824-829.

[42] 张倩倩, 张丽辉, 冉千平, 等. 石灰石粉对水泥浆体流变性能的影响及作用机理 [J]. 建筑材料学报, 2019, 22 (05): 680-686.

[43] KWAN A K H, LI Y. Effects of fly ash microsphere on rheology, adhesiveness and strength of mortar [J]. Construction and Building Materials, 2013, 42: 137-145.

[44] LIU J, LI Y, ZHANG G, et al. Effects of cementitious grout components on rheological properties [J]. Construction and Building Materials, 2019, 227: 116654.

[45] WANG X, LI S, ZHOU A, et al. Influence of the bleeding characteristic on density and rheology in cement slurry [J]. Construction and Building Materials, 2021, 269:

121316.

[46] QI X, SHAN L, LIU S, et al. Nonlinear rheological characteristics of fine aggregate matrix based on FT-rheology [J]. Construction and Building Materials, 2021, 274: 121935.

[47] BOURAS R, KACI A, CHAOUCHE M. Influence of viscosity modifying admixtures on the rheological behavior of cement and mortar pastes [J]. Korea-Australia Rheology Journal, 2012, 24 (1): 35-44.

[48] JIAO D, SHI C, YUAN Q. Influences of shear-mixing rate and fly ash on rheological behavior of cement pastes under continuous mixing [J]. Construction and Building Materials, 2018, 188: 170-177.

[49] JIMÉNEZ-QUERO V G, LEÓN-MARTÍNEZ F M, MONTES-GARCÍA P, et al. Influence of sugar-cane bagasse ash and fly ash on the rheological behavior of cement pastes and mortars [J]. Construction and Building Materials, 2013, 40: 691-701.

[50] 曹润倬，周茗如，周群，等. 超细粉煤灰对超高性能混凝土流变性、力学性能及微观结构的影响 [J]. 材料导报，2019，33 (16): 2684-2689.

[51] JIAO D, SHI C, YUAN Q. Time-dependent rheological behavior of cementitious paste under continuous shear mixing [J]. Construction and Building Materials, 2019, 226: 591-600.

[52] 肖佳，张泽的，韩凯东，等. 水泥-石灰石粉浆体颗粒水膜厚度与其屈服应力关系 [J]. 建筑材料学报，2021，24 (02): 231-236+246.

[53] ZHENG D, WANG D, LI D, et al. Study of high volume circulating fluidized bed fly ash on rheological properties of the resulting cement paste [J]. Construction and Building Materials, 2017, 135: 86-93.

[54] BENAICHA M, ROGUIEZ X, JALBAUD O, et al. Influence of silica fume and viscosity modifying agent on the mechanical and rheological behavior of self compacting concrete [J]. Construction and Building Materials, 2015, 84: 103-110.

[55] NANTHAGOPALAN P, HAIST M, SANTHANAM M, et al. Investigation on the influence of granular packing on the flow properties of cementitious suspensions [J]. Cement and Concrete Composites, 2008, 30 (9): 763-768.

[56] COLLINS F, SANJAYAN J G. Effects of ultra-fine materials on workability and strength of concrete containing alkali-activated slag as the binder [J]. Cement and Concrete Research, 1999, 29 (3): 459-462.

[57] KWAN A K H, MCKINLEY M. Effects of limestone fines on water film thickness, paste film thickness and performance of mortar [J]. Powder Technology, 2014, 261: 33-41.

[58] VANCE K, ARORA A, SANT G, et al. Rheological evaluations of interground and blended cement-limestone suspensions [J]. Construction and Building Materials, 2015, 79: 65-72.

[59] 张倩倩，刘建忠，张丽辉，等. 矿物掺合料对低水胶比浆体流变性能的影响机

制研究［J］. 材料导报，2020，34（22）：22054-22057 +22086.
[60] Wu Z, KHAYAT K H, SHI C. Changes in rheology and mechanial properties of ultra-high performance coucrete with silica fume content [J]. Cement and Concrete Research 2019, 123: 105786.
[61] KE G, ZHANG J, XIE S, et al. Rheological behavior of calcium sulfoaluminate cement paste with supplementary cementitious materials [J]. Construction and Building Materials, 2020, 243: 118-234.
[62] KOUTNÝ O, SNOECK D, VURST F V D, N. D. BELIE. Rheological behaviour of ultra-high performance cementitious composites containing high amounts of silica fume [J]. Cement and Concrete Composites, 2018, 88: 29-40.
[63] LI Y, KWAN A K H. Ternary blending of cement with fly ash microsphere and condensed silica fume to improve the performance of mortar [J]. Cement and Concrete Composites, 2014, 49: 26-35.
[64] PFEUFFER M, KUSTERLE W. Rheology and rebound behaviour of dry-mix shotcrete [J]. Cement and Concrete Research, 2001, 31 (11): 1619-1625.
[65] RAHMAN M K, BALUCH M H, MALIK M A. Thixotropic behavior of self compacting concrete with different mineral admixtures [J]. Construction and Building Materials, 2014, 50: 710-717.
[66] SAN Y, LEE H. Research on properties evolution of ultrafine flyash and cement composite [J]. Construction and Building Materials 2020, 261: 119935.
[67] ELMRABET R, HARFI A E, YOUBI M SE. Study of properties of flyash cements [J]. Materials Today Physics, 2019, 13: 850-856
[68] LIU L, HU S, WU C, et al. Aggregates characterizations of the ultra-fine coal particles induced by nanobubbles [J]. Fuel, 2021, 297: 120-765.
[69] 王瑞．超细粉煤灰高强混凝土性能研究［D］. 淮南：安徽理工大学，2018.
[70] CHEN J J, NG P L, LI L G, et al. Production of High-performance Concrete by Addition of Fly Ash Microsphere and Condensed Silica Fume [J]. Procedia Engineering, 2017, 172: 165-171.
[71] RUBIO-HERNÁNDEZ F J, CEREZO-AIZPÚN I, VELÁZQUEZ-NAVARRO J F. Mineral additives geometry influence in cement pastes flow [J]. Advances in Cement Research, 2011, 23 (2): 55-60.
[72] YANG T, ZHU H, ZHANG Z, et al. Effect of fly ash microsphere on the rheology and microstructure of alkali-activated fly ash/slag pastes [J]. Cement and Concrete Research, 2018, 109: 198-207.
[73] SUN W, YAN H, ZHAN B. Analysis of mechanism on water-reducing effect of fine ground slag, high-calcium fly ash, and low-calcium fly ash [J]. Cement and Concrete Research, 2003, 33 (8): 1119-1125.
[74] JING R, LIU Y, YAN P. Uncovering the effect of fly ash cenospheres on the macroscopic properties and microstructure of ultra high-performance concrete (UHPC)

[J]. Construction and Building Materials, 2021, 286: 122-977.

[75] KWAN A K H, CHEN J J. Adding fly ash microsphere to improve packing density, flowability and strength of cement paste [J]. Powder Technology, 2013, 234: 19-25.

[76] LUO T, WANG Q, ZHUANG S. Effects of ultra-fine ground granulated blast-furnace slag on initial setting time, fluidity and rheological properties of cement pastes [J]. Powder Technology, 2019, 345: 54-63.

[77] FEYS D, ASGHARI A. Influence of maximum applied shear rate on the measured rheological properties of flowable cement pastes [J]. Cement and Concrete Research, 2019, 117: 69-81.

[78] 苗苗，雪凯旺，苗芳，等. 石灰石粉对水泥浆体水化特性及流变性能的影响[J]. 湖南大学学报（自然科学版），2018，45（12）：90-96.

[79] ZHENG K, LIU Y, HUANG W, et al. Reverse filling cementitious materials based on dense packing: The concept and application [J]. Powder Technology. 2020, 359: 152-160.

[80] COSTA E B C, CARDOSO F A, JOHN V M. Influence of high contents of limestone fines on rheological behaviour and bond strength of cement-based mortars [J]. Construction and Building Materials, 2017, 156: 1114-1126.

[81] 于世强，林宁宁，邓云龙. 石灰石粉对混凝土工作性和抗压强度的影响研究[J]. 工业建筑，2012，42（S1）：522-526.

[82] 马昆林，龙广成，谢友均，等. 水泥-粉煤灰-石灰石粉复合浆体的流变性能[J]. 硅酸盐学报，2013，41（05）：582－587＋596.

[83] VANCE K, KUMAR A, SANT G, et al. The rheological properties of ternary binders containing Portland cement, limestone, and metakaolin or fly ash [J]. Cement and Concrete Research, 2013, 52: 196-207.

[84] 王哲，肖勋光，水中和，等. 基于最紧密堆积理论合理选择 UHPC 的减水剂掺量[J]. 硅酸盐通报，2019，38（05）：1503-1509.

[85] 俞晓涵，张倩倩，刘加平. 聚羧酸分子量对净浆流变性能的影响[J]. 东南大学学报（自然科学版），2020，50（03）：482-487.

[86] TAN H, ZHANG X, GUO Y, et al. Improvement in fluidity loss of magnesia phosphate cement by incorporating polycarboxylate superplasticizer [J]. Construction and Building Materials, 2018, 165: 887-897.

[87] GOLASZEWSKI J, SZWABOWSKI J. Influence of superplasticizers on rheological behaviour of fresh cement mortars [J]. Cement and Concrete Research, 2003, 34 (2): 235-248.

[88] ZHANG Y, LUO X, KONG X, et al. Rheological properties and microstructure of fresh cement pastes with varied dispersion media and superplasticizers [J]. Powder Technology, 2018, 330: 219-227.

[89] ZHU W, SUN Z, LIU Y, et al. Methods for Inhibition of Fluidity Loss of Concrete

Mixed with Superplasticizers [J]. Key Engineering Materials, 2016, 3799: 370-377.

[90] AIAD I, EL-SABBAGH A M, ADAWY A I, et al. Effect of some prepared superplasticizers on the rheological properties of oil well cement slurries [J]. Egyptian Journal of Petroleum, 2018, 27 (4): 1061-1066.

[91] WANG M, ZHU Z, LIU R, et al. Influence of extreme high-temperature environment and hydration time on the rheology of cement slurry [J]. Construction and Building Materials, 2021, 295: 123684.

[92] SUN J, ZHANG Z, HOU G. Utilization of fly ash microsphere powder as a mineral admixture of cement: Effects on early hydration and microstructure at different curing temperatures [J]. Powder Technology, 2020, 375: 262-270.

[93] DAI X, AYDIN S, YARDIMCI M Y, et al. Influence of water to binder ratio on the rheology and structural Build-up of Alkali-Activated Slag/Fly ash mixtures [J]. Construction and Building Materials, 2020, 264: 120253.

[94] WANG Q, WANG D, CHEN H. The role of fly ash microsphere in the microstructure and macroscopic properties of high-strength concrete [J]. Cement and Concrete Composites, 2017, 83: 125-137.

[95] JIAO D, SHI C, YUAN Q, et al. Effects of rotational shearing on rheological behavior of fresh mortar with short glass fiber [J]. Construction and Building Materials, 2019, 203: 314-321.

[96] MUGAHED A, MURALI G, KHALID N H A, et al. Slag uses in making an eco-friendly and sustainable concrete: A review [J]. Construction and Building Materials, 2021, 272: 121942.

[97] NIU Q, FENG N, YANG J, et al. Effect of superfine slag powder on cement properties [J]. Cement and Concrete Research, 2002, 32 (4): 615-621.

[98] TENG S, Y D LIM T, DIVSHOLI B S. Durability and mechanical properties of high strength concrete incorporating ultra fine ground granulated blast-furnace slag [J]. Construction and Building Materials, 2013, 40: 875-881.

[99] HAN F, ZHANG Z. Properties of 5-year-old concrete containing steel slag powder [J]. Powder Technology, 2018, 334: 27-35.

[100] ZHAO Y, GAO J, LIU C, et al. The particle-size effect of waste clay brick powder on its pozzolanic activity and properties of blended cement [J]. Journal of Cleaner Production, 2020, 242: 118521.

[101] ZHOU Y, ZHANG Z. Effect of fineness on the pozzolanic reaction kinetics of slag in composite binders: Experiment and modelling [J]. Construction and Building Materials, 2021, 273: 121695.

[102] LI W, LONG C, TAM V W Y, et al. Effects of nano-particles on failure process and microstructural properties of recycled aggregate concrete [J]. Construction and Building Materials, 2017, 142: 42-50.

[103] ZHU Z, CHEN H, LIU L, et al. Multi-scale modelling for diffusivity based on practical estimation of interfacial properties in cementitious materials [J]. Powder Technology, 2017, 307: 109-118.

[104] ZHU Z, PROVIS J L, CHEN H. Quantification of the influences of aggregate shape and sampling method on the overestimation of ITZ thickness in cementitious materials [J]. Powder Technology, 2018, 326: 168-180.

[105] NOSOUHIAN F, FINCAN M, SHANAHAN N, et al. Effects of slag characteristics on sulfate durability of Portland cement-slag blended systems [J]. Construction and Building Materials, 2019, 229: 116882.

[106] OZTURK M, KARAASLAN M, AKGOL O, et al. Mechanical and electromagnetic performance of cement based composites containing different replacement levels of ground granulated blast furnace slag, fly ash, silica fume and rice husk ash [J]. Cement and Concrete Research, 2020, 136: 106177.

[107] ŠAVIJA B, ZHANG H, SCHLANGEN E. Micromechanical testing and modelling of blast furnace slag cement pastes [J]. Construction and Building Materials, 2020, 239: 117841.

[108] KUMAR M P, MINI K M, RANGARAJAN M. Ultrafine GGBS and calcium nitrate as concrete admixtures for improved mechanical properties and corrosion resistance [J]. Construction and Building Materials, 2018, 182: 249-257.

[109] LIU J, QIN Q, YU Q. The effect of size distribution of slag particles obtained in dry granulation on blast furnace slag cement strength [J]. Powder Technology, 2020, 362: 32-36.

[110] ZHU J, HUI J, LUO H, et al. Effects of polycarboxylate superplasticizer on rheological properties and early hydration of natural hydraulic lime [J]. Cement and Concrete Composites, 2021, 122: 104052.

[111] ZHAO Y, QIU J, ZHENGYU M A, et al. Effect of superfine blast furnace slags on the binary cement containing high-volume fly ash [J]. Powder Technology, 2020, 375: 539-548.

[112] ABDULKAREEM O M, FRAJ A B, BOUASKER M, et al. Mixture design and early age investigations of more sustainable UHPC [J]. Construction and Building Materials, 2018, 163: 235-246.

[113] YANG T, ZHU H, ZHANG Z, et al. Effect of fly ash microsphere on the rheology and microstructure of alkaliactivated fly ash/slag pastes [J]. Cement and Concrete Research, 2018, 109: 198-207.

[114] HU C, LARRARD F. The rheology of fresh high-performance concrete [J]. Cement and Concrete Research, 1996, 26 (2): 283-294.

[115]刘仍光. 水泥-矿渣复合胶凝材料的水化机理与长期性能 [D]. 北京: 清华大学, 2013.

[116] WANG X. Analysis of hydration kinetics and strength progress in cement-slag binary

composites at different temperatures [J]. Journal of Building Engineering, 2021 (35): 101810.

[117] MIKHAILOVA O, DEL CAMPO A, ROVNANIK P, et al. In situ characterization of main reaction products in alkali-activated slag materials by Confocal Raman Microscopy [J]. Cement and Concrete Composites, 2019, 99: 32-39.

[118] QIU J, GUO Z, YANG L, et al. Effects of packing density and water film thickness on the fluidity behaviour of cemented paste backfill [J]. Powder Technology, 2020, 359: 27-35.

[119] TIAN H, KONG X, CUI Y, et al. Effects of polycarboxylate superplasticizers on fluidity and early hydration in sulfoaluminate cement system [J]. Construction and Building Materials, 2019, 228: 116711.

[120] MA B, PENG Y, TAN H, et al. Effect of hydroxypropyl-methyl cellulose ether on rheology of cement paste plasticized by polycarboxylate superplasticizer [J]. Construction and Building Materials, 2018, 160: 341-350.

[121] VANCE K, KUMAR A, SANT G, et al. The rheological properties of ternary binders containing Portland cement, limestone, and metakaolin or fly ash [J]. Cement and Concrete Research, 2013, 52: 196-207.

[122] GUO Z, QIU J, JIANG H, et al. Flowability of ultrafine-tailings cemented paste backfill incorporating superplasticizer: Insight from water film thickness theory [J]. Powder Technology, 2021, 381: 509-517.

[123] GUO Y, ZHANG T, WEI J, et al. Evaluating the distance between particles in fresh cement paste based on the yield stress and particle size [J]. Construction and Building Materials, 2017, 142: 109-116.

[124] ARANDA B, GUILLOU O, LANOS C, et al. Effect of multiphasic structure of binder particles on the mechanical properties of a gypsum-based material [J]. Construction and Building Materials, 2016, 102: 175-181.

[125] BOUGARA A, LYNSDALE C, Milestone N B. The influence of slag properties, mix parameters and curing temperature on hydration and strength development of slag/cement blends [J]. Construction and Building Materials, 2018, 187: 339-347.

[126] ZHANG M, SISOMPHON K, NG T S, et al. Effect of superplasticizers on workability retention and initial setting time of cement pastes [J]. Construction and Building Materials, 2010, 24 (9): 1700-1707.